全国教育科学规划项目"计算机自适应测验中个体心理特质对试题作答

计算机自适应测验的实践与探索

PRACTICE AND EXPLORATION OF
COMPUTERIZED ADAPTIVE TESTING

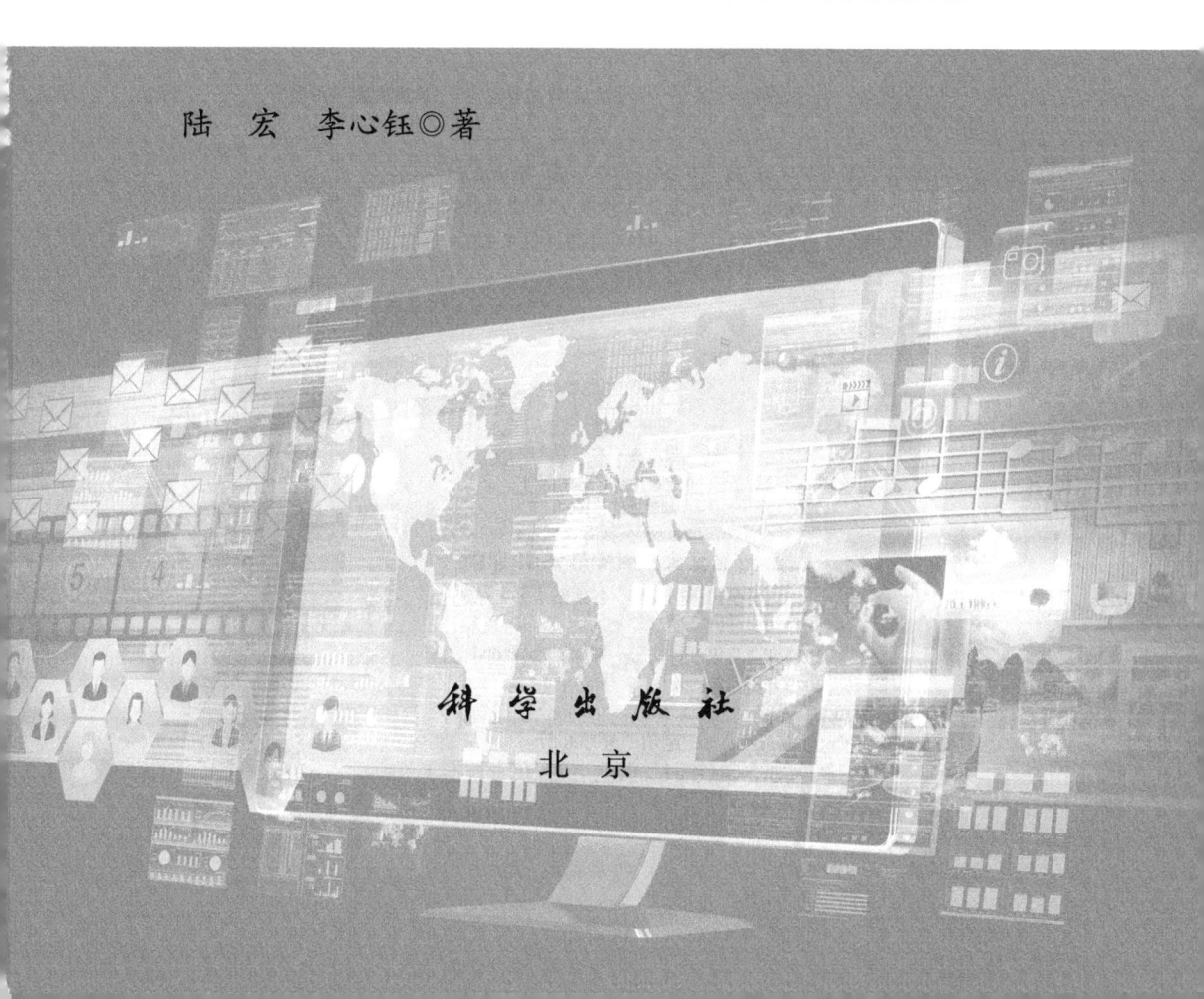

陆 宏 李心钰 ◎ 著

科学出版社
北 京

内 容 简 介

伴随信息技术的发展，CAT 在教育测量领域的应用越来越广泛。基于 IRT 的 CAT 通过在测验过程中为考生提供与其能力相匹配的试题，从而使研究人员能够利用较少的试题，在较短的时间内更为精确地测量出考生的能力。本书简述了 CAT 的起源及应用现状，探讨了 CAT 开发过程中的题库建设、系统开发、选题策略优化及 CLT 与 CAT 的等效性，揭示了 CAT 中个体心理特质、认知风格、能力水平和大五人格等对考生试题作答表现的影响。

本书可供从事教育测量与评价的科研人员、各级各类教育招生考试院的工作人员等参阅，还可用作教育学、心理学专业本科生和研究生的专业教材。

图书在版编目（CIP）数据

计算机自适应测验的实践与探索/陆宏，李心钰著. —北京：科学出版社，2022.3

ISBN 978-7-03-071919-5

Ⅰ. ①计… Ⅱ. ①陆… ②李… Ⅲ. ①计算机应用–心理测量学–研究 Ⅳ. ①B841.7-39

中国版本图书馆 CIP 数据核字（2022）第 044625 号

责任编辑：崔文燕　冯雅萌 / 责任校对：樊雅琼
责任印制：李　彤 / 封面设计：润一文化

科学出版社 出版
北京东黄城根北街 16 号
邮政编码：100717
http://www.sciencep.com

北京建宏印刷有限公司 印刷
科学出版社发行　各地新华书店经销

*

2022 年 3 月第 一 版　开本：720×1000 B5
2023 年 1 月第二次印刷　印张：16 1/2
字数：260 000
定价：99.00 元
（如有印装质量问题，我社负责调换）

目　　录

缩略语表
第一章　CAT 概述 ·· 1
　　第一节　自适应测验的起源 ·· 3
　　第二节　CAT 的理论基础——IRT ·· 8
　　第三节　CAT 的研究策略 ·· 25
　　第四节　CAT 的研究综述 ·· 29
　　参考文献 ··· 40

第二章　题库的构建及其有效性检验——以"现代教育技术"公共课为例 ··· 47
　　第一节　题库的相关研究 ·· 49
　　第二节　题库构建的理论基础 ·· 53
　　第三节　题库构建中试题的编制 ··· 60
　　第四节　题库构建中试题的施测 ··· 74
　　第五节　题库的有效性检验 ··· 86
　　参考文献 ··· 90

第三章　CAT 系统的开发——以高中英语词汇为例 ································ 93
　　第一节　高中英语词汇自适应测验的作用 ·· 95
　　第二节　词汇自适应测验的相关研究 ·· 97
　　第三节　词汇测验系统构建的理论基础 ··· 102
　　第四节　高中英语词汇知识双阶自适应测验系统的设计 ························· 108
　　第五节　高中英语词汇知识双阶自适应测验系统的开发 ························· 117
　　参考文献 ··· 141

第四章　CAT 中的选题策略 ·· 145
　　第一节　CAT 中选题策略的相关研究 ·· 147

第二节　基于影子题库的内容与目标层级平衡选题策略……………151
　　第三节　基于影子题库的内容与目标层级平衡选题策略的模拟实验……154
　　第四节　基于影子题库的内容与目标层级平衡选题策略的实际应用……158
　　参考文献………………………………………………………………163

第五章　CLT 与 CAT 的等效性研究……………………………………167
　　第一节　CLT 与 CAT 等效性研究的定义与内涵……………………169
　　第二节　CLT 与 CAT 等效性研究的实验设计………………………172
　　第三节　CLT 与 CAT 等效性研究的实验结果………………………174
　　参考文献………………………………………………………………178

第六章　CAT 中个体心理特质对作答态度及成绩的影响………………179
　　第一节　个体心理特质对作答态度及成绩影响的假设与模型………182
　　第二节　个体心理特质对作答态度及成绩影响的实验设计…………184
　　第三节　个体心理特质对作答态度及成绩影响的实验结果…………188
　　参考文献………………………………………………………………195

第七章　CAT 中认知风格对试题作答时间的影响………………………199
　　第一节　认知风格对试题作答时间影响的研究………………………201
　　第二节　认知风格对试题作答时间影响的实验设计…………………205
　　第三节　认知风格对试题作答时间影响的实验结果…………………208
　　参考文献………………………………………………………………215

第八章　CAT 中能力水平和大五人格对试题作答行为的影响…………219
　　第一节　试题作答行为及其影响因素的相关研究……………………221
　　第二节　大五人格理论…………………………………………………227
　　第三节　CAT 中试题作答行为的判别…………………………………232
　　第四节　CAT 中能力水平和大五人格对试题作答行为影响的
　　　　　　实验设计………………………………………………………238
　　第五节　CAT 中能力水平和大五人格对试题作答行为影响的
　　　　　　实验结果………………………………………………………245
　　参考文献………………………………………………………………253

缩 略 语 表

CAT	computerized adaptive testing	计算机自适应测验
CD-CAT	cognitive diagnostic computerized adaptive testing	认知诊断计算机自适应测验
CDM	cognitive diagnostic models	认知诊断模型
CDT	cognitive diagnostic theory	认知诊断理论
CLT	computerized linear testing	计算机化线性测验
CTT	classical test theory	经典测量理论
DIF	differential item functioning	项目功能差异
EAP	expected a posteriori	期望后验估计
ICC	item characteristic curve	项目特征曲线
IQ	intelligence quotient	智商
IRT	item response theory	项目反应理论
MAP	maximum a posteriori	极大后验估计
MCS	Monte Carlo simulation	蒙特卡罗模拟
MIRT	multidimensional item response theory	多维项目反应理论
MLE	maximum likelihood estimation	极大似然估计
MMLE	marginal maximum likelihood estimation	边际极大似然估计
MFI	maximum Fisher information	最大费希尔信息量

第一章

CAT 概述

　　教育领域的信息化技术对考试的革命性影响日趋明显，将现代测量理论与计算机技术相融合，弥补传统考试的不足，使教育考试的改革和发展更好地满足人才选拔、促进公平的需要，已成为人们的诉求和时代发展的趋势。

　　CAT在教育测量领域可谓异军突起，不仅改变了测验形式、测验内容，而且正朝着测验内容多样化、测验对象多元化、呈现方式智能化的方向发展。这种由计算机替代人工施测、由单机到网络化、由线性到自适应的变化，既是一种趋势，也是一种必然。可以说，CAT的发展对教育测量产生了重大影响。

第一节 自适应测验的起源

一、第一个自适应测验——比奈智商测验

在心理测量发展的早期阶段，甚至在标准化传统纸笔测验出现之前，Binet 和 Simon（1905）在开发比奈智商测验的时候就确定了根据每名考生的能力调整测验内容的基本原则，比奈智商测验后来被称为斯坦福-比奈智商测验。

（一）比奈智商测验的过程

比奈智商测验由一组按"心理年龄"分组设定的测验试题组成，测验实施是一个完全自适应的过程。

1）它使用一个预先标准化的测验题库，比奈为每个年龄段的考生选择的试题是能被该年龄段大约50%的考生正确回答的试题。因此，在这个测验的最初版本中，3—11岁中的每个年龄段都有它对应的试题集，所有这些试题构成了比奈自适应测验的题库。

2）它是由一名受过训练的心理学家单独施测的，其目的是为每名考生寻找与其能力相匹配的难度水平的试题。

3）它有一个可变的启动选项，比奈智商测验是由施测者根据对考生可能的能力水平的最佳猜测开始的（通常是考生的实际年龄）。

4）它使用一种定义的评分方法，即在给定的年龄段中，一组试题被施测并立即由施测者评分。

5）它有一个分支或试题选择规则来决定接下来施测于考生的试题，在比奈智商测验中，下一组测验试题是基于考生在前面测验试题上的表现来选择的。如果考生能够正确回答某一年龄段的大多数试题，通常接下来就被给予更高年龄段的试题；如果考生不能够正确回答某一年龄段的大多数试题，通常接下来就被给予更低年龄段的试题。

6）它有一个预先设定的终止规则，即每名考生的最高水平和最低水平被确定时，比奈智商测验就结束。最高水平是所有试题都回答错误的年龄水平，最

低水平是所有试题都回答正确的年龄水平。每名考生的有效测量范围介于这两个水平之间。

每名考生在比奈智商测验中的最终成绩是根据其正确回答的试题水平来确定的。事实上，因为不同考生回答的是不同数量和不同水平的试题，研究者将根据他们的年龄水平对这些试题进行加权后得出其在测验中获得的 IQ 分数。

（二）比奈智商测验的示例

图 1-1 展示了比奈智商测验的施测过程。测验试题以心理年龄形式分组，每组试题由每个年龄段中能够被大约 50% 的考生正确回答的试题构成。

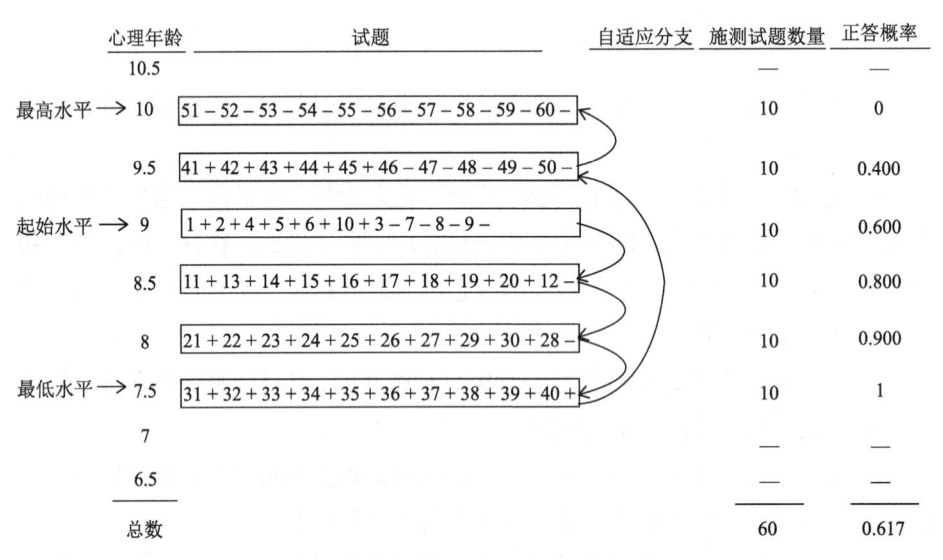

心理年龄	试题	自适应分支	施测试题数量	正答概率
10.5			—	—
最高水平→ 10	51 − 52 − 53 − 54 − 55 − 56 − 57 − 58 − 59 − 60 −		10	0
9.5	41 + 42 + 43 + 44 + 45 + 46 − 47 − 48 − 49 − 50 −		10	0.400
起始水平→ 9	1 + 2 + 4 + 5 + 6 + 10 + 3 − 7 − 8 − 9 −		10	0.600
8.5	11 + 13 + 14 + 15 + 16 + 17 + 18 + 19 + 20 + 12 −		10	0.800
8	21 + 22 + 23 + 24 + 25 + 26 + 27 + 29 + 30 + 28 −		10	0.900
最低水平→ 7.5	31 + 32 + 33 + 34 + 35 + 36 + 37 + 38 + 39 + 40 +		10	1
7			—	—
6.5			—	—
总数			60	0.617

图 1-1 比奈智商测验施测过程示意图

在这个例子中，测验从 9 岁组的试题开始。考生正确地回答了试题 1、2、4、5、6、10，错误地回答了试题 3、7、8、9。因此，在所施测的 10 道试题中，有 60% 的试题得到了正确回答。因为有些试题被正确地回答了，而有些没有，所以 9 岁既不是这名考生的最高水平（100%错误），也不是其最低水平（100%正确），需要继续进行测验。其中，"+"表示考生对测验试题的正确应答，"−"表示考生对测验试题的错误应答。

之后，施测者可以选择下一个更高或更低的年龄水平组的试题，从而找到考生的最高水平或最低水平。施测者先寻找最低水平（也许是为了给考生提供一些正面的强化），因此，测验的分支到了 8.5 岁组的试题，用试题进行施测，其中 80% 的试题得到了正确回答。然后，施测者继续在 8 岁组施测下一组较简单的试题来寻找最低水平，其中 90% 的试题得到了正确回答。最后施测到了 7.5 岁组的试题，考生正确回答了 100% 的试题，从而考生的最低水平得以确认。

确认了最低水平之后，施测者继续进行测验，以寻找考生的最高水平。因为所有 7.5—9 岁组的试题已被施测，所以需要测验 9.5 岁组的试题（这些未施测试题会更加困难），施测这些试题后，考生正确回答了 40% 的试题。这不是考生的最高水平（100% 错误），因此需要继续测验下一组更困难的试题（10 岁）。从图 1-1 中可以看出，这些试题的正答概率为 0（即错误率为 100%），因而 10 岁组就是考生的最高水平。

（三）比奈智商测验的特点

上述示例说明，比奈智商测验具有以下特性（这些也是大多数自适应测验所具有的特征）。

1）测验的起始点可以根据考生能力的不同而变化。如果测验从 7.5—10 岁的任何年龄组开始，与图 1-1 的示例中相同的试题会被施测，测验结果不会受到影响；如果测验在这个范围之外开始，额外的试题会被施测（从而延长测验时间），但分数不会受到影响（比奈智商测验基于考生正确回答试题的心理年龄水平）。例如，如果测验是从 7 岁组试题开始的，因为它们是非常容易的试题，考生应该答对所有试题，那么就额外地确立了一个最低水平。同样，如果测验是从 10.5 岁组试题开始的，就会导致额外地确立一个最高水平，因为这些试题比 10 岁组的试题更困难。

2）在比奈智商测验中，如果试题不能提供关于考生能力水平的更多信息，测验就会终止。最低水平以下的试题对于考生来说太容易，超过最高水平的试题又太难，因此，这些试题都不能为确定考生的能力水平提供更多信息。

3）一个设计良好的自适应测验会有预先规定好的关于考生能力的精确度水平，直到获得了可用于测量每名考生能力的充足信息，测验才会结束。在比奈智商测验中，这一精确度是由最高水平和最低水平确定的，而不在于每名考生需要回答多少道试题。

4）每个自适应测验可能会使用题库中不同的试题。自适应测验的目的是从预先标定好的题库中选出最符合考生能力水平的试题进行施测，在图1-1的示例中，这组试题是7.5—10岁组的考题，另一名考生可能会回答5—7.5岁组的试题，而其他考生有可能回答8—13岁组的试题。

5）在自适应测验中，对于每名考生而言，正答概率为0.5的难度等级的试题能够提供关于考生能力的MFI。自适应测验的这一特性使不同能力的考生对测验的心理强化环境体验趋于均衡，即能力较低的考生可能觉得自适应测验比传统的纸笔测验更容易，因为在纸笔测验中，他们可能发现自己答错了大多数试题；相反，能力较高的考生可能认为自适应测验比纸笔测验更难，因为他们习惯于正确回答纸笔测验中的大多数试题。

二、基于计算机的分层自适应测验

1973年，Weiss提出了一种新的测验，即基于计算机的比奈智商测验，以此提高测验的效率，Weiss称之为分层自适应测验（Weiss，1973）。

（一）分层自适应测验与比奈智商测验的异同

分层自适应测验与比奈智商测验使用相同的题库结构，也就是说，测验试题被分层或组织成数个难度等级，称为"层级"。与比奈智商测验类似，分层自适应测验使用的是一个可变的起始水平，允许测验在适合考生的任何难度等级开始，但它与比奈智商测验有不同的选题规则和终止规则。

在比奈智商测验中，考生对给定层级中的一组试题进行作答，根据考生在这组试题上的得分，考官会为其选择更加困难或更加容易的下一级别或上一级别的试题。在分层自适应测验中，施测者使用单个试题对考生施测，计算机在每道试题作答完毕后立即做出应答正误的判断，如果该道试题应答正确，就对考生施测更难的试题组的第一道试题；如果该道试题应答错误，就对考生施测更容易的试题组的第一道试题。分层自适应测验以逐个试题为基础持续进行，对每一道试题进行正误判断，并根据判断结果将下一道试题移至合适的难度等级，直至达到测验终止条件时结束。

比奈智商测验在考生的最高水平和最低水平都被确定时终止。分层自适应测验的终止规则只使用最高水平的变化，分层自适应测验可以在任一层级的所有试题都应答错误时结束（犹如比奈智商测验的最高水平），也可以在一个给定的层级上连续五道试题都应答错误时终止。

（二）分层自适应测验的示例

图 1-2 是分层自适应测验的一个样本反应记录。试题是以心理年龄水平进行分层的，每一层级各有 10 道试题。最右边的两栏显示了每个心理年龄层的施测试题数量和正答概率。

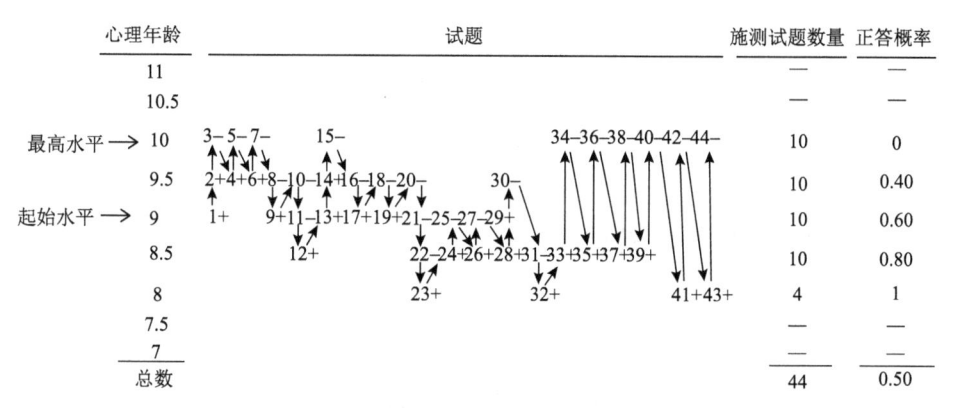

心理年龄	试题	施测试题数量	正答概率
11		—	—
10.5		—	—
最高水平 → 10	3− 5− 7− 15− 34−36−38−40−42−44−	10	0
9.5	2+4+6+8−10−14−16−18−20− 30−	10	0.40
起始水平 → 9	1+ 9+11−13+17+19+21−25−27−29+	10	0.60
8.5	12+ 22−24+26+28+31−33− 35+37+39+	10	0.80
8	23+ 32+ 41+43+	4	1
7.5		—	—
7		—	—
总数		44	0.50

图 1-2 分层自适应测验的一个样本反应记录

分层自适应测验允许选择起始水平，即起始水平可变。在图 1-2 所示的测验中，起始水平的心理年龄是 9 岁。9 岁组的第 1 道试题施测后得到了正确应答（+），因此下一道被施测的试题是 9.5 岁组的第 1 道未被施测的试题（即施测过程中的第 2 道题），这道试题也得到了正确应答（+），所以下一道试题选择的是 10 岁组的第一道试题（即施测过程中的第 3 道题），该试题应答错误（−），测验回到低一层级的组（9.5 岁组）施测下一道可用的试题，结果表明该道试题考生应答正确（+）。

施测试题—评判试题应答结果—根据应答结果的正误决定向上或向下转移，这个过程一直持续到第 30 道试题，该道试题应答错误（−）。此时，10 个 9 岁组的试题都被应答，因此下一个被施测的试题选择的是 8.5 岁组的第 6 道可用试题。此后，考生转移到 8.5 岁组和 8 岁组，施测 31—33 题。由于 9 岁组和

9.5 岁组的所有试题都被施测，在正确应答第 33 题之后，测验再次转移到 10 岁组。当第 34 题应答错误后，测验又转移到 8.5 岁组。当 8.5 岁组所有试题都被使用完，测验又转移到 8 岁组和 10 岁组，用于施测 40—44 题。

当最高水平确定时，分层自适应测验终止。如前所述，如果一个给定的层级中所有试题都应答错误，就能确定考生的最高水平。在这个测验中，终止发生在第 44 道试题应答错误（–）之后，这时 10 岁组的所有试题都应答错误。

图 1-2 中正答概率一栏显示了分层自适应测验的一种典型结果。正如预期的那样，随着试题难度（心理年龄）的降低，正答概率逐渐提高（从 0 增加到 1），总体正答概率（具体计算方法为：施测过程中正确应答的试题数除以总试题数）也处于 0.50 的最佳水平。

第二节　CAT 的理论基础——IRT

一、CTT 与 IRT 的比较

（一）CTT 概述

IRT 被提出以前，CTT 在教育测量与评价领域中一直占据着重要地位，人们熟悉的传统纸笔测验即以 CTT 为理论基础。CTT 亦称"真分数理论"，该理论假设观测分数 X 与真分数 T 及测量误差 E 有关，主要是以真分数模型（true score model）为基础，围绕考生对试题的应答结果（即观测分数）和考生所具有的真实的心理特质（即真分数）之间存在的误差进行分析，发展并形成了包括信度、效度、区分度、等值等概念在内的比较完整的心理与教育测量理论体系。

所谓真分数，即考生在所测特质（如能力）上的真实值，而通过一定测量工具（如测验量表）直接获得的值，叫作观测分数或观测值。由于测量误差的存在，观测分数与真分数并不相等。为了获得真分数，必须将测量误差从观测分数中分离出来。为此，真分数理论提出以下三个假设。

1）真分数具有不变性。这一假设的含义是真分数所表示的考生的某种特质必须具有某种程度的稳定性，至少在所讨论的问题范围内，或者说，在一个特定的时间内，个体具有的特质为一个常数，保持恒定。

2）误差是完全随机的。该假设有两方面的含义：一是所有测量误差呈平均数为零的随机分布，在多次测量中，误差有正有负，如果测量误差为正值，观测分数就会高于真分数，反之，观测分数就会低于真分数，因此观测分数会出现上下波动的现象。随着测验次数的增多，测量误差会相互抵消，其和为零，平均数亦为零，即 $E(E)=0$。二是测量误差与真分数之间相互独立，此外，测量误差之间、测量误差与真分数的其他变量之间也是相互独立的。

3）将测验得分看作真分数和误差分数的线性组合，假设任何观测分数 X 都是由真分数 T 与测量误差 E 的和构成的，可归结为简单的数学模型：$X=T+E$。

基于上述三个基本假设，CTT 有两个重要推论：第一，真分数等于多次观测分数的平均数，即 $T=E(X)$；第二，在一组测量分数中，观测分数的方差等于真分数的方差与误差分数的方差之和，即 $S^2(X)=S^2(T)+S^2(E)$。

（二）CTT 的不足

尽管 CTT 已经发展得相当成熟，但是经典测量的方法与过程还存在许多无法克服的不足与缺陷。

1）对考生的特征（如考生的能力）与测验的特征（如试题的难度）无法进行区分。能力是通过测验获得的，在 CTT 中，一名考生的能力仅依据特定测验而定，并随测验难度的不同而发生变化。在较容易的测验中，考生的能力值可能较高；若测验较为困难，考生的能力值则可能较低。如何确定试题的难度？试题的难度与考生的能力相关，一道试题的难度取决于一组考生中正确回答该题的人数比例，试题的区分度以及测验分数的信度和效度同样由特定的考生组决定。因此，对参加不同测验的考生的能力无法直接进行比较，对由不同组考生确定的试题参数也无法直接进行比较。

2）CTT 测验信度建立在平行测验假设的基础上。在 CTT 中，信度被定义为"平行测验成绩之间的相关"，但严格的平行测验是不存在的，即使对同一组考生施测同一组测验试题，因为遗忘、测验焦虑、测验动机等因素的影响，也不可能达到完全平行的程度。各种各样信度系数的使用使得信度估计的下限较低，且会存在未知偏差。在 CTT 中，测量的标准误（测验分数信度和方差之间的函数）被假定为对于所有考生而言都是相同的。但是正如前述所指出的，不同能力的考生在所有测验上的分数并不能同等程度地被估计，因此，假设所有考生的标准误相同是不恰当的。

3）CTT 是测验导向的，而不是试题导向的。经典的真分数模型没有考虑考生对一道特定的试题是如何应答的，因此也就无法确定一名特定考生面对一道测验题会表现得多么好。更具体来说，CTT 无法预测一名或一组考生对一道给定试题的应答结果是怎样的。

除了上述不足以外，经典测量模型和程序对许多测验问题（如测验设计与开发、偏项的识别、自适应测验以及测验分数的等值）也无法给出满意的解决方案。

（三）IRT 概述

基于 CTT 的不足，心理计量学家开始寻找其他心理测量理论和模型。这个新的理论必须包含如下特征：①一个基于试题层面而不是基于测验层面来进行表述的模型；②一个不需要严格的平行测验来评估其信度的模型；③一个可以对每个能力分数提供精确测量的模型。因此，IRT 作为 CTT 的替代品应运而生。

IRT 是在弥补 CTT 的不足的过程中发展出来的一种现代测量理论，具备 CTT 不可比拟的若干优势。IRT 也称潜在特质理论（latent trait theory）或项目特征曲线理论（item characteristic curve theory），是对考生能力的一种估计，并将考生对单个测验试题的某种反应概率与此试题的一定特征联系起来。其基本思想与心理学中关于潜在特质的一般理论有关，所谓潜在特质，即考生某种相对稳定的、支配其对测验做出反应的，并使反应表现出一致性的内在特征，因为这种特质无法被直接观察到，所以常被称为潜在特质。特质或能力水平多用 θ 表示。

IRT 假设考生对测验的反应受到某种心理特质的支配，就可对这种特质进行界定，然后据此估计出该考生的这种特质分数，并根据其高低来预测、解释考生对试题或测验的反应。IRT 从其包含的概念出发，阐述了能力与试题参数关系的模型、能力和试题参数估计的方法模型、数据拟合程度的判别以及信息函数的内容（并以此作为最常用的选题策略——MFI 法的理论基础）。IRT 还介绍了 DIF 的检验和测验分数的等值方法，具体内容将在本节进行详细叙述。

（四）IRT 的优势

与 CTT 相比，IRT 具有以下优点。

1）IRT 深入测验的微观领域将考生特质水平与考生在试题上的行为关联起来，并且将其参数化、模型化。若模型成立并且试题参数已知，则模型在测验中可生成独立于测验试题性质的特质水平，这是 IRT 建立项目反应模型的最大优点，也就是通常所说的考生能力估计不依赖于测验试题的特殊选择。

2）IRT 模型的试题参数（如难度、区分度、猜测系数）和能力参数具有不变性，试题参数独立于考生，即不同考生组所得出的试题参数值不变；考生能力也独立于试题，也就是说，即使同一个考生参加了两个不同测验，通过两个测验所得到的考生能力值也是一样的。

3）试题难度与考生能力定义于同一量表之上，即试题难度可与考生能力水平直接进行比较。这样，对一个能力参数已知的考生，配给一个试题参数已知的试题，可以立刻通过模型预测考生的正答概率。如果能事先估计出考生的能力，可以在题库中选出难度与其能力相当的试题进行新一轮测验，使得能力估计更为精确。这一特点为自适应测验奠定了基础。

4）IRT 定义了试题信息函数（item information function）和测验信息函数（test information function）。信息函数的概念代替了信度理论，是用于动态描绘试题和测验性能的综合指标，能够具体指出每道试题在不同能力水平所提供的信息量，计算出该试题在哪个能力水平所提供的信息量最大，根据试题信息量的大小选择对考生能力估计精确度最有增益的试题，从而抛开 CTT 中平行测验的信度观念，直接面向测量标准误，用信息函数来计算误差。

利用 IRT 的这些优点，研究人员可以开发优质题库，按测量精确度编制各种测验试卷，实施测验等值，测查测验项目功能偏差等，从而实现 CAT。

二、IRT 的发展历程与基本假设

（一）IRT 发展历程

IRT 所呈现出的基于试题的测验思想最早可追溯至 1905 年，而 IRT 的雏形至 20 世纪 40 年代才出现，丹麦学者 Rasch 等最先提出了 IRT 的概念。之后，

Tucker（1946）正式提出了 ICC 的概念，ICC 的解析式被称为项目特征函数（item characteristic function，ICF），也就是通常所说的 IRT 模型。

Lord（1952）在其博士论文《关于测验分数的一个理论》中，第一次对 IRT 进行了系统的阐述（Lord 称之为 ICC 理论，于 1977 年将其正式命名为 IRT）。Lord（1952）提出了双参数正态拱形模型及其参数估计方法，这是 IRT 发展史上的重要里程碑，标志着 IRT 的正式诞生，Lord 也因此被称为"IRT 之父"。此后，Birnbaum 提出了比双参数正态拱形模型更易用的 Logistic 模型，打开了 IRT 被应用于实际的大门。

Lord 和 Novick（1968）的《心理测验分数的统计理论》一书出版，深入介绍了 IRT 模型，至此 IRT 体系基本形成。Wright 和 Panchapakesan（1969）提出了对 Rasch 模型进行参数估计的方法，并编写了计算机程序 BICAL，使 IRT 的应用首次成为现实。Samejima（1969）也提出了适合多级计分题型的等级反应模型，突破了 IRT 仅适合二级计分题型的限制。Sympson（1978）提出了多维三参数模型，突破了 IRT 仅用于单维测验的限制。此后，IRT 的相关发展主要表现在对模型的修正和改进、基于 IRT 的技术和方法的研究以及基于 IRT 的应用研究方面（详见本章第四节）。

（二）IRT 的基本假设

通常所说的理论是指能够由实验研究或实践加以证实的命题或论断。在此意义上，IRT 并不能被严格地称为一种理论，因为基于 IRT 的许多命题或论断并不能直接通过实践加以验证，而必须在满足一些前提假设的基础上才能够成立。因此，在深入理解 IRT 之前，需要了解关于 IRT 的几个基本假设。

1. 知道即正确假设

知道即正确假设指的是如果考生知道试题的正确答案，就会正确作答，即考生在面对问题情境时，表现的是其真实状态，而不是随机或混乱的反应。换句话说，如果考生作答错误，我们就认为他不知道该试题的答案，诸如看错试题编号、遗漏试题等其他生理或心理上的原因，不构成考生作答错误的理由。

这不仅是 IRT 所有推断的基本前提，也是大部分心理学研究进行推断的基本前提。心理学研究者在对考生个体进行研究时，总是反复强调要获得考生的真实数据，最大限度地避免考生的随机作答、作伪等行为，因为只有通过考生真实行为表现所获得的作答反应数据，才能保证数据分析与统计推断过程的合理性。

需要注意的是，知道即正确假设的逆命题是不成立的。如果考生作答正确，并不意味着他一定知道试题的答案，因为考生可能存在猜题行为。如果这个假设的逆命题成立，就表示否认了所有猜测因素的存在。事实上，IRT 可以处理考生作答反应中的猜测因素，这也正是 IRT 的优点之一。

2. 局部独立性假设

局部独立性假设是使用 IRT 进行能力估计的基本前提，指考生在某道试题上的正答概率独立于考生在其他试题上的正答概率，在全部试题上的正答概率是各道试题正答概率的乘积。也就是说，某名考生对某道试题的正答概率不会受到他对该测验中其他试题应答的影响，只有考生的能力和试题的特性会影响考生对该试题的应答，这可以用如下公式表示

$$P(U_1,U_2,\cdots,U_n|\theta)=P(U_1|\theta)P(U_2|\theta)\cdots P(U_n|\theta)=\prod_{i=1}^{n}P(U_i|\theta) \quad （公式 1-1）$$

其中，θ 代表考生表现的能力值（即下文中的潜在特质空间）；U_i 指一个随机选择的考生对第 i 道题的应答结果，答对计为 1，答错计为 0；$P(U_i|\theta)$ 指能力值为 θ 的考生出现 U_i 这种应答结果的概率。

3. 模型潜在特质空间的维度有限性假设

在解释该假设前，首先要理解两个概念：潜在特质和潜在特质空间。潜在特质指个体的内部心理特征，一般无法被直接观察到，包括个体的各种能力、人格、兴趣等；潜在特质空间指对个体某种行为起制约作用的若干潜在特质构成的集合，记为 θ，其中相互独立的潜在特质的数目即空间的维度。一个 k 维的潜在特质空间可表示为 $\theta=(\theta_1,\theta_2,\cdots,\theta_k)$，其中 $\theta_t(1 \leqslant t \leqslant k)$ 为一个潜在分量。

该假设的含义是，任何具体的 IRT 模型都是建立在有限潜在特质维度基础上的，模型的实际意义在于它是否能很好地解释测验所测量的所有维度。所谓有限潜在特质维度，即测验所测量的内容维度数量要符合所使用的 IRT 模型能够解释的维度数量，若所收集的数据与模型不拟合，研究就无法得到

正确推论。

目前的 IRT 模型既有单维模型，也有多维模型，发展得比较成熟且应用更为广泛的主要是单维模型，因此，本书主要讨论的是单维 IRT 模型，读者可在理解单维模型的基础上融会贯通，以便理解多维模型。

4. 单调性假设

IRT 的一个关键就是建立考生对试题正答概率与考生能力水平（或潜在特质）之间的函数关系，通过正答概率描述考生能力参数与试题参数之间关系的曲线即 ICC，它可以反映试题属性的参数指标，如试题的难度、区分度等。如图 1-3 所示，ICC 的横坐标为能力值 θ，纵坐标为考生的正答概率 $P(\theta)$，试题的难度值 b 就是正答概率 $P(\theta)$ 等于 0.5 时所对应的 θ 值，试题的区分度 a 就是曲线在拐点处的切线斜率的函数，斜率越大，试题的区分度 a 越高。

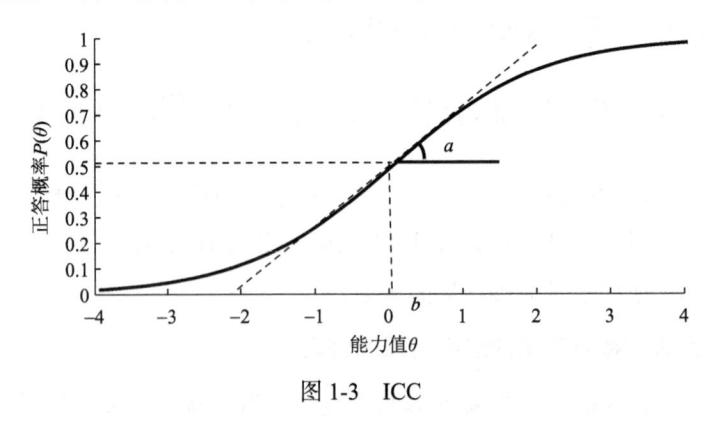

图 1-3 ICC

单调性假设也可称为 ICC 的形式假设。在单维 IRT 模型中，ICC 的形式假设主要表现在以下两点：ICC 的下端渐近线为低能力考生的正答概率（总是趋近于 0），ICC 的上端渐近线总是趋近于 1，即高能力考生的正答概率；这条 ICC 是严格单调上升的曲线，意味着考生的能力水平越高，其正答概率越高。

5. 非速度性假设

非速度性假设的含义是，IRT 所分析的数据反映的是考生有充分作答时间（即在非速度性测验中）的真实能力水平的表现。

所谓速度性测验，就是把考生的作答速度作为一个主要测量指标的测验。速度性测验一般试题量大、内容简单，考生很难做完全部试题，以此测量考生的作答速度。因此，在速度性测验中，如果考生没有作答某些试题，可能是受测验时间不够的影响，并不能说明考生的能力水平低，无法答对这些试题。这与前述知道即正确假设、单调性假设相悖，因为在 IRT 框架中，考生能力水平与正答概率是严格单调上升的曲线，若为速度性测验，就无法保证这种单调上升的关系。

三、IRT 中模型与数据的拟合

（一）IRT 模型

IRT 模型是一种数学模型，它的特点是以概率的概念来解释考生对试题的反应和其潜在能力特质之间的关系。IRT 模型有 20 余种，但比较常用的有 Lord 提出的著名的正态卵形模型和 Birnbaum 提出的 Logistic 模型。Logistic 模型相对比较简单，准确性较高，计算量比其他模型小，因此，在建立 CAT 系统时，常采用 Logistic 模型。根据参数的不同，Logistic 模型可分为单参、双参和三参模型。

1. 单参 Logistic 模型

单参 Logistic 模型是广泛使用的 IRT 模型之一，这种模型可以用以下公式表示

$$P_i(\theta) = \frac{e^{(\theta - b_i)}}{1 + e^{(\theta - b_i)}}, i = 1, 2, \cdots, n \qquad （公式 1-2）$$

其中，$P_i(\theta)$ 表示能力值为 θ 的考生作答试题 i 的正答概率，b_i 表示试题 i 的难度参数，n 表示测验中的试题数，e 表示自然对数的底，取其值为 2.718（保留 3 位小数），$P_i(\theta)$ 在能力量表上是一个取值范围为 0—1 的 S 形曲线，即 ICC。

三道典型单参试题的 ICC 如图 1-4 所示，试题参数分别为：试题 1，$b=-1$；试题 2，$b=0$；试题 3，$b=1$。由图 1-4 可以看出，这些曲线的形状基本相同，区别仅仅在于位置不同，曲线的下渐近线为 0，这表明能力水平很低的考生的正答概率趋近于 0。

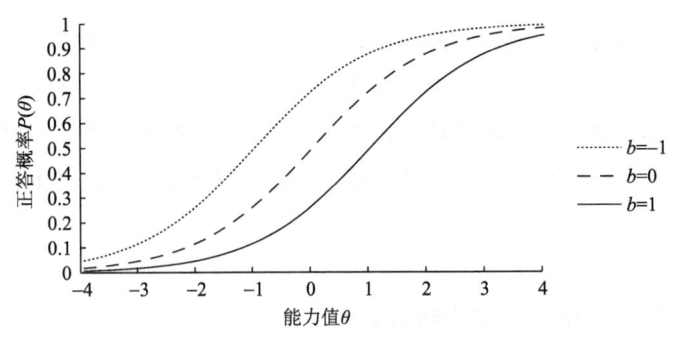

图 1-4　三道典型单参试题的 ICC

2. 双参 Logistic 模型

Lord（1952）最先提出双参 Logistic 模型，其公式表示为

$$P_i(\theta) = \frac{e^{Da_i(\theta - b_i)}}{1 + e^{Da_i(\theta - b_i)}}, i = 1, 2, \cdots, n \qquad （公式 1-3）$$

其中，$P_i(\theta)$ 和 b_i 与单参 Logistic 模型中的意义相同，D 为常数，通常设定其值为 1.7，a_i 表示试题 i 的区分度。图 1-5 为三道典型双参试题的 ICC，试题参数分别为：试题 1，$a=0.75$，$b=-1$；试题 2，$a=1.5$，$b=0$；试题 3，$a=0.3$，$b=1$。

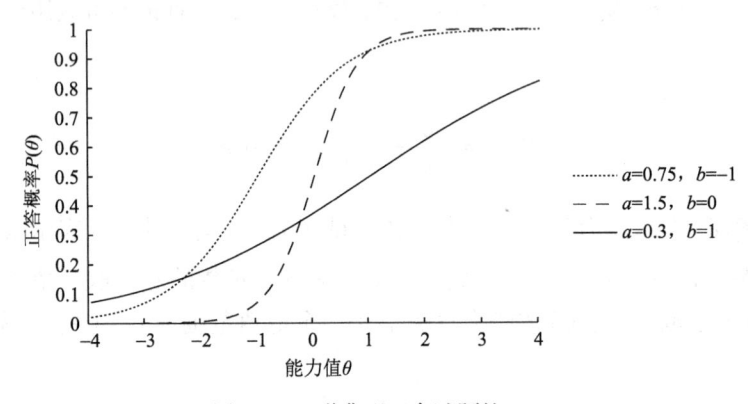

图 1-5　三道典型双参试题的 ICC

3. 三参 Logistic 模型

三参 Logistic 模型的公式表示为

$$P_i(\theta) = c_i + (1-c_i)\frac{e^{Da_i(\theta-b_i)}}{1+e^{Da_i(\theta-b_i)}}, i=1,2,\cdots,n \qquad （公式1-4）$$

其中，$P_i(\theta)$、b_i、a_i 和 D 与双参 Logistic 模型中的意义相同，c_i 表示伪机遇水平参数，也称猜测参数，$P_i(\theta)$ 使得 ICC 有一条非 0 的下渐近线，并且表明了能力水平较低的考生的正答概率。图 1-6 为三道典型三参试题的 ICC，试题参数分别为：试题 1，$a=1$，$b=-1$，$c=0$；试题 2，$a=1$，$b=0$，$c=0.1$；试题 3，$a=1$，$b=1$，$c=0.2$。

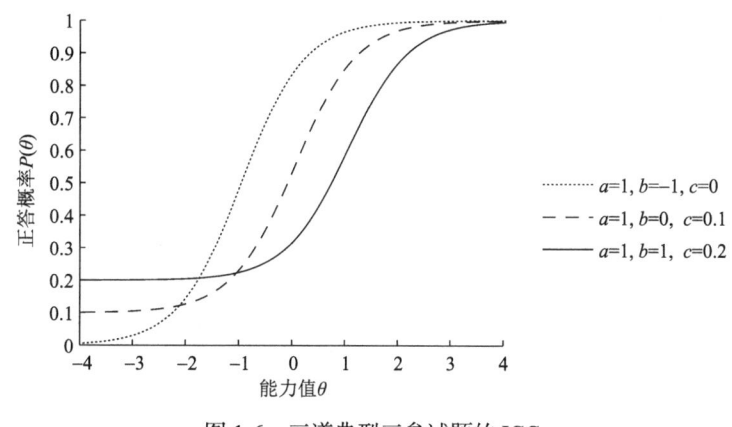

图 1-6 三道典型三参试题的 ICC

（二）IRT 模型与数据的拟合检验

Hambleton 和 Swaminathan（1985）指出，评价模型与测验数据拟合的优劣主要取决于三个方面：第一，测验数据模型假设的有效性；第二，所获得的模型性质达到期望的程度（如试题和能力参数的不变性）；第三，模型使用真实数据和模拟数据进行预测的准确性。

1. 假设检验

对于所有模型来说，主要的两个假设是数据的单维性和测验实施的非速度性。此外，单参 Logistic 模型假设所有试题的区分度是相同的，双参 Logistic 模型假设猜测系数是非常小的。对于单维性的检验，可根据试题与试题间相关系数矩阵来进行探索性因子分析，分析其特征值、碎石图、累计方差贡献比，通常，如果第一个特征值达到第二个特征值的 5 倍及以上，则可证明符合单维性假设。对于非速度性的检验，可比较有无时间限制下考生的测验成绩，若二者高度重合，或者完成所有测验试题和完成 80% 的测验试题的考生所占的百分比接近，则可证明符合非速度性假设。

2. 不变性检验

评价模型中参数不变性的方法有多种，Wright（1968）提出了一种评价能力参数不变性的方法，即给考生施测两套甚至更多套试题，要求每套试题包含较为广泛的难度范围，试题均来自定义考生能力的题库。通过施测，每套试题都会获得一名考生的能力值，然后将这些能力值对应的点绘制出来。由于假定每名考生的能力值不依赖于试题的选择，因此这些点将构成一条斜率为 1、截距为 0 的直线（由于测量误差的存在，直线周围还是会有少量散点存在），则可证明能力参数的不变性。

3. 模型预测性检验

常用的检验模型预测性的方法之一就是分析试题残差。残差 r_{ij}（有时也称作原始残差）是某一能力区间内的考生在某一道试题上正答概率的观测值与期望值之间的差异，表示为

$$r_{ij} = P_{ij} - \mathrm{E}(P_{ij}) \qquad （公式1-5）$$

其中，i 表示试题，j 表示能力区间，P_{ij} 表示第 j 个能力区间的考生在试题 i 上观测到的正答概率，由能力区间 j 中回答试题 i 正确的人数除以区间 j 中回答试题 i 的总人数所得。$\mathrm{E}(P_{ij})$ 表示第 j 个能力区间的考生在试题 i 上利用假设模型所得的期望正答概率，有两种计算方法：一种方法是利用能力区间 j 中间的 θ 值计算正答概率；另一种方法是计算该区间内所有考生在试题 i 上正答概率的平均值。

使用原始残差的缺点在于无法顾及某个能力区间内期望正答概率的抽样误差，为了解决这个问题，可以将原始残差值除以期望正答概率的标准误，以将原始残差值转换成标准化残差值（standardized residual），记作 z_{ij}，表示为

$$z_{ij} = \frac{P_{ij} - \mathrm{E}(P_{ij})}{\sqrt{\mathrm{E}(P_{ij})[1-\mathrm{E}(P_{ij})]/N_j}} \qquad （公式1-6）$$

其中，N_j 是在能力区间 j 内的考生人数。

检验模型与数据拟合常用的统计学检验方法是卡方检验。Yen（1981）提出的 Q_1 指标是一种典型的卡方检验所用的统计指标，可以用来检查模型与数据是否拟合，其表达式为

$$Q_{1i} = \sum_{j=1}^{m} \frac{N_j \left[P_{ij} - \mathrm{E}(P_{ij}) \right]^2}{\mathrm{E}(P_{ij}) \left[1 - \mathrm{E}(P_{ij}) \right]} = \sum_{j=1}^{m} z_{ij}^2 \qquad （公式 1-7）$$

其中，根据能力估计值的不同，考生可被分成 m 个能力组。Q_1 统计量的自由度为 $m-k$，k 是所选用的项目反应模型参数的个数（例如，选用单参 Logistic 模型，$k=1$；选用双参 Logistic 模型，$k=2$）。如果所计算出的 Q_{1i} 值大于对应的临界值，便可以推翻 ICC 拟合数据的虚无假设，需另行寻找合适的模型。

四、IRT 中的参数估计

在 IRT 中，考生的正答概率依赖于能力参数以及试题参数。在进行参数估计时，一般有以下几种情况：试题参数已知，能力参数未知；能力参数已知，试题参数未知；能力参数和试题参数均未知。

（一）MLE

首先讨论试题参数已知、能力参数未知的情况，这里需要使用 MLE 来估计能力参数。MLE 是一种使用较为广泛的估计方法，是一种无偏估计，但当考生作答出现全对或全错情况时，则无法进行准确估计。

假定有 n 道测验试题，设能力值为 θ 的考生在第 j 个测验试题的反应变量为 U_j（二级评分，0 为错误，1 为正确）；设考生在第 j 个测验试题上的正答概率为 $P_j = P(u_j=1|\theta)$，在第 j 个测验试题上的错答概率为 $Q_j = 1 - P_j = P(u_j=0|\theta)$，根据局部独立性假设，能力值为 θ 的考生在所有试题上的联合概率为

$$P(u_1, u_2, \cdots, u_n|\theta) = P(u_1|\theta) P(u_2|\theta) \cdots P(u_n|\theta) = \prod_{j=1}^{n} P_j^{u_j} Q_j^{1-u_j} \qquad （公式 1-8）$$

这个联合概率被称为似然函数，记为 $L(u_1,u_2,\cdots,u_n|\theta)$，因此

$$L(u_1,u_2,\cdots,u_n|\theta)=\prod_{j=1}^{n}P_j^{u_j}Q_j^{1-u_j} \quad （公式1-9）$$

MLE 法是一种将似然函数 $L(u|\theta)$ 取极大值的自变量取值作为待估参数估计值的估计方法。因为对数函数 $\ln x$ 是 x 的单调函数，所以 $\ln L$ 与 L 有相同的极大值点，对似然函数 L 取对数，得到

$$\ln L(u|\theta)=\sum_{j=1}^{n}\left[u_j\ln P_j+(1-u_j)\ln(1-P_j)\right] \quad （公式1-10）$$

求其极大值点，需求其一阶导数，并使一阶导数等于 0，即 $\dfrac{\partial \ln L}{\partial P_j}\dfrac{\partial P_j}{\partial \theta_j}=0$，记作 $f(\theta)=\sum_{j=1}^{n}\dfrac{u_j-P_j}{P_jQ_j}\dfrac{\partial P_j}{\partial \theta_j}=0$，此时 $f(\theta)$ 为非线性方程，由于直接求解非线性方程 $f(\theta)$ 并不可行，这时就需要运用一些参数估计的方法和技巧，如牛顿-拉夫逊（Newton-Raphson，N-R）迭代法。

牛顿-拉夫逊迭代法是在求解牛顿迭代式的基础上进行的，设 r 是 $f(x)=0$ 的真实根，但这个根无法通过直接解方程的方法求出来，需要采用牛顿-拉夫逊迭代法得到 r 的一个近似估计值，迭代过程如图1-7所示。

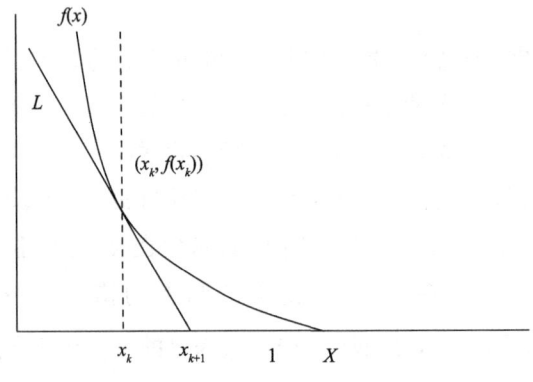

图1-7 牛顿-拉夫逊迭代过程

首先，选取 x_k 作为 r 的初始近似值，过点 $(x_k,f(x_k))$ 作曲线 $y=f(x)$ 的切

线 L，求出切线 L 与 x 轴交点的横坐标 $x_{k+1} = x_k - \dfrac{f(x_k)}{f'(x_k)}$，称 x_{k+1} 为 r 的一次迭代近似值，然后，过点 $(x_{k+1}, f(x_{k+1}))$ 再作曲线 $y = f(x)$ 的切线 L，用相同的方法求二次迭代近似值。迭代过程不可能无休止地进行下去，因此要设一个迭代终止条件，通常设当相邻两个迭代近似值之间的差值小于某个预先设定值（如0.01）时，即终止迭代过程。

（二）MAP

MLE 仅仅考虑了考生的作答信息，现实中，考生的能力大致服从某种分布。Samejima（1969）提出，如果在测验之前，考生总体的能力分布信息是一个确定值，则应充分利用这种信息来提高测验估计的准确度。

该方法是在样本数据已知的情况下获得对未知参数的点估计，直接将先验概率乘以似然函数并求极大值，因此称为 MAP。与 MLE 相比，MAP 在构建似然函数时，将未知参数的先验分布融入似然函数式中，假如能力参数的先验分布密度函数定义为 $g(\theta)$，那么 MAP 的似然函数 $\tilde{L}$ 可表示为

$$\tilde{L} = L(u_1, u_2, \cdots, u_n | \theta, \xi) g(\theta) = \prod_{j=1}^{n} P_j^{u_j} Q_j^{1-u_j} g(\theta) \quad \text{（公式 1-11）}$$

其中，n 为试题量，u_j 为考生的作答反应结果（取值为 0 或 1），ξ 为已确定的试题参数。然后依然是找到能使该似然函数达到极大值的能力参数估计值，可以转化为对 $\tilde{L}$ 取对数，求 $\ln \tilde{L}$ 对未知参数 θ 的一阶导数为 0 的方程根，继而通过牛顿-拉夫逊迭代法加以解决。

（三）MMLE

在题库建设时，由于考生的能力水平 θ 是未知的，为了估计试题参数，通常使用 MMLE 方法消除 θ 进行计算。MMLE 是由 Bock 和 Lieberman 提出的，该方法利用概率密度函数进行积分转换，将等式中的能力水平 θ 消除，得到不含 θ 的似然函数，其表达式如下

$$\ln L = c + \sum_{i=1}^{\infty} r_i \times \ln(\pi_i) \quad \text{（公式 1-12）}$$

其中，c 表示常数，r_i 表示试题作答反应 $u=\{u_1,u_2,\cdots,u_n\}$ 的考生数量，π_i 表示 $u=\{u_1,u_2,\cdots,u_n\}$ 的边际概率。得到该似然函数后，利用 MMLE 中的相关求解方法，可以计算出题库中的试题参数。

五、IRT 中的信息函数

（一）试题信息函数

IRT 提供了描述、选择测验试题的有效方法，即使用试题信息函数，其表达式为

$$I_i(\theta)=\frac{[P_i'(\theta)]^2}{P_i(\theta)Q_i(\theta)} \qquad （公式 1-13）$$

其中，$I_i(\theta)$ 是试题 i 在能力值为 θ 时所能提供的信息，$P_i(\theta)$ 是项目反应函数，$Q_i(\theta)=1-P_i(\theta)$，$P_i'(\theta)$ 是 $P_i(\theta)$ 关于 θ 的一阶导数。这个表达式适用于二分法得分（即回答正确为 1，回答错误为 0）的 Logistic 项目反应模型，在三参 Logistic 模型中，其表达式为

$$I_i(\theta)=\frac{2.89a_i^2(1-c_i)}{\left[c_i+e^{1.7a_i(\theta-b_i)}\right]\left[1+e^{-1.7a_i(\theta-b_i)}\right]^2} \qquad （公式 1-14）$$

根据这个表达式可以很容易地推断出试题参数在试题信息函数中所起的作用。第一，难度 b 的值与 θ 越接近，信息量越大；第二，区分度 a 的值越大，信息量越大；第三，猜测系数 c 的值越趋近于 0，信息量越大。

试题信息函数能表示出试题对能力估计的贡献量，因此，它在测验开发和试题评价中的重要性不言而喻。Birnbaum（1968）指出，某个试题在能力参数为 $\theta_{\max}$ 的位置所提供的信息量最大，$\theta_{\max}$ 表示为

$$\theta_{\max}=b_i+\frac{1}{Da_i}\ln\left[0.5\left(1+\sqrt{1+8c_i}\right)\right] \qquad （公式 1-15）$$

其中，D 为常量。如果猜测系数取最小值（即 $c_i=0$），那么 $\theta_{\max}=b_i$。一般而言，当 $c_i>0$ 时，某道试题在能力水平比其难度值稍高的位置所提供的信息量最大。

试题信息函数在测验开发和评价中的效用取决于 ICC 和测验数据的拟合程度,若二者拟合较差,那么试题的统计量和信息函数就会有误;即使二者拟合较好,如果试题的区分度很小、猜测系数很大,那么试题所提供的信息量也是有限的。

（二）测验信息函数

基于试题信息函数,测验信息函数 $I(\theta)$ 可表示为

$$I(\theta) = \sum_{i=1}^{n} I_i(\theta) \qquad （公式1-16）$$

在这里,一个测验在 θ 值上所提供的信息量可以简单地表示为在 θ 值上的试题信息函数之和,显然,每道试题对测验信息函数的贡献量是彼此独立的,这个特性是 CTT 所不具备的。

在 θ 值上的测验信息量与能力估计值的精确性成反比,可表示为

$$SE(\hat{\theta}) = \frac{1}{\sqrt{I(\theta)}} \qquad （公式1-17）$$

其中,$SE(\hat{\theta})$ 为估计标准误,当 $I(\theta)$ 值达到最大时,$SE(\hat{\theta})$ 值便达到最小,也就是说,该 θ 值的最大近似估计值的误差达到最小。在 IRT 中,$SE(\hat{\theta})$ 相当于 CTT 中的测量标准误,$SE(\hat{\theta})$ 会随着考生的能力水平的变化而变化,而 CTT 中的测量标准误则不会随着考生的能力水平而变化。一般而言,标准误的大小受三个因素影响:①测验试题的数量（测验越长,标准误越小）;②测验试题的质量（如果试题区分度较高,则考生猜对的可能性较低,标准误较小）;③试题难度与考生能力水平之间的匹配程度（如果组成测验的试题难度与考生能力水平相匹配,则标准误较小;如果试题较难或较易,则标准误较大）。

六、IRT 中的等值技术

等值是将不同测验的分数统一在同一量表上的过程。尽管在试题编制过程

中，出题人总是尽量保持测验难度的稳定性，但不同测验试题在难度、信度及分数分布等方面存在差异是无法避免的，从而造成测验的评价标准不够客观。对测验进行等值处理正是为了改善这种不客观的标准，以保证测验的公平性。

（一）测验链接的方法

下面介绍四种测验链接的方法，可以使不同测验的试题参数得以转换到相同的量尺之上。

1）随机（等值）组群设计（random/equivalent groups design）：将欲链接的两套测验给予随机选择出来的相似但不完全相同的两组考生分别施测，这两组考生的选择可通过分层按比例随机抽样法进行抽样。此法较为实际，可以避免疲劳等因素的影响，缺点是需要有足够大的样本，以使两套测验的数据稳定、可靠。

2）单一组设计（single group design）：将欲链接的两套测验给予同一组考生施测。这种方法最简单但不实际，因为施测时间会延长，再加上考生个体的身体疲劳或重复练习等因素，都会影响参数的估计和链接的结果。

3）锚测验设计（anchor test design）：将欲链接的两套测验给予两组不同的考生分别施测，同时每组考生另外接受一部分共同试题的测验（可能是附属于每一套测验，或是额外附加的试题）。此法最为常用，如果锚试题选择得好，可以避免随机（等值）组群设计或单一组设计所遇到的问题。

4）共同考生设计（common-person design）：将欲链接的两套测验给予两组不同的考生分别施测，其中有一部分考生重复接受这两套测验。因为有一部分考生所接受的测验数量是加倍的，所以这种设计也存在与单一组设计一样的缺陷。

（二）参数等值的转换方法：平均数和标准差法

IRT模型下参数等值转换的方法有很多，最常用的是平均数和标准差法。假设X、Y分别代表两组不同的考生，这两组考生做了同一套测验试题。设考生在这套测验上的试题区分度参数为a，试题难度参数为b，能力参数为θ，那么在不考虑随机抽样造成的样本误差的情况下，两组考生应能满足下列关系

$$\theta_Y = \alpha \theta_X + \beta \quad \text{(公式 1-18)}$$

$$b_Y = \alpha b_X + \beta \quad \text{(公式 1-19)}$$

$$a_Y = \frac{a_X}{\alpha} \quad \text{(公式 1-20)}$$

其中，α 和 β 为等值系数，由此可以看出，等值的计算实际上就是等值系数的计算。在实际应用中，α 和 β 可通过以下两个公式获得

$$\alpha = \frac{S_Y}{S_X} \quad \text{(公式 1-21)}$$

$$\beta = \bar{b}_Y - \alpha \bar{b}_X \quad \text{(公式 1-22)}$$

其中，$\bar{b}_X$ 和 S_X 分别是根据 X 组考生作答估计出的试题难度的平均值和标准差；$\bar{b}_Y$ 和 S_Y 分别是根据 Y 组考生作答估计出的试题难度的平均值和标准差。

第三节 CAT 的研究策略

CAT 的研究策略可分为真实和模拟两类，研究者可根据各自的研究目的和条件选择适当的策略。

一、真实的 CAT 研究

真实的 CAT 研究不仅要求事先准备好题库，还需要研究者寻找考生进行真实的现场测验，大多数真实测验使用的是"单选"或"判断正误"这种非对即错的二级计分试题。真实的 CAT 研究不仅可以为 MCS 提供有效的试题参数值，还可以对 MCS 结果的有效性进行确认。此外，通过真实的 CAT 研究，还可以探索个体特质对 CAT 测量结果的影响。

然而，真实的 CAT 研究也存在不可避免的缺点：首先，研究者需要开发题库和 CAT 系统、征集考生、实行现场测验，因此研究成本高、耗时长；其次，有限的考生只能作答数量有限的试题，造成了题库资源的浪费；最后，测验数

据来自真实的考生,故实验数据会受到如测验环境、测验焦虑、测验动机及猜测行为等不确定因素的干扰。

二、模拟的 CAT 研究

(一)模拟 CAT 的方法

在实施真实的 CAT 之前,一般要使用模拟的方法对 CAT 性能进行预测和评估,模拟测验能够估计出考生在测验中的潜在表现以及测验本身的潜在性能。常用的模拟 CAT 方法有以下三种。

1. MCS

MCS 是一种基于模拟随机数的统计抽样实验方法,需要借助计算机产生随机变量的观测值。IRT 研究中的参数如考生能力、试题难度等常被认为满足一定的经验概率分布(如正态分布),因此可以通过计算机的随机发生器预先模拟产生,而这正好满足了 IRT 参数估计研究中对"预知参数真实值"的要求。MCS 通常按以下步骤进行。

1)模拟考生:依据预先设置好的考生能力分布,模拟产生一组符合分布的考生能力值。

2)模拟试题:依据指定的数值分布和取值范围,模拟产生 CAT 试题参数。

3)模拟作答:将已经得到的考生能力值和试题参数代入适当的 IRT 模型中,计算考生在相应试题上的正答概率 P,然后在 0—1 产生一个随机数 α,将 P 与 α 进行比较,若 $P \geq \alpha$,那么将作答结果设为正确,反之,则将作答结果设为错误,最终得到考生在该试题上的作答结果。

不同研究者在设计开发 CAT 系统时所使用的参数估计方法、选题策略及测验终止规则等算法各不相同,使用 MCS 能够较好地估计出不同算法支持下 CAT 的性能,并可对其优劣进行比较和评价。

2. 事后模拟

事后模拟(post-hoc simulation)通常依据考生在题库中所有试题上的真实作答结果,模拟出考生在 CAT 中的试题作答序列和测验长度,估计 CAT 潜在性能并确保题库能够良好运行。其具体过程如下。

1）要求考生对题库中的所有试题进行作答，并用"0""1"表示作答结果（"0"代表作答错误，"1"代表作答正确），最终形成一个作答数据矩阵。

2）使用 MLE 或者贝叶斯估计等参数估计方法，依据考生对题库的作答数据矩阵估计出每道试题的参数。

3）采用 MFI 等选题策略，根据考生的真实作答数据矩阵及估算出的试题参数模拟 CAT 过程，产生考生在自适应测验中的试题作答序列。

另外，事后模拟也能够依据考生在常规线性测验中的作答结果，探究当测验以 CAT 的方式实施时测验试题的减少数量。

3. 混合式模拟

若考生能够将题库中的所有试题全部作答完毕，则可以使用事后模拟的方法估算 CAT 性能。但在实际的测验中，庞大的题库、测验安全约束等不允许考生作答题库中的所有试题，因此最终生成的试题反应矩阵是稀疏的，此时就不能直接使用事后模拟，而要使用混合式模拟（hybrid simulation）来解决这一问题。该方法结合了 MCS 和事后模拟的部分过程，依据考生在题库中部分试题上的真实作答数据进行模拟预测。其主要环节如下。

1）首先，将整个题库分成若干子题库，并将考生分成若干子考生组，要求子题库数与子考生组数相同；然后，选择适当数量的试题作为链接试题，使每组考生对应作答一组子题库和所有链接试题；将考生在链接试题以及题库中所有试题上的作答结果用"0""1""—"表示（"0"代表作答错误，"1"代表作答正确，"—"表示未作答），最终得到一个代表所有考生作答结果的稀疏数据矩阵。

2）根据试题参数和估计出的考生能力值，使用 MCS 估计出考生在题库中未作答试题上的作答结果，得到稀疏矩阵中的缺失数据，完善每名考生在所有试题上的作答数据，形成一个完整的数据矩阵。

3）依据完整的数据矩阵，使用事后模拟估计 CAT 的潜在性能。

综上可知，真实测验与模拟测验并不是两种完全并列的研究策略，真实测验可以为模拟测验提供初始参数，模拟测验可以在进行真实测验之前估计出测验性能，两者相辅相成。科学地进行 CAT 研究，需要研究者灵活地运用这两种研究策略。

（二）模拟 CAT 的实施

当前用于数据模拟的软件有 SimCAT、FireStar、SimuMCAT 和 WinGen 等，其中 WinGen 是常用的 IRT 模拟软件。WinGen 是用来模拟考生、试题参数和作答数据的软件，该软件基于 Windows 系统和最新的计算机环境，利用 Microsoft.NET 应用程序开发平台的图形界面，使用者只需操作鼠标便可设置性能参数。具体来说，WinGen 具有以下特征。

1. 支持多种 IRT 模型

WinGen 能根据实践中出现的具体情况，为多个 IRT 模型生成二级计分或多级计分项目反应数据。这些 IRT 模型包括二级计分形式的 IRT 模型、非参数模型（non-parametric model）、多级计分 IRT 模型、多维补偿模型（multidimensional compensatory model）等。WinGen 允许使用者在一次模拟中混合使用多种 IRT 模型，如模拟的前 10 道试题的数据由双参 Logistic 模型产生，之后的 30 道试题的数据由三参 Logistic 模型产生，最后 10 道试题的数据可以由等级反应模型产生，最终得到的所有数据可用于模拟状态检测数据。

2. 从多种数据分布中产生 IRT 模型参数和考生样本

早期的多数 IRT 数据模拟程序只提供符合正态分布和均匀分布的数据，虽然这在理论上是容易理解的，但是现实中不只有正态分布和均匀分布，而且并不是所有研究者都对这两种分布感兴趣。因此，WinGen 除了提供符合正态分布、均匀分布的数据外，还增加了符合贝塔分布和对数正态分布的数据，使用者可以使用更加真实的 IRT 数据集进行研究。此外，使用者根据数据的分布使用特别的参数集或者种子值，便可实际控制试题参数和考生能力参数的变化。

3. 可与 IRT 校准软件集成使用

WinGen 在模拟产生数据的同时，也可直接生成 Bilog、Parscale 或 Multilog 脚本程序，使用这些校准软件运行脚本，便可根据 WinGen 模拟出来的作答数据估计出试题参数和考生能力值，同时得到实际值与参数估计值之间的差异统计量，如误差均方根和估计偏差等，通过这些指标，研究者能够评估参数估计结果的精确性。

第四节　CAT 的研究综述

一、理论研究

CAT 的理论研究主要集中在 CAT 关键技术的改进、对 CAT 测量模型的扩展，以及探索个体心理特质对 CAT 效果的影响等方面。

（一）CAT 的关键技术

1. 题库建设

题库是 CAT 施测的前提和基础，能够为考生提供适合其作答的试题。研究者对题库的研究主要集中在题库的建设、题库的优化和题库的应用效果评价三方面。题库的优化主要是对参数估计方法、选题策略等进行改进。杨涛等（2012）进行了题库优化设计的回顾与展望，介绍了线性规划法、成本函数法等优化设计法的基本思路、具体步骤与相关的应用研究。在题库的建设和题库的应用效果评价的研究中，研究者往往将这两方面结合起来加以考虑。柴省三（2013）指出题库的建设包括命题组卷、测试、参数等值三个步骤，并在对 CAT 的测量原理和核心技术进行考察的基础上，提出了以文本属性参数为标准的汉语水平考试（Hanyu Shuiping Kaoshi，HSK）远程 CAT 的设计理念，不但充分发挥了阅读材料难度的语言学评价优势，而且借助先进的计算机科学和信息技术为考生提供了更准确、更富有针对性、个性化的测验服务。穆惠峰（2017）根据 IRT 创建了计算机自适应大规模标准化英语语言测验题库，开发了基于 IRT 的题库软件，通过试测提供了准确的区分度参数、难度参数、猜测参数以及考生能力参数值，从而为构建大规模计算机自适应标准化英语语言测验提供了可靠的前提条件。李俊杰等（2018）介绍了自适应题库技术、智能语音评测技术等，并利用这些技术设计了少数民族学习普通话的智能个性化语言学习平台，通过对学习者的学习效果进行对比分析，发现该平台有效提升了语言学习者的基本语言能力。

2. 选题策略

CAT 需要从题库中选择与考生能力相匹配的试题，在这个过程中，不仅需要保护题库的安全性，即控制试题曝光率，还需要保证测验内容的平衡性，从而高效使用题库。下面介绍三种较为经典的选题策略。

（1）b 匹配法

b 匹配法（b-matching）是最早的一种选题策略，源于 Lord（1971）提出的试题难度与考生潜在特质相匹配的选题理念。在这种理念的指导下，b 匹配法在选题过程中只考虑试题的难度参数，在测验过程中，找到难度参数与考生当前能力估计值最为接近的试题，把这样的试题作为考生即将作答的下一题。该策略虽然简单，却能体现自适应测验"因人施测"的思想。但是，b 匹配法也存在缺陷，它只考虑了试题难度与考生能力水平之间的匹配，忽视了其他试题特性的影响。

（2）MFI 法

这是由 Lord（1977）提出的一种选题策略，指根据当前考生的能力估计值，从剩余试题中选择能够提供 MFI 的试题作为考生作答的下一题，是 CAT 中最常用的一种选题策略。MFI 总是选择信息量最大的试题并将其提供给考生作答，因此 MFI 测验的效率较高，能很快地达到测验所要求的精确度。然而，频繁地使用信息量较大（即区分度较高）的试题让考生作答，会导致这些试题过度曝光，使得题库的安全性有所下降，同时区分度较低的试题未被使用，使得试题曝光不均匀，造成题库资源的巨大浪费。

（3）a 分层选题策略

前述的 MFI 法会导致试题曝光不均匀（如区分度高的试题曝光率高）、测验不安全以及题库浪费的问题。为了克服这些缺点，Chang 和 Ying（1996）提出了 a 分层（a-stratified，a-STR）选题策略，即将题库按区分度的高低划分为一定数量的层，让考生对每层均作答一定数量的试题。这种方法会保证试题曝光的均衡性，控制区分度高的试题的曝光率，在一定程度上提高了测验的安全性，但当某一层难度范围无法覆盖考生的能力水平时，仍存在某些试题被过度选择的现象。

研究者对 CAT 选题策略的研究主要包括两大方面：一方面是关于选题策略

分类的研究，比如，毛秀珍和辛涛（2011）依据 CAT 是否具有非统计约束，将选题策略分为提高测量准确性的选题策略和控制试题曝光率的选题策略；辛涛和刘拓（2013）从提高测量精确度、控制试题曝光率、平衡测验内容三个方面总结了 CD-CAT 的选题策略；简小珠等（2014）根据选题策略的基本原理和衍生发展，将其分为 Fisher 函数系列、K-LI 函数系列、a 分层系列、贝叶斯系列、b 匹配系列五大类。另一方面则是关于具体选题策略改进的研究，比如，汪文义和丁树良（2009）提出了一种基于双参 Logistic 模型的平均测验难度匹配法，并将其与难度匹配法、MFI 法、a 分层法进行了比较研究；程小扬等（2011）将曝光因子引入 CAT 的选题策略中，针对 a 分层法和 MFI 法两种选题策略的优缺点，通过引入曝光因子、分阶段自动调整区分度的影响以及提高选题准确性等手段，对两种选题策略进行了改进；戴翾等（2013）提出了结合影子题库的选题策略，即结合影子题库和 MFI 法各自的优势，在 0—1 评分模型下产生新的选题策略，按 a 分层和 MFI 分层引入应用，发现新的选题策略效果较为理想；郭磊等（2014）提出结合 a 分层的兼具试题曝光和广义测验重叠率控制的选题策略，即将 a 分层法的思想与广义测验重叠率控制的 SH 程序（Sympson-Hetter procedure with general test overlap control，SHGT）法[①]相结合，各自取其优势之处，提出了三种新的选题策略，并通过研究发现新策略在提高题库使用率、提高考生能力估计精确度、控制试题曝光率等方面具有优势；贺翔等（2016）提出了一种提升题库安全性的选题策略，这种选题策略是在动态 a 分层方法和均值不等式的启发下构造出的动态 a 分层的选题策略，经模拟实验发现新的选题策略保持了原有动态 a 分层的测验精确度，同时进一步提高了测验的安全性。

3. 能力估计

在 CAT 中，目前常用的能力估计方法有 MLE、MAP、EAP。研究者对能力估计方法的研究，一方面是对常用研究方法的比较及其各自优缺点的阐述，比如，Wang 和 Vispoel（1998）指出，在 CAT 理想条件下，当测验较长时，MLE 是一种渐进无偏的能力估计方法；然而，Mislevy（1986）指出，当测验较短时，MLE 的偏差和误差相对较大，而且可能出现无解的情况；罗照盛（2012）

[①] 结合 SH 法的思想，即将条件概率引入选题策略中以控制试题曝光率，SHGT 法可对多个考生之间共享试题的广义测验重叠率进行控制。

认为，在测验初始阶段题量较少时，MAP 法的先验分布会极大影响所选试题的难度水平，对于能力真值分布在两端的考生来说，有可能会加长测验的长度，还有可能会收敛到伪值上；张心和涂冬波（2014）指出，虽然 EAP 不是一种无偏估计，但其拥有大多数能力估计方法的优点，如估计值稳定、算法效率高等。另一方面则是在这三种常用能力估计方法的基础上进行的一系列改进，比如，程艳等（2007）对基于 IRT 的 CAT 系统能力估计算法中的牛顿-拉夫逊迭代法存在的收敛速度问题、无解或多解时缺少相应的估算调整策略问题进行了合理的改进，提出中值法计算模型和有关调整策略，并进行了比较分析；简小珠和张敏强（2010）对 CAT 初始阶段考生能力估计方法进行了改进，通过使用不同能力估计方法比较了 CAT 初始阶段的考生能力估计情况，发现在 CAT 施测过程中可以使用先验分布方差较小的 EAP 法进行估计，随着测验试题量的增加，逐步增大 EAP 法的先验分布方差，并可以和 a 分层选题策略结合起来使用；李佳和丁树良（2019）在对 MLE 法和贝叶斯估计方法进行分析后，在原有似然函数的基础上提出了改进的 MLE 法，新方法既不需要能力先验分布，也不会缩小能力估计范围，而且可以处理各种反应模式。

4. 测验终止条件

在 CAT 施测过程中，需要不断为考生提供试题并估计其能力值，而何时结束测验就需要一个终止条件。终止 CAT 的常用方法有两种：一种是固定长度法，指测验长度固定，即当考生做完一定数量的试题时，测验结束；另一种是标准误控制法，指固定测量误差，如指定信息量为一个固定值，当总信息量达到预设值时，测验结束。两种方法各有利弊，在实际情况中，为避免能力估计值不收敛而使考生感到疲劳，往往将两种终止条件结合使用。

Waller 和 Reise（1989）提出了临床诊断规则，即当考生的特质分数所在的置信区间不包含临界分数时，测验终止；Tatsuoka（2002）建议，如果考生的后验概率达到 0.8 以上，测验终止；Hsu 等（2013）提出了双重约束终止规则，即当最大潜在模式后验概率大于某个预定值，且第二大潜在模式后验概率小于某个预定值时，测验终止；艾国金等（2014）提出了三种不定长终止规则，并通过实验对比发现，新方法能够较好地保证测验精确度，大幅减少人均测验用题数，人均测验用时也有所缩短，并且试题调用均衡性和题库安全性有所增强；

郭磊等（2015）在认知诊断框架下提出了四种变长 CD-CAT 的终止规则，分别是属性标准误法（standard error of attribute method，SEA）、邻近后验概率之差法（difference of the adjacent posterior probability method，DAPP）、二等分法（halving algorithm，HA）以及混合法（hybrid method，HM），并在未控制曝光和采用不同曝光控制条件下，分别与 Hsu 等（2013）提出的终止规则（此处称为 Hsu 法）和 Cheng（2008）提出的库尔贝克-莱布勒（Kullback-Leibler，KL）法进行了模式判准率和测验使用情况的比较，结果表明，SEA、HA 以及 HM 法在各项指标上的表现与 Hsu 法基本一致，KL 法和 DAPP 次之。

（二）CAT 的测量模型

CAT 在其发展过程中，针对不同测验目的、测验内容，衍生出了不同的测量模型，主要有多维计算机化自适应测验（multidimensional computerized adaptive testing，MCAT）、多阶段自适应测验（multistage adaptive testing，MSAT）以及 CD-CAT。

1. MCAT

MIRT 模型是一个用来表征考生的多维潜在特质水平、试题参数与其正答概率之间关系的非线性数学函数，根据试题记分方式，可将 MIRT 模型划分为二级评分项目反应模型和多级评分项目反应模型。毛秀珍和辛涛（2015）指出，MCAT 以 MIRT 为基础，能够同时估计考生在测验每个维度上的能力水平，提高诊断评估的准确性和效率。

与单维 CAT 相比，MCAT 除了能同时获得考生在不同维度的表现信息以外，还具有许多优势。Segall（1996）和 Luecht（1996）分别指出，在达到相同甚至更高测量精确度时，MCAT 需要测试的试题数量比单维 CAT 少 1/3 左右。Wang 和 Chang（2011）指出，MCAT 不需要内容平衡策略就能自动满足各个内容领域的测量要求。此外，韩雨婷等（2017）提出了一种新的 MCAT 选题策略——修正的连续熵方法（modified continuous entropy method，MCEM），并通过 MCS 实验证明，MCEM 具有良好的综合效果。

2. MSAT

MSAT 将试题集作为测验单元，通过多阶段自适应的形式对考生进行测验和评分。Zenisky 等（2009）指出，MSAT 是预先构建好试题集合来管理评分的，这些集合被称为模块或题组，能提供一定的信息量，以减小测量误差。

在具体的研究中，Armstrong 等（2010）指出，CAT 需要先建立题库，然后对试题进行等值，而且由于考生很少作答相同试题，这对新增试题参数估计和等值造成不便；而在 MSAT 中，大量考生会完成相同试题模块，此时可根据考生作答结果直接对试题进行等值。王钰彤等（2015）指出，MSAT 能避免试题顺序或情境效应对考生作答结果产生影响，并且限制非统计特性，以降低猜测率，专家可提前检查试题，防止试题间有提示，并检查试题的非统计特性（如字数、认知水平等），以确保试题的适用性，提高估计的精确度。

3. CD-CAT

认知诊断是指对个体的知识、技能以及认知过程进行诊断评估。汪文义（2009）指出，CDT 是认知心理学和现代测量学这两种理论相结合的产物，强调基于 CDT 的测验应同时包含能力和认知两个水平的诊断，进而推断出考生的认知优势和不足之处。CD-CAT 建立在传统 CAT 的基础上，使测验同时具有认知诊断的功能，是将认知诊断的基本理论、方法与 CAT 相结合的产物。CD-CAT 同传统 CAT 一样"因人而异"，通过一系列选题策略以及能力估计方法对考生进行准确诊断。

汪文义和宋丽红（2015）指出，CD-CAT 的题库除了要估计试题的参数外，最重要的是要指定题库中试题所考查的属性，即题库的测验 Q 阵，且对于 0—1 计分的非补偿 CDM 下的测验 Q 阵必须为充要测验 Q 阵，即测验 Q 阵必须包括可达矩阵所有列对应的项目类。CD-CAT 选题策略主要有 Xu 等（2003）提出的 KL 指标方法和香农熵（Shannon entropy，SHE）方法，Cheng（2009）提出的后验加权 KL（posterior-weighted Kullback-Leibler，PWKL）指标方法，Kaplan 等（2015）提出的改进的后验加权 KL（modified posterior-weighted Kullback-Leibler，MPWKL）指标方法。

（三）个体心理特质与 CAT

教育测量与评价领域对心理特质的研究主要集中在测验动机和测验焦虑两方面，二者对测验成绩有直接或间接的影响，因此一直是研究者关注的焦点。

1. 测验动机的影响

在早期的研究当中,研究者关注的是 CAT 能否提高考生的测验动机。例如,Weiss(1976)在研究中发现,当考生每次提交答案后,CAT 系统反馈此题作答结果的正误,将会对考生产生激励效果。然而,Ortner 等(2014)对德国两所普通中学的 174 名中学生进行测验后发现,考生在 CAT 环境中比在纸笔测验环境中表现出更高的害怕失败率与更低的作答正确把握率,也就是说,CAT 对考生的考试动机有消极影响。分析已有研究可知,部分研究者认为考生在 CAT 中产生的测验动机要高于在传统测验中产生的测验动机,但也有研究者提出了相反的观点,造成截然不同的结果的原因可能与具体的测验环境有关。

2. 测验焦虑的影响

除了测验动机外,测验焦虑也是研究者关注的心理特质之一。例如,Weiss 和 Betz(1973)认为,自适应测验由于其"适应性"的特征,使得能力高的考生在测验过程中不会感到无聊,同时也会使能力水平较低的考生在测验中不会感到焦虑。Fritts 和 Marszalek(2010)做了比较研究,结果发现,参加传统纸笔测验的考生产生的测验焦虑远远高于参加 CAT 的考生。Ortner 和 Caspers(2011)的研究发现,测验焦虑与测验形式(CAT 或纸笔测验)之间存在显著交互作用,测验焦虑水平较高的考生最终得到的测验分数普遍低于测验焦虑水平较低的考生,即自适应测验可能产生不利于测验焦虑水平较高考生的测验偏差,这会引发考试公平性问题。他们的研究还发现,事先对考生进行有关 CAT 的培训会有效减小测验焦虑对其考试成绩的影响。根据上述研究结论可知,CAT 能在一定程度上降低考生的测验焦虑,但对高焦虑与低焦虑考生的影响存在差异,对这种差异进行弱化应该是研究者对 CAT 做出的改进之一。

在上述研究的基础上,高佳佳等(2016)对 CAT 中考试焦虑的调节效应进行了分析,层次回归分析结果表明,考试焦虑的调节效应显著,即考试焦虑的变化会改变性别对 CAT 成绩的影响。Lu 等(2016)研究了 CAT 中考生的计算机自我效能感、培训满意度、测验焦虑对态度和成绩的影响,结果表明,计算机自我效能感和培训满意度对态度有显著的积极影响,测验焦虑对成绩有显著的消极影响,态度和成绩的残差间存在显著相关关系。

二、应用研究

20 世纪末至今，CAT 得到了广泛的发展与应用，并受到了越来越多教育机构的关注。目前，CAT 的应用研究多集中于成就测验以及人格测验。

（一）CAT 在成就测验中的应用

1. CAT 与学科测验的结合

（1）国外相关研究

国外对 CAT 在学科测验中的应用相对成熟，教育、军事、医学等领域的诸多大型考试中采用了 CAT 的形式，如美国研究生入学考试（graduate record examination，GRE）、研究生管理科学入学考试（graduate management admission test，GMAT）、军队职业倾向测验（armed services vocational aptitude battery，ASVAB）、全国委员会执照考试-注册护士（national council licensure examination-registered nurse，NCLEX-RN）等。

以美国 K-12 教育为例，俄勒冈州开发了适合 3—8 年级学生知识和技能的 CAT 系统，学科范围包括数学、阅读、科学[①]和社会科学，测验结果主要用于总结性评价，其 CAT 系统的开发严格依据各个年级的课程标准，系统中试题的内容和难度既不能超出课程标准，也不能低于课程标准，2006 年，该州提供的报告显示，该测验与传统纸笔测验的结果基本上是一致的（REL West at WestEd，2008）。

Chatzopoulou 和 Economides（2010）针对高中学段的编程课程需求，开发了基于网络的编程 CAT 系统，专门用来考查高中生的编程能力。在题库建设时，他们根据布鲁姆教育目标分类法中对认知领域的划分，将题库中试题的难度分为三类，分别对应知识、领会、运用三个层次。测验终止规则采用固定长度法，做完 30 道试题自动终止测验。通过系统对能力的评估，最终将考生的能力水平划分为三个层次，分别代表不同级别的编程水平。

另外，美国各州在教育方面拥有较大的自主权，各州可根据需要分别将 CAT 施用于不同的对象和目的。例如，北卡罗来纳州和哥伦比亚学区开发了面

---

① 国外 K-12 阶段的科学课程主要包含物理、化学、生物学科内容，不同于社会科学课程。

向残疾学生的 CAT，学科涵盖阅读和数学。马里兰州开发了面向补考学生的涵盖阅读与数学的功能测验项目，该测验既可以在个人计算机（personal computer, PC）端进行测验，也可以在 Macintosh 平台上运行，其可以对测验的终止条件进行选择，如将测验结果的标准误设置成固定值，或将测验的试题长度设置成固定值（一般阅读测验的长度是 30 道题，数学测验的长度是 35 道题），测验实施过程中，通过 CAT 选题策略控制各部分内容的平衡。南达科他州是实施 CAT 的各州中覆盖学科范围最广、年级数量最多的一个州，其项目名为"成就系列"，囊括阅读、数学、语言艺术、科学等学科，适用对象包括 2—12 年级的学生，测验结果常被用于形成性评价。

CAT 在美国特殊教育领域也占有一席之地。俄勒冈州率先将 CAT 应用于视障学生，构建了超过 16 000 个盲文测验试题的题库供视障学生完成 CAT。这一举措不仅降低了视障学生长时间阅读盲文时手指的疲劳程度，还能使教师清楚地掌握视障学生的学习情况，为每位视障学生制订有针对性的教学计划（Stone，Davey，2011）。

（2）国内相关研究

我国自 20 世纪 90 年代初逐渐展开对 CAT 的研究与系统开发。1987 年，江西师范大学"题库理论"研究组编制了"高中数学水平自适应测验"，其选取重点中学、城市一般中学、农村中学和厂矿子弟学校等各类学校的 4000 余名考生进行试测，采用 MLE 估计考生的能力参数和试题参数，据此精选试题建立 CAT 题库，用以考查高三年级毕业生的数学智能水平（江西师范大学"题库理论"研究组，1987）。

此后，李广洲等（2002）在 IRT 和双参 Logistic 模型的基础上，从建立数据库、创建网页、开发后台应用程序三方面着手，介绍了基于 Web 的高中化学 CAT 系统的构建与实现。涂冬波（2009）开发了"项目自动生成的小学儿童数学问题解决认知诊断 CAT 系统"，尝试将 CAT 技术与项目生成技术融入小学儿童数学问题解决认知诊断中，并对该系统所包含的三个子系统的关键技术与算法进行了探讨。王玥（2019）提出了在现代教育技术公共课中使用 CAT 的理论依据，以及基于 IRT 进行题库构建的思路，并利用模拟 CAT 对题库功能的有效性进行了验证。

以上研究凸显了将 CAT 的应用扩展到各个学科领域的重要性。尽管如此，当前既有的 CAT 数量仍远远不能满足提高教育测量效率与准确性的需求。

2. CAT 与语言测验的结合

（1）国外相关研究

基于托福、雅思、剑桥职业外语水平测验（business language testing service，BULATS）的适应性测验版本的成功应用，CAT 与语言测验的结合成为国外学者的关注点。马德里自治大学的学者 Olea 等（2011）针对西班牙 CAT 的相关研究与美国、荷兰等国家的差距，与巴塞罗那自治大学的学者共同合作设计了一个英语听力 CAT 系统，从而丰富了英语能力分项测验方面的研究。Tseng（2016）使用 Rasch 模型建立了词汇库，继而进行实验，比较了 CAT 与传统纸笔测验背景下的各种终止条件，考查了在这两种测验条件下掌握组和非掌握组考生测验结果的准确性和效率，以此探讨将 CAT 作为衡量英语词汇量的一种替代方法的可行性和实用性。

（2）国内相关研究

桂诗春（1989）介绍了 CAT 在欧美国家语言测验中的应用，此后，国内语言教育机构就一直致力于 CAT 的研究和开发。王蕾和黄晓婷（2006）初步构建了国内少儿英语远程 CAT 题库，测验目标群体为 6—14 岁以英语为第二语言的中国儿童，题型包括拼写题、选择题、简答题，试测结果显示，总体上，该测验具有良好的信度和效度。闵尚超（2012）在其博士论文中构建了一个计算机自适应语言测验，该测验题库包含听力短对话理解、听力长对话理解、听力短文理解和阅读篇章理解四种题型，涵盖社会、文化、教育、经济、科普等多方面，并采用"评估使用论据"（assessment use argument，AUA）进行了效度验证。柴省三（2013）提出了以文本属性参数代替项目属性参数为标准的 HSK 远程 CAT 阅读测验的设计理念。胡一平（2017）分别构建了词汇广度、深度知识题库，用于开发适用于高中生的英语词汇知识双阶自适应测试系统，并进行了小规模测验，结果显示，该系统的信度和效度良好。

总体来看，国外对 CAT 与语言测验的结合在很多大型考试中得到了验证，国内对计算机自适应语言测验（computerized adaptive language testing，CALT）的研究尚处于理论多于应用、思考多于实践的初始阶段。

（二）CAT 在人格测验中的应用

除了在成就测验中的重要应用外，CAT 对传统的心理测量领域也产生了广泛影响，并开始运用于人格测验中。

1. 模拟 CAT

Waller 和 Reise（1989）将双参 Logistic 模型应用到多维人格问卷（multicultural personality questionnaire，MPQ）的吸收量表（absorption scale）中，对利用纸笔测验收集到的 1000 名考生的数据进行了 CAT 模拟，分别采用两种测验终止条件，即固定长度法（与纸笔测验长度一致）和临床诊断规则（即当考生在测验过程中的临时特质水平置信区间不包含临界点时，测验终止），研究发现，以临床诊断规则为测验终止条件的 CAT 可以在不牺牲测验精确度的条件下缩减 50% 的测验试题，大幅度提高了测验效率，以此验证了将 CAT 应用于人格测验的可行性。

Kamakura 和 Balasubramanian（1989）将加利福尼亚心理调查表（California psychology inventory，CPI）中的一个社会化量表开发成 CAT 的形式，利用真实数据在三种测验终止条件（即固定长度时终止、标准误不高于 0.4 时终止、在固定长度的基础上标准误不高于 0.4 时终止）下进行模拟，发现三种测验终止条件下的试题使用率大大降低，CAT 在很大程度上提高了测验的效率。

在临床研究中，为了更高效地判别抑郁，Gardner 等（2004）编制了贝克抑郁量表（Beck depression inventory，BDI）的 CAT 版本，在实验中，完整版 BDI 的施测试题数与 CAT 版 BDI 的施测试题数之比为 21∶5.6，两种测验施测结果的相关系数为 0.92。此外，研究还发现，BDI 的 CAT 在判别重性抑郁发作及测量抑郁程度上具有更高的准确率。

雷辉和戴晓阳（2011）将 CAT 应用于艾森克人格问卷（Eysenck personality questionaire，EPQ），通过探索性因子分析检验 EPQ（中文成人版）基本满足单维性，且选用双参 Logistic 模型对试题及能力参数进行估计的结果要优于单参 Logistic 模型，模拟结果显示，用 CAT 对 EPQ 进行测量是适合的。邓远平等（2014）探讨了将 CAT 应用于人格李克特量表的可行性，使用状态-特质焦虑量表（state-trait anxiety inventory，STAI）的分量表——特质焦虑量表（trait-anxiety inventory，T-AI），通过纸笔测验收集数据，分别以固定测验长度（10 题、15

题、全部题目)、临床诊断和固定信息量为测验终止条件进行 CAT 模拟,实验结果表明,三种终止条件均有效节省了试题数量,其中在临床诊断规则下,429 名被试仅作答了 6 道题,节省了 70% 的试题,且以纸笔测验结果为标准,仅有 12 名被试误判,准确率较高。

2. 真实 CAT

人格测验 CAT 化的模拟研究正在陆续推进,有研究者将 CAT 应用于真实的人格测验,但类似研究的数量相对较少。

杨业兵(2008)应用 IRT 对《中国士兵人格测验》进行了条目分析,以逆序计数法为选题策略进行真实数据的模拟及验证研究,并在此基础上初步开发了 CAT 程序进行实测。Gibbons 和 Degruy(2019)对 CTT 和基于 MIRT 的 CAT,即 CAT-MH(computerized adaptive testing for mental health disorders,针对心理健康障碍的计算机自适应测验)进行了详细比较,发现 CAT-MH 在心理健康中的应用不仅包括临床护理,还包括学校、儿童福利机构、刑事司法机构等的筛查和评估。之后,Gibbons 等(2019)开发、验证了一套用于刑事司法人群的精神病综合征维度的测量方法,通过对原始 CAT-MH 进行些微修改,成功地用其测量了讲英语和西班牙语的刑事司法群体中患抑郁、焦虑、躁狂或轻躁狂、自杀和药物使用障碍的严重程度。

基于已有 CAT 模拟及实测研究,将 CAT 应用于人格测验是可行且高效的,未来若在大规模人格测验中采用 CAT 形式,无疑将节省大量的人力、财力,因此,亟待对人格测验的 CAT 化进行更加深入的研究。

参 考 文 献

艾国金,甘登文,丁树良,等.2014. 不定长认知诊断计算机化自适应测验终止规则研究. 江西师范大学学报(自然科学版),38(5):441-444.
柴省三.2013. 中国汉语水平考试(HSK)远程 CAT 阅读测试模式研究. 中国远程教育,(6):81-87,96.
程小扬,丁树良,严深海,等.2011. 引入曝光因子的计算机化自适应测验选题策略. 心理学报,43(2):203-212.
程艳,许维胜,余有灵.2007. 一个 CAT 系统能力估计模型分析及改进方案. 江西师范大学学报(自然科学版),31(5):475-479.
戴鳃,甘登文,丁树良.2013. 结合影子题库的选题策略. 江西师范大学学报(自然科学版),37(6):657-660.

邓远平, 戴海琦, 罗照盛. 2014. 计算机自适应测验在特质焦虑量表中的运用. 心理学探新, 34（3）: 272-275, 283.

高佳佳, 胡一平, 陆宏. 2016. 计算机自适应测验中考试焦虑的调节效应分析. 教育测量与评价,（9）: 46-51.

桂诗春. 1989. 语言测试: 新技术与新理论. 外语教学与研究,（3）: 2-10, 80.

郭磊, 王卓然, 王丰, 等. 2014. 结合a分层的兼具项目曝光和广义测验重叠率控制的选题策略. 心理学报, 46（5）: 702-713.

郭磊, 郑蝉金, 边玉芳. 2015. 变长CD-CAT中的曝光控制与终止规则. 心理学报, 47（1）: 129-140.

郭庆科, 房洁. 2000. 经典测验理论与项目反应理论的对比研究. 山东师范大学学报（自然科学版）, 15（3）: 264-266.

韩雨婷, 涂冬波, 王潇潇, 等. 2017. 多维计算机化自适应测验选题策略的开发及比较. 心理科学,（4）: 997-1004.

贺翔, 罗芬, 甘登文, 等. 2016. 一种提升题库安全性的选题策略. 江西师范大学学报（自然版）, 40（4）: 363-368.

胡一平. 2017. 高中英语词汇知识双阶自适应测试系统的开发与应用. 山东师范大学硕士学位论文.

简小珠, 张敏强. 2010. CAT初始阶段被试能力估计方法改进探究. 心理科学,（6）: 1470-1472.

简小珠, 戴海琦, 张敏强, 等. 2014. CAT选题策略分类概述. 心理学探新, 34（5）: 446-451.

江西师范大学"题库理论"研究组. 1987. 考生智能水平的自适应测验——项目反应理论的重要应用. 江西师范大学学报（哲学社会科学版）,（2）: 65-70.

雷辉, 戴晓阳. 2011. 计算机自适应测验方式在艾森克人格问卷中的应用. 中国临床心理学杂志, 19（3）: 306-308.

李广洲, 丁金芳, 邓海山. 2002. 基于Web的化学计算机化自适应测验系统的实现. 计算机与应用化学, 19（5）: 661-664.

李佳, 丁树良. 2019. 计算机化自适应测验中能力估计新方法. 江西师范大学学报（自然科学版）, 43（2）: 142-146.

李俊杰, 张建飞, 胡杰, 等. 2018. 基于自适应题库的智能个性化语言学习平台的设计与应用. 现代教育技术, 28（10）: 5-11.

李晓铭. 1989. 项目反应理论的形成与基本理论假设. 心理发展与教育, 5（1）: 25-31.

罗冠中. 1992. Rasch模型及其发展. 教育研究与实验,（2）: 40-43.

罗照盛. 2012. 项目反应理论基础. 北京: 北京师范大学出版社.

毛秀珍, 辛涛. 2011. 计算机化自适应测验选题策略述评. 心理科学进展, 19（10）: 1552-1562.

毛秀珍, 辛涛. 2015. 多维计算机化自适应测验: 模型、技术和方法. 心理科学进展, 23（5）: 907-918.

闵尚超. 2012. 计算机自适应英语能力测试模型设计与效度验证. 浙江大学博士学位论文.

穆惠峰. 2017. 国际学术英语能力评估系统的题库建设研究. 外语电化教学,（3）: 9-14, 35.

漆书青. 2001. 略论心理和教育测量理论的发展历程. 江西师范大学学报（哲学社会科学版）,

34（1）：94-99.

涂冬波. 2009. 项目自动生成的小学儿童数学问题解决认知诊断 CAT 编制. 江西师范大学博士学位论文.

汪文义. 2009. 认知诊断评价的进展. 科技创新导报,（7）：223.

汪文义, 丁树良. 2009. 2PLM 下 CAT 选题策略比较. 考试研究,（3）：60-70.

汪文义, 宋丽红. 2015. 教育认知诊断评估理论与技术研究. 北京：北京师范大学出版社.

王蕾, 黄晓婷. 2006. 构建我国少儿英语远程计算机自适应测验题库的设想. 考试研究,（3）：72-86.

王钰彤, 罗照盛, 王睿. 2015. 计算机化多阶段自适应测验研究述评. 心理科学, 38（2）：452-456.

王玥. 2019. 自适应测验中题库的构建及其有效性检验——以《现代教育技术》公共课为例. 山东师范大学硕士学位论文.

辛涛, 刘拓. 2013. 认知诊断计算机自适应测验中选题策略的新进展. 南京师大学报（社会科学版）,（6）：81-87.

杨涛, 杨婷婷, 辛涛. 2012. 题库优化设计的回顾与展望. 心理与行为研究, 10（2）：154-160.

杨业兵. 2008. 应用项目反应理论对《中国士兵人格测验》的项目分析及计算机自适应施测方案. 第四军医大学博士学位论文.

游晓锋, 丁树良, 刘红云. 2010. 计算机化自适应测验中原始题项目参数的估计. 心理学报, 42（7）：813-820.

余嘉元, 汪存友. 2007. 项目反应理论参数估计研究中的蒙特卡罗方法. 南京师大学报（社会科学版）,（1）：87-91.

俞晓琳. 1998. 项目反应理论与经典测验理论之比较. 南京师大学报（社会科学版）,（4）：79-82.

约瑟夫·M. 瑞安. 2011. 基于经典测量理论和项目反应理论的等值与连接——主要概念和基本术语. 杜承达译. 考试研究,（1）：80-94.

张心, 涂冬波. 2014. 计算机化自适应测验中几种常用能力估计方法的特性与评价. 中国考试,（5）：18-25.

赵秋. 2008. 项目反应理论的发展综述及其在教育测量学中的应用. 东北师范大学博士学位论文.

朱靖华, 李丽娟. 2008. 基于项目反应理论的计算机自适应考试系统的研究. 科学技术与工程, 8（7）：1828-1830.

Armstrong R D, Kung M T, Roussos L A. 2010. Determining targets for multi-stage adaptive tests using integer programming. European Journal of Operational Research, 205(3): 709-718.

Binet A, Simon T A. 1905. Méthode nouvelle pour le diagnostic du niveau intellectuel des anormaux. l'Anneé Psychologie, 11(1): 191-244.

Birnbaum A. 1968. Some latent trait models and their use in inferring an examinee's ability//Lord F M (Eds.). Statistical Theories of Mental Test Scores (pp.395-479). Reading: Addison Wesley.

Chang H H, Ying Z. 1996. A global information approach to computerized adaptive testing. Applied Psychological Measurement, 20(3): 213-229.

Chatzopoulou D I, Economides A A. 2010. Adaptive assessment of student's knowledge in programming courses. Journal of Computer Assisted Learning, 26(4): 258-269.

Cheng Y. 2008. Computerized adaptive testing-new developments and applications. University of Illinois at Urbana-Champaign.

Cheng Y. 2009. When cognitive diagnosis meets computerized adaptive testing: CD-CAT. Psychometrika, 74(4): 619-632.

Fritts B E, Marszalek J M. 2010. Computerized adaptive testing, anxiety levels, and gender differences. Social Psychology of Education, 13(3): 441-458.

Gardner W, Shear K, Kelleher K J, et al. 2004. Computerized adaptive measurement of depression: A simulation study. BMC Psychiatry, 4(1): 13.

Gibbons R D, Degruy F V. 2019. Without wasting a word: Extreme improvements in efficiency and accuracy using computerized adaptive testing for mental health disorders (CAT-MH). Current Psychiatry Reports, 21(8): 67.

Gibbons R D, Smith J D, Brown C H, et al. 2019. Improving the evaluation of adult mental disorders in the criminal justice system with computerized adaptive testing. Psychiatric Services, 70(11): 1040-1043.

Hambleton R K, Swaminathan H. 1985. Item Response Theory: Principles and Applications. Boston: Kluwer.

Hsu C L, Wang W C, Chen S Y. 2013. Variable-length computerized adaptive testing based on cognitive diagnosis models. Applied Psychological Measurement, 37(7): 563-582.

Kamakura W A, Balasubramanian S K. 1989. Tailored interviewing: An application of item response theory for personality measurement. Journal of Personality Assessment, 53(3): 502-519.

Kaplan M, de la Torre J, Barrada J R. 2015. New item selection methods for cognitive diagnosis computerized adaptive testing. Applied Psychological Measurement, 39(3): 167-188.

Lord F M. 1952. A theory of test scores. Psychometric Monograph, 7: 84.

Lord F M. 1971. Robbins-Monro procedures for tailored testing. Educational and Psychological Measurement, 31(1): 3-31.

Lord F M. 1977. A broad-range tailored test of verbal ability. Applied Psychological Measurement, 1(1): 95-100.

Lord F M, Novick M R. 1968. Statistical Theory of Mental Test Scores. Reading: Addison-Wesley.

Lu H, Hu Y P, Gao J J, et al. 2016. The effects of computer self-efficacy, training satisfaction and test anxiety on attitude and performance in computerized adaptive testing. Computers & Education, 100: 45-55.

Luecht R M. 1996. Multidimensional computerized adaptive testing in a certification or licensure context. Applied Psychological Measurement, 20(4): 389-404.

Mislevy R J. 1986. Bayes modal estimation in item response models. Psychometrika, 51(2): 177-195.

Olea J, Abad F J, Ponsoda V, et al. 2011. eCAT-Listening: Design and psychometric properties of a computerized adaptive test on English listening. Psicothema, 23(4): 802-807.

Ortner T M, Caspers J. 2011. Consequences of test anxiety on adaptive versus fixed item testing. European Journal of Psychological Assessment, 27(3): 157-163.

Ortner M T, Weißkopf E, Koch T. 2014. I will probably fail: Higher ability students' motivational experiences during adaptive achievement testing. European Journal of Psychological Assessment, 30(1): 48-56.

Rasch G. 1960. Probabilistic Models for Some Intelligence and Attainment Tests. Copenhagen: Danish Institute for Educational Research.

REL West at WestEd. 2008. Considerations in statewide implementation of computer adaptive testing. http://relwest.wested.org.

Samejima F. 1969. Estimation of latent ability using a response pattern of graded scores. Psychometrika, 34(1): 1-97.

Segall D O. 1996. Multidimensional adaptive testing. Psychometrika, 61(2): 331-354.

Stone E, Davey T. 2011. Computer-adaptive testing for students with disabilities: A review of the literature. ETS Research Report Series, (2): i-24.

Sympson J B. 1978. A model for testing with multidimensional items. Proceedings of the 1977 Computerized Adaptive Testing Conference (pp.82-98). Minneapolis: University of Minnesota.

Tatsuoka C. 2002. Data analytic methods for latent partially ordered classification models. Journal of the Royal Statistical Society: Series C (Applied Statistics), 51(3): 337-350.

Tseng W. 2016. Measuring English vocabulary size via computerized adaptive testing. Computers & Education, 97: 69-85.

Tucker L M. 1946. Maximum validity of a test with equivalent items. Psychometrika, 11(1): 1-13.

U. S. Department of Education. 2004. Standards and assessments peer review guidance: Information and examples for meeting requirements of the No Child Left Behind Act of 2001. Washington D C: US Department of Education.

Waller N G, Reise S P. 1989. Computerized adaptive personality assessment: An illustration with the absorption scale. Journal of Personality & Social Psychology, 57(6): 1051-8.

Wang C, Chang H H. 2011. Item selection in multidimensional computerized adaptive testing—Gaining information from different angles. Psychometrika, 76(3): 363-384.

Wang T, Vispoel W P. 1998. Properties of ability estimation methods in computerized adaptive testing. Journal of Educational Measurement, 35(2): 109-135.

Weiss D J. 1973. The stratified adaptive computerized ability test. Minneapolis: University of Minnesota.

Weiss D J. 1976. Adaptive testing research in Minnesota: Overview, recent results, and future directions. Proceedings of the First Conference on Computerized Adaptive Testing (pp.24-35).

Washington D C: United States Civil Service Commission.

Weiss D J, Betz N E. 1973. Ability measurement: Conventional or adaptive? Minnesota: University of Minnesota.

Wright B D. 1968. Sample-free test calibration and person measurement. Proceedings of the 1967 Invitational Conference on Testing Problems (pp.85-101). Princeton: Educational Testing Service.

Wright B D, Panchapakesan N. 1969. A procedure for sample-free item analysis. Educational & Psychological Measurement, 29(1): 23-48.

Xu X, Chang H, Douglas J. 2003. A simulation study to compare CAT strategies for cognitive diagnosis. Annual Meeting of the American Educational Research Association, Chicago.

Yen M W. 1981. Using simulation results to those a latent trait model. Applied Psychological Measurement, 5(2): 245-262.

Zenisky A, Hambleton R K, Luecht R M. 2009. Multistage testing: Issues, designs, and research//van der Linden W J, Glas C A W (Eds.). Elements of Adaptive Testing (pp.355-372). New York: Springer.

第二章

题库的构建及其有效性检验
——以"现代教育技术"公共课为例

题库是"互联网+测评"的基础,如果题库仅仅是试题的堆砌,而没有测量理论的支持,那么试题间就没有可比性,测量结果就无从比较,测验的可用性就会降低,大数据技术、个性化测量的功能也就无法实现。因此,良好的题库需要具备试题的存储和调用功能,以及一定的统计和测量分析功能,以预先掌握试题质量,事先控制测量误差,降低试题的不公平性,判别不同测验之间的相似程度、内容效度等。一些大规模测验系统均具备完善的统计和测量分析功能。

本章将以现代教育技术公共课题库的构建为例,探讨题库构建的步骤及其有效性的检验方式。

随着我国教育信息化建设的发展，宽带网络及各种硬件设施在绝大多数校园中已完成建设，这为使用计算机进行测验提供了必要条件。《国家教育事业发展"十三五"规划》中提出，"全力推动信息技术与教育教学深度融合"，使用计算机测验也符合国家对教育事业发展的规划。此外，在"互联网+"时代，"互联网+测评"必将成为未来的发展趋势。

题库是"互联网+测评"的基础。良好的题库不仅需要具备试题的存储和调用功能，而且需要具备一定的统计和测量分析功能，这样可以预先掌握试题质量，事先控制测量误差，降低试题的不公平性，判别不同测验之间的相似程度、内容效度等。一些大规模测验系统均具备完善的统计和测量分析功能，例如，美国的托福、GRE，以及我国的 HSK 等都是以 IRT 理论为基础进行题库开发的，试题经过施测、参数估计、等值和 DIF 检测等过程进入题库。因此，这些测验系统可以满足连续施测且每次测验分数均等价的需求，并且测验的质量与安全性也得到了相应的保障。

第一节　题库的相关研究

一、国外研究

（一）国外题库的研究脉络

最初的计算机题库管理是基于磁带的数据库（tape-based data bank），它使用 Fortran 程序语言，可以记录试题、学生作答和教师的教学措施等信息。1969—1970 年，国际商业机器公司（International Business Machines Corporation，IBM）和洛杉矶学区共同开发了一个包含 800 道历史试题的教育支持系统——课堂教师支持系统（classroom teacher supporting system，CTSS），该系统可以使用计算机辅助构建测验并进行评分。这些计算机化题库除了需要储存试题外，还需要对试题进行分析，获得诸如难度值、区分度和信度等参数（早期则需要使用经典测验理论估算这些参数）。之后，随着使用题库构建测验越来越流行，经典测验理论存在的不足逐渐显现，如测验分数对测量对象具有依赖性、考生的能力与试题难度含义不统一及测量误差估计不精确等，这使题库的构建存在许多问题。这些问题促使 Rasch 等提出了 IRT，该理论被大量应用于题库构建中。

（二）国外题库的研究内容

国外现有针对题库的研究基本上都是在 IRT 框架下进行的，可总结为以下几个方面。

1. 题库的建设

这部分内容在医学、心理学中的研究较多。例如，Petersen 等（2016）为了提高针对癌症患者的生活质量问卷的测量精确度，从 38 道候选试题中，通过项目反应模型的拟合、DIF 以及信效度的检验，最终生成了一个由 24 道试题组成的用于情绪功能测验的 CAT。Dirven 等（2017）则详细描述了他们为欧洲癌症研究和治疗组织开发的认知功能题库的过程，具体包括四个阶段：①概念化和文献检索；②试题入库；③预测验；④统计学特征检验。通过每个阶段的筛选和排查，最后生成了由 44 道试题组成的题库。该研究对题库构建过程的叙述翔实，可以为后续研究提供依据。

2. 题库的优化

这部分内容包括题库在项目生成、DIF、等值、数据拟合、在线校准、信效度检验、试题曝光、选题策略等方面的研究。例如，Kim 和 Robin（2017）以不同地区的人群作为样本对试题估计参数与原始参数进行比较，从而分析原有题库中的不足并进行改进。Sandilands 等（2013）对题库中的 DIF 进行了检测，通过对年龄、社会经济地位、公民身份和英语使用状态的检测，发现 DIF 主要存在于美国公民组和非美国公民组之间，并针对题库优化给出了相应建议。Şahin 和 Weiss（2015）利用 MCS 探讨了校准样本大小和试题库大小对 CAT 中考生能力估计的影响，发现可以利用包含 150 名考生的校准样本和 200 道试题的题库获得准确的能力参数估计值。Kim（2017）分别应用 IRT 和题组反应模型对题库进行比较，以确定最佳的评估模型，通过拟合优度指标、参数估计、局部相关性等参数的比较，发现题组反应模型的拟合效果更好，而且能够解决试题局部相关问题。

3. 题库的评价

Crins 等（2018）研究了患者报告结果测验信息系统（包括题库、表格和

CAT）中题库的测量特性，通过对其单维性、局部相关性、单调性以及信效度的检验，来评价题库的测量效果是否能够满足要求。这些步骤同样适用于本章研究中题库开发完成后对测量特性的检验。

（三）国外题库的应用简介

国外的题库由专门的测验机构进行建设，如英国的剑桥评价（Cambridge Assessment，CA）、美国的教育测验服务中心（Educational Testing Service，ETS）和荷兰教育评价院（Centraal Instituut voor Toetsontwikkeling，CITO）等，这些机构均对 CAT 进行了研究，并构建了相应的题库系统。

ETS 中有许多适用于 CAT 的题库，这些题库的创建通常使用线性过程，包括对每个试题统计学特征的描述、内容分类码和试题使用记录等。Eignor（1993）介绍了 GRE 和 SAT 的 CAT 版本题库构建过程，该过程大致分为试题校准、试题特征标注和模拟施测三个阶段：首先，使用 S-L 特征曲线法（Stocking/Lord characteristic curve method）对试题进行等值计算，将所有试题置于同一量表中。随后，对试题特征进行标注，试题特征主要包括四个方面：试题的本质特征（即试题属于什么学科）、试题之间的关系（如一道试题是否会透漏出另一道试题的答案、两道试题是否测验了相同的知识点等）、试题在子测验中的关系（如 SAT-V 和 GRE 的语言部分中有些试题共用同一段阅读材料），以及试题的统计学特征（如难度、区分度和猜测系数等）。在完成所有的特征标注后，要对试题进行筛选，将不符合要求的试题删除。最后，利用模拟测验对题库的有效性进行验证，如是否与纸笔测验精确度一致、试题曝光率如何等，从而判断题库是否能够满足测验的要求。本章研究依据 ETS 的题库构建方式，形成了如图 2-1 所示的题库构建流程。

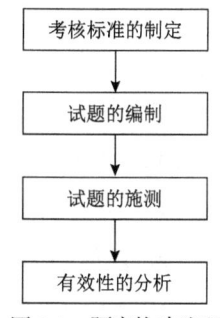

图 2-1 题库构建流程

二、国内研究

（一）国内题库的研究脉络

我国对题库的研究出现于 20 世纪 80 年代，谷思义等（1990）在构建中学英语水平 CAT 系统时，描述了题库的选题依据和题库的结构。他们依据大纲要求，确定了考查中学生英语能力的六种题型、题型的占比、试题的难易程度以及难易比例，并且使用了等值设计，将所测试题统一到同一量表中。何彪等（1998）依据面向对象建模技术构建了简化的数据结构与算法课程的 CAT 题库，该题库既可根据不同考生的特质在试题数量、难度、知识单元分布上做调整，又可用于测验的编制。但这部分研究起步较早，还不足以支持大规模测验，因此，早期的题库主要用于自适应算法的组卷当中，并未有大规模的施测。随后，研究者把重点放在算法的改进上，如基于概率论和自适应遗传算法的智能抽题算法、试题难度系数的标定等，MCS 也开始被应用于不同策略的比较中。

（二）国内题库的研究内容

1. 题库的构建

国内在语言评测与学习方面的题库较多，如柴省三（2013）在对 CAT 测量原理和核心技术进行考察的基础上，专门就 HSK 题库中存在的问题进行了研究，并提出了以文本属性参数为标准的 HSK 题库设计理念。李俊杰等（2018）介绍了通过构建 CAT 题库来设计少数民族学习普通话的智能个性化语言学习平台的过程，并对学习者的学习效果进行了对比分析，发现使用该平台能够有效提升学习者的基本语言能力。还有一部分属于心理学和医学方面的题库，如廉洁和蔡艳（2018）开发了一个酒精使用障碍的 CAT 题库，用来评估个体的酒精使用障碍的严重程度等。另外，CD-CAT 题库的建设也引起了我国学者的关注，如涂冬波等（2018）提出了一种基于混合 CDM 的题库建设思路，通过 MCS 研究验证了基于混合模型建立题库的效果，并与传统的基于单一模型的题库建设进行了比较，为 CD-CAT 题库如何选用合适的模型提供了理论借鉴。

2. 题库的优化设计

这方面主要是对命题质量评价的研究，如王晓华和文剑冰（2010）应用 IRT 对大规模教育测验的命题质量进行了分析，并以"高等数学"课程为例，探讨了命题质量分析的程序和方法。他们共选取了 300 名考生对 25 道试题的作答反应，使用双参 Logistic 模型进行了拟合，印证了 IRT 的参数不变性，并通过分析试题信息函数，证明了试题的相对效能较高，但由于试题数量较少，不能为后续测验提供更多信息。郭磊和刘伟（2018）在序贯监测程序中引入了个人拟合指标，提出了基于个人拟合指标的序贯监测程序（sequentially monitoring procedure_person-fit index，SMP_PFI）方法用以检测 CAT 中的题目在作答过程中是否发生泄漏。然而，该方法会出现虚报，且该研究并未关注题目泄漏对能力估计精确度产生的影响。熊建华等（2018）研究了基于等级反应模型的题库在线校准算法，并通过 MCS 验证了其有效性。

第二节　题库构建的理论基础

一、教育目标分类理论

教育目标分类研究始于 20 世纪初的美国，是为适应教育评价的需要而发展起来的。在美国教育评价之父泰勒等的倡导下，20 世纪 40 年代，教育目标受到了美国教育界的广泛关注。1948 年，在波士顿召开的一次由学院和大学测验专家参与的非正式会议上，与会者认为，对学生学习结果进行统一分类将有助于彼此之间就测验试题、测验程序、测验观念进行交流，并提出将教育目标分为认知、情感和动作技能三个领域的观点。为了对这三个领域的教育目标进行分类，从 1949 年开始，布卢姆组织了一批测量专家考虑如何实现这个创意，并定期举行会议。1956 年，由布卢姆主编的《教育目标分类学：第一分册　认知领域》正式出版，为教育目标分类理论奠定了基础。

布卢姆的教育目标分类理论在一定程度上推动了美国课程改革，《教育目标分类学：第一分册　认知领域》成为教育目标分类学的标志性研究成果，对美国教育目标的制定、课程设置以及教育评价的发展等产生了重要影响。教育目标分类理论最初被应用于初等教育领域，随后扩展到高等教育阶段。研究者认为，布卢姆的教育目标分类理论能够促进高校制定人才培养目标及评价标准，同时对学生了解、提高自己的思维水平也具有一定的积极意义。

认知领域教育目标分类是布卢姆建构的教育目标分类理论中的重要组成部分，目的在于提供评价学生学习结果的标准，以指导教学。该理论将教育目标分为记忆、理解、应用、分析、综合和评价六个层次。布卢姆的教育目标分类理论的基础是知识，学习者可以只具备知识，并且在评估中仅仅展示自己回忆这些知识的能力。然而，他们可能并不具备理解这些知识含义的能力，或者是在除了学习过的情景之外运用这些知识的能力，以及与其他知识结合创造新的见解的能力。这与评估中解决问题所使用的各种能力不同，这些能力是按照复杂性的顺序逐步建立的。材料必须被正确地解释（理解），相关知识被应用到具体情况中（应用），之后被分解成它的组成部分以显示它们之间的关系（分析），然后重新组织并与其他元素结合形成新的整体（综合），最后根据特定的价值标准来进行判断（评价）。

在随后的很长时间里，全世界的大规模测验基本上是以布卢姆的教育目标分类理论为框架来构建测验的。随着时代的发展，其他分类法也相继出现，例如，Gagne（1974）提出的学习结果分类理论将学习结果分为言语信息、智慧技能、认知策略、动作技能和态度五个维度，Biggs 和 Collis（1982）依据皮亚杰的发展阶段理论提出了 SOLO（structure of the observed learning outcome，可观察的学习成果结构）分类理论，以及 Marzano（2007）依据认知心理学及人的行为模式提出了新分类学。其中，Gagne（1974）的学习结果分类理论在进行评价时既包括对学习的评估，也包括对教学的评估，并且更注重对后者的评估；Biggs 和 Collis（1982）的 SOLO 分类理论更适合制定开放性试题编制的评价标准；Marzano（2007）的新分类学更注重对教学设计的指导。之后，Anderson 和 Krathwohl（2001）重新修订了布卢姆的教育目标分类理论。他们意识到"知识"并不是一个单一的概念，并根据认知心理学领域的概念，将知识分成了事实型知识、概念型知识、程序型知识和元认知知识四类，又将教育目标分成了知识和认知过程两个维度，形成了修订的布卢姆教育目标分类理论。本章研究采用的是原始的布卢姆教育目标分类理论。

二、现代教育技术能力标准

（一）《师范生信息化教学能力标准》

《师范生信息化教学能力标准》以发展性要求为逻辑起点，要求学生能够适应时代的发展，具有应用信息技术进行教学的能力，需要学生具备基础技术素养以及能够在技术支持下进行学习（任友群等，2018），最终确立的标准包括基础技术素养、技术支持学习、技术支持教学三个维度。

　　基础技术素养是师范生不管是作为学生还是作为未来教师都必须具备的基础能力，包括意识态度、技术环境、信息责任三个维度。意识态度关注信息技术对教与学的应用与进展，具有主动学习信息技术并主动探索和运用信息技术支持终身学习、促进自身发展的意识；技术环境指对与教/学相关的硬件设备、软件、平台等的掌握情况，包括多媒体教学设备、教/学相关的通用软件与学科软件、网络平台与工具等；信息责任指与信息道德、信息安全相关的素养，主要从规范自我和影响他人两个角度进行考量，如基本的信息安全与法律意识、对知识产权的尊重，以及对他人安全、合法、负责任地使用信息与技术的正向引导和示范作用等，与21世纪人才素养中所强调的社会责任感和社会影响力相呼应。

　　技术支持学习是师范生作为学生或者21世纪人才必须掌握的能力，虽然与其未来职业能力没有直接联系，但属于可迁移能力，对其现在和未来的学习、生活、工作等均有重要的影响。它包括自主学习、交流协作、研究创新三个维度。自主学习指运用信息技术开展自主学习的能力，涉及信息化环境下学习资源的获取与学习过程的管理，如目标管理、时间管理、自我反思监控等，旨在提高自主学习的质量与效率，促进个人发展；交流协作指能够针对具体的学习任务或真实问题，主动运用信息技术与他人进行有效沟通、分享、协作的能力，并且在团队协作过程中，能够有意识地开展团队互评与反思，增强协作效果；研究创新指能够运用批判性思维与恰当的技术工具，发现并分析学习和生活中的问题，能够针对问题搜集和分析数据，解释结果，做出合理判断，形成解决问题的方案，并运用信息技术工具设计与开发原创性作品，创造性地解决问题。

　　技术支持教学是师范生未来从事教学工作必须具备的职业技能，包括数字教育资源的准备、信息化教学过程设计以及教学实践过程中需要掌握的能力，包括资源准备、过程设计、实践储备三个维度。资源准备指根据预设的教学情境，规划、制作、评价、优化、管理数字教育资源的能力，以及合理选择与使用技术资源，为学习者提供丰富的学习机会和个性化学习体验的能力；过程设计指完成信息化教学过程设计所要掌握的能力，包括对与信息化教学设计相关的应用模型、原则方法、活动策略以及评价方法和相关工具等的把握；实践储备指真实教学实施过程中需要掌握的应用技能，包括利用信息技术对教学过程进行跟踪、分析、评价、干预等的能力。师范生由于尚未进入教学岗位，缺少真实的教学情境以运用上述技能，更多情况下只能通过在模拟情境中的学习和应用来储备相应的技能，并将其迁移到未来教学实践中。

（二）美国国家教育技术计划

根据美国教育发展面临的主要挑战，2016 年制定的美国国家教育技术计划（National Educational Technology Plan，NETP）有针对性地提出了"为未来做好准备的学习"，包括五大基本领域：学习、教学、领导力、评价和基础设施（赵建华等，2016）。

1. 学习——技术支持的参与式和自主性学习

其指让所有学习者都能够在正式和非正式场合通过沉浸式和自主性学习获得学习经验，以成为当前全球互联社会中积极的、创造的、有知识的、合乎伦理的参与者。它主要关注以下几个方面。

1) 技术增强的学习与发展趋势。NETP 关注技术如何帮助学习者掌握最有潜力和最新的学习规则，如技术可以帮助学生按照不止一种途径和方式思考某些观点，对学习内容进行反思，并据此调整先前的理解。可以利用技术分析学生的兴趣，捕捉到他们的注意，以了解学生如何学和具体学到了什么。

2) 数字鸿沟与平等学习。首先，消除数字鸿沟。传统上对数字鸿沟的界定主要指学校和社区在使用数字设备和互联网方面的不可用性与不可支持性。其次，为所有学习者提供可利用的技术。技术支持的学习体验应为所有学习者使用，包括有特殊需要的学习者。

2. 教学——利用技术开展教学

其指在技术的支持下，教师可以与他人、数据、内容、资源、专门知识和学习体验联结起来，以调动和激发他们自身为所有学习者提供更加有效的教学的积极性。它主要关注以下几个方面。

1) 技术支持的学习中教育者的角色和实践。技术在通过深度探究构建新的体验内容的过程中，可以成为学生的合作者，这种增强的学习体验类似杜威提出的"更加成熟的学习者"概念，学生和教师成为相互协作的工程师，学习体验的设计者、领导者、向导，以及促进改变的催化剂。

2）重新思考教师准备和培养持续的专业学习。学校实施教师准备项目，确保新教师按照有意义的方式掌握技术的使用方法，并将持续的专业学习理念融于教师准备中。

3. 领导力——为创新和变革创建文化和条件

其指为了掌握学习中所使用的技术，在教育领导者角色和责任的所有层面中嵌入对技术支持教育的理解，州、区域和地方应建立在学习中使用技术的愿景。它主要关注以下几个方面。

1）未来准备的领导力及核心领域。为了实现技术驱动的变革性学习，需要具备良好的技术、基础设施和人力资源。美国教育部与卓越教育联盟以及40多个合作伙伴于2014年11月启动了"未来准备"项目，要求管理者通过签署"未来准备协议"，以明确实施教与学变革的承诺（赵建华等，2016）。

2）实施、预算和资助。愿景为变革教与学提供了指引，战略实施计划则提供了具体步骤和方法，二者相辅相成。一旦使用技术的目标已经确定，学区负责人和学校领导应该首先检查现有的预算，以确定减少或消除支付学习技术开支的项目，考虑针对这些项目申请创新基金的所有可能性。

4. 评价——学习测量

其指教育系统在各个层面上都将发挥技术的力量，对重要的事情进行测量，并且使用评价数据提高学习的效果。它主要关注以下几个方面。

1）评价方式和基于评价数据支持的学习。由于评价类型不同，评价的用途和适用时间段也不同。总结性评价常用于测量学生在某个特定时间点的知识和技能，其结果有助于确定学生在规定科目中是否达标，也可以评价课程或模型的有效性。形成性评价是指经常性的、嵌入教学过程中的测量，目的是快速获取某段时间内学生进步的信息，有助于了解学生的理解情况、校正教学实践、帮助学生记录学习过程等。综合评价系统能够平衡多元评价方式，以确保学生、家庭、教育工作者和政策制定者能够及时获取恰当数据，促进学生学习和帮助政策制定者制定相关政策。

2）技术对评价的变革。在评价过程中，技术的使用赋予了评价新的内涵。评价工具能够为教与学活动提供细致的测量，包括设计和构建产品、使用移动设备开展实验、在模拟情境中操纵参数等。教师通过评价获取学生的学习信息，帮助他们调整教学以适应个性化学习，或者通过学习干预弥补学生的不足和缺陷。

3）基于技术评价的发展趋势。为满足学习者的需求，技术将从呈现学生进步的非连续性的分离式测量（如总结性评价）向提供整合式评估系统和个性化教学转变。技术能够有效整合与学生学业标准密切相关的课堂学习体验、家庭作业、形成性评价和总结性评价。

5. 基础设施——能够使用和有效使用

其指无论何时何地，任何学生和教师都可以根据需要使用基础设施进行学习。它主要关注以下几个方面。

1）创建泛在链接。可靠的链接是创建有效学习环境的基础，没有持续和可靠的互联网接入，学生和教师就无法在全球范围内进行学习资源的链接，无法获取高质量的学习资源。

2）功能强大的学习设备。恰当的设备选择在很大程度上取决于学生的年龄、个人学习需求和在课堂内外持续进行的学习活动类型。

3）高质量的数字化学习内容。开发和分享数字化学习内容是完善基础设施的重要组成部分，最有效的方法之一是通过使用已经获得开放许可证的教育资源，大规模地提供高质量的数字化学习材料。

4）负责任地使用政策。具备互联网连接和设备访问的地区，应该通过制定政策促进相关人员负责任地使用技术和保护学生的隐私。

5）学生数据和隐私保护。使用学生数据对于个性化学习及其持续改进至关重要，学校、家庭和软件开发人员必须注意数据隐私、保密和安全行为对学生的影响。

6）设备和网络管理。要确保学生数据保存在安全的系统中，以满足保护个体身份信息的需求。

（三）美国教师教育者的技术能力标准

美国教师教育者的技术能力（teacher educator technology competencies，

TETC）定义了教师教育者为了使师范生成为技术使用型教师所需要的能力标准。该标准通过对大量文献进行分析，使用德尔菲方法，经过众多专家的多轮评议，最终形成了包含 12 条基本能力的框架，其内容如下。

1）设计、利用特定的技术来辅助教与学，包括掌握评价特定内容的教学和学习技术，将教学法、教学内容与合适的技术相结合，使用合适的教学法和教学内容来调整教学模型。

2）将教学法与技术进行融合，包括使用获取、分析、创建和评估信息的技术模型，能够评估、选择和使用特定的支持学生学习的内容和技术，提供利用技术进行教学实践的条件。

3）提供与师范生所学学科相关的技术，从而支持其知识、技术和能力的发展，包括支持师范生将教学内容、教学法和恰当的技术结合起来，允许师范生反思自己对使用技术进行教学和学习的态度，提高师范生使用技术进行教学的自我效能感。

4）使用在线工具来加强教学和学习，包括使用在线工具进行交流、协作、设计、指导和评估。

5）使用技术满足多样化的学习需求，包括使用技术设计教学，从而满足不同学习者的需求；学会使用辅助技术进行演示，从而最大限度地满足个别学生的学习需要。

6）使用适当的技术工具进行评估，包括学会使用技术评估师范生的能力和知识，了解、应用基于技术的各种评估模型。

7）使用有效的策略支持在线和混合式学习环境，包括学会使用在线和混合式学习的方法和策略，并为师范生提供实践的机会。

8）利用技术将全球不同地区的文化联系起来，包括建立师范生与其他文化和地区联系起来的广泛的参与模式，师范生使用技术与具有不同文化背景的学习者合作，强调连接不同层次的技术和文化所需要的策略。

9）解决教育中的技术、法律和社会责任的使用问题，包括为师范生提供如何在遵循法律、道德和社会责任的前提下使用技术的课程，以指导师范生依据法律、道德和社会责任使用技术。

10）鼓励师范生参与有关教师专业发展的网络活动，以提高教学和技术的整合，包括定义师范生在使用技术方面的成长目标，参与有助于师范生专业发展和提升技术知识、技能的网络活动。

11）在使用技术方面发挥领导作用和倡导作用，包括利用技术分享教学和学习的愿景，与提倡教育技术使用的专业组织进行合作，支持师范生了解国家和当地的教育技术政策。

12）应用基本的故障排除技巧解决技术问题，包括配置数字设备进行教学，在教学过程中操作数字设备，模拟教学过程中的基本故障排除技巧，使用各种资源找到与技术相关问题的解决方案。

第三节　题库构建中试题的编制

现代教育技术题库的构建是为了测量学生在学习现代教育技术的知识和技术后取得的"成绩"，表现为学生教育技术知识的增加和能力的提高。这种测验在心理与教育测量领域被称为成就测验，它测得的是学生的专业领域能力。

按照编制方法的不同，成就测验可分为教师自编测验和标准化成就测验。教师自编测验是由教师根据自己理解的教学目标和教学要求、自己的教学内容和进度，凭借自身经验编制的测验，其所测内容可多可少，时间可长可短，主要用于自己所教的学生，与教材和教学实际联系紧密，可用来考查学生的学习情况，或者是检查教师的教学质量。但是，由于多数教师缺少相应的测验与测量学的专业知识，他们在命题时通常仅凭借个人经验，从而造成这些测验的效果往往不那么理想。标准化成就测验是由测量学专家与学科教师依照测量学的基本原理编制的，有一定的质量指标作为保障，能够提供常模进行比较，客观性强，可用于大规模的正规测验。但是，标准化成就测验的编制费时费力，其灵活性和针对性相对不强。

按照评分的参照系统，成就测验还可分为常模参照测验、标准参照测验以及基于标准的测验（又称水平参照测验）。常模参照测验的主要目的是对学生进行排序，根据测验结果区分学生的能力水平差异，并根据这个差异从高到低进行排序。标准参照测验的目的是要确定学生知道什么、能够做什么，而不是对学生进行相互比较。标准参照测验根据学生在某个确定的标准目标上的表现水平来评价学生，通常而言，这个标准就是课程标准。它的试题编制必须以标准的目标和水平要求为依据，根据学生知道的知识报告测验结果，并且通过临界分数来划分学生等级。基于标准的测验要求制定严格的课程标准，构建与课程标准一致的测验，而这种标准通常是国家对学生学习结果的要求，以国家课程标准的方式呈现。它是对标准参照测验的一种继承与发展，测验内容与课程内容标准一致，使用临界分数将测验结果转换为与表现标准描述相一致的等级，根据表现标准报告学生在知识、技能上达到的学业水平（因此又被称为水平参照测验），并且利用测验推动学校课程和教学的改革。

本章研究中将使用基于标准的测验的构建方法进行题库的构建，通过使用课程标准，将教师自编测验建立在课程标准之上，从而使测验质量更高，更加科学、合理。基于标准的测验的构建主要分为测验设计、测验命题和评价设计三个阶段。在本章研究中，测验的构建主要包括测验设计和测验命题两部分内容，评价设计将在后续研究中完成。

一、测验设计阶段

一般来说，基于标准的测验的构建在测验设计阶段需要考虑以下几个问题：测验的内容、测验的认知技能、测验的题型设置。

（一）测验的内容

基于标准的测验试题是推测学生学科能力与学业水平的基本单元，学科知识内容是基于标准测验试题的基本组成要素。在本章研究中，每道试题都必须考查"现代教育技术"的相关知识内容。

1. 测验领域

测验领域可以依据课程目标来制定，"现代教育技术"公共课的目标是提升师范生的信息素养和教育技术能力。依据前文中的《师范生信息化教学能力标准》所述，教育技术能力应当包括基础技术素养、技术支持学习及技术支持教学三个部分，主要考查学生的教学设计能力、教学实施能力、技术应用能力以及学生的信息素养、信息责任。

此外，学者对"现代教育技术公共课"的课程目标有诸多探讨，例如，张有录和俞树煜（2005）认为，该课程应包括了解现代教育技术的相关知识和技能，培养和提高学生的信息素养，理论与实践并重，着重培养学生对现代教育技术的应用技能。郭飞（2015）认为，该课程应重点关注学科知识、教学法知识和技术知识的融合，致力于解决"如何做"的问题，帮助学生学会选用或自主开发合适的信息技术工具来支持教与学。邵恒和李娟（2014）认为，该课程应包括教育技术概论、教与学的理论、教育技术的实践以及教育技术的综合运用。

综上所述，同时结合师范生的实际需求，本书认为，该课程应在使学生掌握教育技术相关理论与知识（包括理解教育技术的外延和内涵、教与学的理论、视听传播理论）的基础上，培养学生的教学设计能力以及综合运用教育技术进行教学的能力。

2. 考核标准

根据理论基础中所述的《师范生信息化教学能力标准》、NETP、TETC 以及现代教育技术公共课的实际教学情况，本章研究将这些资料进行整合后得到如表 2-1 所示的现代教育技术公共课课程考核标准。考核标准中的部分内容是通过教师的观察以及学生提交的作品进行评价的，基于标准的测验主要评价的是基础技术素养中的意识态度和技术环境、技术支持学习中的自主学习，以及技术支持教学中的资源准备和过程设计。

表 2-1　现代教育技术公共课课程考核标准

能力维度	一级指标	标准描述
基础技术素养	意识态度	不断地参与有助于专业发展和促进技术、技能提升及知识增加的活动 主动探索和运用信息技术支持终身学习，促进自身发展的意识
	技术环境	在教学过程中操作数字设备，并解决常见的问题 使用计算机辅助教学软件 使用在线和混合式学习的方法与策略
	信息责任	依据法律、道德和社会责任，使用技术教学 倡导人们安全、合法、负责任地使用信息与技术，以身示范，积极影响他人
技术支持学习	自主学习	主动获取有价值的资源，拓宽教育教学的专业视野 利用信息技术支持目标管理、时间管理和信息管理等，提高自主学习的质量与效率 有意识地规划与记录自己的学习路径与学习结果，养成自我反思的习惯，促进自我成长

续表

能力维度	一级指标	标准描述
技术支持学习	交流协作	理解和尊重不同观点，主动运用信息技术与同伴、教师、专家等进行有效的沟通与分享
		针对具体的学习任务与真实问题，能够在信息化环境中与他人进行有效协作
	研究创新	运用批判性思维与恰当的技术工具，发现并分析学习和生活中的问题
		搜集和分析数据，解释结果，做出合理判断，形成解决问题的方案
		运用信息技术工具建构知识、激发思想、设计与开发原创性作品，创造性地解决问题
技术支持教学	资源准备	资源建设的整体意识
		合理规划与管理数字教育资源
		设计和制作特定的内容，支持学生学习
	过程设计	使用合适的技术、教学法和教学内容来调整教学模式
		使用在线工具进行教学活动设计
		使用技术评估知识和能力
	实践储备	使用技术教学实施策略，理解教学干预的基本原则和方法
		利用技术跟踪并分析学习过程，提出有针对性的改进措施
		在真实或模拟的教学情境中，运用技术支持教学实践

（二）测验的认知技能

学科的认知技能是指学生在学习中获得的在该学科中运用的关键思维技能。由于操作技能的评价并不在基于标准的测验中得到体现，这里仅对认知技能进行描述。笔者根据布卢姆的教育目标分类理论，将现代教育技术公共课中的具体认知技能进行了重新概括，形成了如表2-2所示的认知目标。

表2-2 布卢姆的教育目标分类理论在现代教育技术公共课测验中的应用

认知层次	定义	行为动词
记忆	考生能否选择一个教育技术的术语、概念、原则的最佳定义，或者回忆、识别具体的学习理论、教学理论、教学设计理论的规则	为……下定义、列举、说出……的名称、复述、排列、背诵、辨认、回忆、选择、描述、标明、指明

续表

认知层次	定义	行为动词
理解	考生能否解释一个教育技术概念或原理的意义，或者找出术语间的联系和区别，说明使用某种技术的理论依据	分类、叙述、解释、鉴别、选择、转换、区别、引申、归纳、举例说明、摘要、改写
应用	考生能否设计信息化教学方案，能否应用教育技术思维优化教与学的过程，能否使用媒体采集与处理的方法开发教育资源	运用、计算、构建、改变、阐述、解释、说明、修改、确定……计划、制订……方案、解答、预测、使用、操作
分析	考生能否依据教育技术的概念和原则，解释在具体情况下使用某种技术的原因，解释如何利用学习理论、教学理论进行教学设计、教学资源开发	分析、分类、比较、对照、图示、区别、检查、指出、评析、推断、联想

（三）测验的题型设置

测验中主要使用的题型有客观题与主观题。客观题包括选择题、配对题、填空题等类型，主观题包括简答题、计算题、论述题、材料分析题等类型。目前，CAT 中的试题形式以选择题为主，选择题的优点主要有：评分方式客观，方便对学生能力进行标准化的判断与分析；适合于测量从机械水平到最复杂水平之间各层次的教学目标；学生作答时书写量少、速度快，一次测验中就可以测量多个知识点，测量的范围更全面；评价标准唯一，测量结果也就更为可靠，信度更高。国外的一些大型测验，如美国注册会计师（United States certified public accountant，USCPA）测验、全国联合委员会注册护士执照考试（national council licensure examination for registered nurses，NCLEX-RN）等均使用选择题进行考查。

也有学者指出，因为选择题给出了选项，考生可以依据一些测验经验进行猜测，这就使得测验结果不那么有效。但是，Ibbett 和 Wheldon（2016）通过分析猜测对测验信度的影响，发现主要原因在于试题的编制过程中存在问题，导致题干或选项本身为考生提供了相应的作答线索。Bush（2015）的研究也发现，如果能遵从试题编制的规则，猜测对测验结果的影响就可以被消除。

此外，学者对选择题还有一个质疑，就是它能否测出考生的高阶思维能力。高阶思维能力是指发生在较高认知水平层次上的认知能力，来源于布卢姆的教育目标分类理论。布卢姆认为，教学目标可以分为知识、理解、应用、分析、综合、评价六个层次，Hopson 等（2001）将知识、理解、应用归属于低阶思维能力，将分析、综合、评价归属于高阶思维能力。有研究发现，选择题可以测量除综合能力之外的知识、理解、应用、分析、评价能力，例如，Scully（2017）认为，通过采用一定的编制策略，选择题可用于评价考生应用、分析层次的能力，并且选择题有测量评价层次能力的潜力。Panchal等（2018）的研究也表明，选择题可以很好地考查考生知识的深度与广度。另外，Palmer和Devitt（2007）在研究中证明了当选择题和主观题考查的认知水平相同时，二者的测验结果呈显著相关。基于上述分析，本章研究认为，使用选择题的形式考核现代教育技术公共课中的基本理论知识是可行的。

二、测验命题阶段

测验命题阶段需要考虑以下问题：试题的编写原则、试题的审核、试卷的编制。

（一）试题的编写原则

为了使试题编写得更加合理、科学，研究人员在编写过程中需要遵循一定的原则，这些原则不仅可以指导试题的编写，而且可以用于试题的校对。

1. 试题编写的一般性原则

（1）内容简练且不重复

题干和选项的内容应尽量简单，易于理解。选项中尽量不出现题干中已有的信息，因为出现这些信息可能会使学生猜测这个选项是正确答案；题干要包含尽可能多的信息，而选项则要尽可能精简、清晰。题干和选项应该只包括相关信息，除去多余的无关知识，因为测验的目的是测量学生对知识的掌握情况，而不是测量其阅读能力，举例如下。

例1. TPACK理论是教师必须具备的_____、_____和_____三种知识融合而成的整合技术的学科教学知识。（A）

　　A. 技术知识、学科知识、教学知识

　　B. 课程知识、学科内容知识、学科教学知识

C. 学科知识、课程知识、自我知识

D. 专业学科知识、教育学知识、关于学生及其特性的知识

这道试题的题干包括的信息过多，最后的"整合技术的学科教学知识"可以省去，题干改为"TPACK 是由教师必须具备的三种知识融合而成的，三种知识分别是_____"即可。

（2）题干和选项不能提供逻辑线索

在编写题干和选项时，要注意避免使用可以帮助学生找到正确答案的字眼，如使用总是、全部、经常、有时、以上都是、以上都不是等，因为部分掌握测验技巧的学生可以通过这些字眼判断答案是否正确。另外，选项书写的方式应该是平行的，长度也要基本相似，结构不同的选项可能会为学生选择答案提供逻辑线索。

（3）不要有测查看法或观点的试题

在单选题中，要有一个选项是明显正确的或最佳的，而测查观点的试题是无所谓对错的，几乎所有的选项都可以选择，这类试题要避免出现，举例如下。

例 2. 下列哪种学习理论对课堂教学更有效？

A. 行为主义

B. 认知主义

C. 建构主义

D. 人本主义

这个题目本身就没有最佳答案。

（4）使用新材料

使用课本上未出现的、真实情境中的材料对学生进行考查，举例如下。

例 3. "通过前面章节的学习，学生已经掌握了较多的检索工具，其中百度是一种学生非常熟悉的，在日常学习中经常使用的检索工具。"这是对（B）的分析。

A. 教学内容

B. 学生特征
C. 学习需要
D. 学习态度

（5）慎用复杂选择题

复杂选择题（complex multiple-choice item）包含一系列可能的答案和选项。如下题所示，题干下面是可能的答案，以数字标识，选项是这些可能答案的不同组合，以大写字母标识。学生在做这种类型的题时，读题和选择答案都要花更多的时间，并且选项组合还有可能会暗示出正确的答案。

例4. 建构主义学习理论认为，学习环境中的四大要素是（C）。
①情境　②融合　③会话　④协作　⑤应用　⑥意义建构
A. ①②④⑤
B. ②③⑤⑥
C. ①③④⑥
D. ①③⑤⑥

如上题所示，①③⑥均出现了3次，那么C和D选项就很有可能是正确答案。因此，最好不使用这种题型。

（6）题干只提出一个问题，尽量使用肯定表述

使用"下列哪个陈述是正确的？"这种问题会增加学生的认知负担。尽量使用肯定形式的表述，如果使用否定或双重否定形式，要加入标记，确保学生不会漏看。

（7）选项是平行的，长度是相似的

选项书写的方式应该是平行的，如开头都是相同词性的词语，长度也要基本相似。结构不同的选项可能会为学生选择答案提供逻辑线索。

（8）选项应该是合理的、具有迷惑性的

如果一个干扰项本身不合理，学生就可以轻易排除该选项，这就会增加学生猜测的可能性。

（9）变换正确选项的位置

当不能确定正确答案时，学生偏向于选择处于中间位置的选项，因此，在编写选项时，要避免正确答案过多地出现在中间位置。可以通过掷骰子的方式决定选项的位置，或者可以根据选项的第一个字拼音的首字母进行排序。

（10）确保只有一个十分严密的正确答案或最佳答案

在编写单项选择题时，必须认真检查每一个选项，保证它要么是最严密的选项，要么肯定是错误的选项。

（11）利用学生常见的错误

编写时可以参考学生在日常学习、测验中经常犯的错误，以及学生常见的认识误区进行编写。举例如下。

例5．"通过学习活动与探究，使学生会处理紧急事件。"这个教学目标存在的问题是（C）。

  A. 把"过程与方法"错误当成教学手段

  B. 没有描述外显行为

  C. 将教师当成教学目标所描述的对象

  D. 缺少行为标准

该题利用了学生在编写教学目标时常见的错误，要求学生应用所学的教学目标编写方法，判断其中存在的问题。

（12）避免选项的意义重合或相反

如果单选题中有三个选项的意义重合，那么这三者很有可能都是错误的，这就增加了学生猜测的可能性；而如果有两个选项的意义相反，那么正确答案肯定在这两个选项当中，这同样也会增加学生猜测的可能性。

2. 试题编写的层次性原则——实现对不同层次思维能力的考查

（1）使用与布卢姆的教育目标分类理论相对应的动词

使用布卢姆的教育目标分类理论提供的动词（表2-2），可以使选择题更好地与不同层次思维能力目标相对应，有些词语，如"描述""解释"等可以使用"选出最恰当的描述""选出最佳解释"等代替。

（2）让学生选择实例所体现的原理或概念

通过具体实例的形式，考查学生对原理、概念、理论的理解，举例如下。

例6. 在视听教育中，教师用多媒体不断呈现信息来进行教学，这种教学模式的发展与（A）理论有关。

　A. 刺激-反应
　B. 联结-认知
　C. 有意义学习
　D. 建构主义学习

这道选择题通过给出视听教育中的实例，让学生选择实例中体现的学习理论，考查了学生理解层次的能力。

（3）使用图形材料考查学生对某项技术的应用

在现代教育技术公共课中，可以使用图形材料的形式考查学生对Photoshop、Flash、GoldWave等软件的操作技能，举例如下。

例7. 如图2-2所示，Photoshop中要实现由图1到图2的变化，操作步骤应该为（A）。

　A. 椭圆选框工具→单击右键"羽化"→选择反向→Delete
　B. 椭圆选框工具→单机右键"描边"→选择反向→Delete
　C. 椭圆选框工具→单击右键"自由变化"→选择反向→Delete
　D. 椭圆选框工具→单击右键"调整边缘"→选择反向→Delete

图1　　　　　　　图2

图2-2　Photoshop中操作技能的考查

学生在做该类试题时，需要应用到相关软件的操作知识，因此能够考查到其应用层次的思维能力。

（4）让学生去发现相似事物之间的关系

让学生注意所学过的各种问题之间的联系，可以测量学生对该问题的理解，例如，在学生学习过多种教育评价方法后，可以给他们出以下这样一道题。

例8. 以下评价技术中有自我评价环节的是（D）
①访谈　②量规　③电子学档　④常模参照测验　⑤学习契约
A. 只有②
B. ①和③
C. ①④⑤
D. ②③⑤

（二）试题的审核

根据表2-1中建立的考核标准、上述的试题编写原则和现代教育技术公共课教材，本章研究共编制了250道选择题，编制完成后，为保证试题的科学性，交由教育技术专业的专家进行审核与修改。

1. 专家审核的目的

专家审核的目的主要有：①审核试题是否符合考核标准的要求；②审核试题在表述上是否有误，是否有助于学生理解；③审核试题所对应的认知层级的划分是否正确。

2. 专家的组成

专家审核组由担任现代教育技术公共课教学的5名资深教师组成，他们从事公共课教学多年，有丰富的教学经验，对教学内容熟悉，同时也了解学生的实际学习情况，可以为题库建设提供宝贵的意见。

3. 专家审核的内容

专家进行审核时，首先，检查试题所考查的知识点是否包含在考核标准之内。其次，对试题的表述进行审查与修改，举例如下。

例9. 下列对建构主义基本观点的论述正确的是（C）
A. 建构主义学习理论认为，知识是基于验证事实的信息主体的概念化

B. 建构主义学习理论认为，知识是客观的

C. 建构主义学习理论认为，知识不是通过教师传授获得的

D. 建构主义学习理论认为，学习知识的多少取决于学生记忆和背诵教师讲授内容的能力

在进行审核时，专家认为该题 B 选项的表述不清晰，可改为"建构主义学习理论认为，学习应该满足学生自我发展的需要"。最后，专家评定每道试题所标注的认知层级的划分是否正确。

4. 专家审核的结果

根据专家的反馈，有 2 道试题超出了考核标准，26 道试题需要重新修改，试题的知识点和认知层级与笔者标注相同。因此，2 道超出考核标准的试题被删除，26 道试题被重新修改。最后，综合专家的意见，我们对试题进行了分类，形成了如表 2-3 所示的试题的知识点与认知层级分布表。

表 2-3 试题的知识点与认知层级分布表

内容领域	试题数（道）					内容领域试题占试题总数的比例（%）
	记忆	理解	应用	分析	总计	
意识态度	10	0	0	0	10	4
技术环境	39	11	19	2	71	29
自主学习	11	6	0	0	17	7
资源准备	33	23	7	2	65	26
过程设计	47	19	17	2	85	34
总计	140	59	43	6	248	100

（三）试卷的编制

试题编制完成后，需要进行试题的施测，从而获得试题的难度、区分度等参数。如果将现有的 248 道试题同时施测于考生，因为作答试题过多，考生难免会产生疲劳感，从而影响测验结果。一种折中的方法是，将 248 道试题分成几套平行测验，分别施测于不同的考生群体。由于将不同试题施测于不同的群

体，这就导致试题参数的估计结果无法比较。为了能够比较试题参数，本章研究采用了第一章中所描述的锚测验等值设计，从而将不同测验中的试题参数转换到相同的量尺之上。

1. 锚题的选择

锚测验设计是指给不同的考生群体施以不同的测验，不同测验中包含部分相同的试题，这些相同的试题是连接不同测验之间的桥梁，被称为锚题。锚题的数量一般占每套测验总题量的20%—25%（本章研究将248道题分成4套测验，每套测验中锚题的数量是20道，非锚题的数量是57道）。锚题的选择应该遵循以下原则。

（1）锚题的内容领域以及认知层次具有代表性

表2-3中将试题的知识点分成5部分内容，将认知技能分成4个层级，因此锚题也应该包括这5部分内容和4个层级，锚题中各部分内容以及认知层级的占比在每套测验中应该相一致。本章研究在选择锚题的过程中，依据表2-3中试题的知识点与认知层级分布的占比，确定各部分内容中的锚题数量分别为1、6、1、5、7道，各认知层次中的锚题数量分别为11、5、3、1道。再依据这些要求挑选合适的试题，从而使锚题能够在内容领域与认知层次上具有代表性。

（2）锚题的题型具有代表性

本章研究中试题的题型为选择题，种类有单项选择题、多项选择题及多重选择题三种类型，每种题型的数量如表2-4所示，从而确定锚题中每种题型的数量分别为13、3、4道。

表2-4 题库中的题型分布

内容领域	单项选择题	多项选择题	多重选择题
意识态度（道）	3	6	1
技术环境（道）	53	9	9
自主学习（道）	12	4	1
资源准备（道）	39	9	17
过程设计（道）	59	10	16
总计（道）	166	38	44
占比（%）	67	15	18

（3）锚题的统计学特征具有代表性

一般而言，研究者从平均难度代表性和难度范围代表性两个方面探究锚题统计学特征的代表性。相关的实证研究表明，锚题与测验在平均难度水平上的差异会导致等值误差，因此，锚题的平均难度水平应该能够代表测验的平均难度水平。但是，以锚题的难度范围代表整个测验的难度范围是比较困难的，因此，有学者建议用中等难度的试题代替极端难度的试题（过于容易或过于困难的试题），这样就可以满足难度范围的代表性要求了。由于目前试题的难度系数未知，试题的难度主要根据教师的经验确定，然后选择其中有代表性的中等难度试题作为锚题。

2. 平行试卷的编制

试卷的编制是测验的核心环节，如果试卷编制得不好，就不能实现测验目标。所以，试卷编制的科学化是整个测验工作的关键所在。测验编制过程中需要进行的工作有测验试题的选择和测验试题的编排。如果要进行平行测验，还需要解决如何编制平行试卷的问题。

（1）选择测验试题

选择测验试题的指标有三个：①测验的性质。要选择那些能够测量出所要测量的能力的试题，在基于标准的测验中，应严格按照考核标准进行试题的选择，使试题能够体现考核标准的广度。②试题的难度。选择什么难度的试题并无固定的标准，在基于标准的测验中，试题的难度应能够达到考核标准所要求的程度。③试题的区分度。一般来说，试题的区分度越高越好，但有时也可以保留若干区分度不高的试题，主要视试题的重要性而定。

（2）编排测验试题

选出测验试题后，需要对其进行合理安排。在测验之初，应该有一两道较容易的试题，以便学生熟悉作答程序，缓解测验焦虑，建立信心，进入测验情境。测验试题的总体编排要由易到难，避免学生在难题上耽搁太久，影响后面试题的作答。测验最后可有少数难度较大的试题，以便测出学生的最高能力水平。

对于成就测验，有两种常见的试题编排方式：①并列直进式。这种方式是将整个测验按照试题材料的性质划分为若干子测验，在同一子测验的试题中，试题依其难度由易至难排列。②混合螺旋式。这种方式是将各类测验试题依难度分成若干不同的层次，再将不同性质的测验试题进行组合，做交叉式排列，其难度则渐次增大。此种编排方式的优点是，学生对各类测验试题循序作答，从而维持其作答兴趣。

本章研究主要涉及对选择题的考察，因此使用并列直进式编排试题，再将所有子测验合并。

（3）编制平行试卷

本章研究中需要编制 4 套平行试卷，并进行等值处理。这些平行试卷应满足如下条件：①每套试卷测量的应是相同的能力；②每套试卷应具有相似的内容和形式；③每套试卷除锚题外不应含有重复的试题；④每套试卷中的试题数量应当相等，并且有大体相同的统计学特征（如难度、区分度、猜测系数的分布等）。

首先，本章研究根据表 2-3 中试题的知识点与认知层级分布编制试卷，使 4 套试卷在知识点、认知层级上均有相似的结构，保证了考察内容的相似性。其次，在题型选择上，依据单项选择题、多项选择题、多重选择题的类型进行了均衡分布，保证了形式的相似性。最后，这 4 套试卷内均需加入 20 道锚题，因此每套试卷均包含 77 道试题，这些组卷信息最终也被存入题库，以进行下一步的施测。

第四节　题库构建中试题的施测

一、施测对象与施测目的

（一）施测对象

试题编制完成后，需要对试题进行施测，从而获得其统计学特征。本章研究施测的对象为山东师范大学学习现代教育技术公共课的 1633 名大二考生，他们在经过一个学期的学习后，于学期末参加测验。测验中设置了 4 套试卷，为了保证每套试卷的施测对象的能力水平分布基本一致，我们把每个班中的考生按照学号随机分成 4 组，令其分别作答 4 套试卷。

（二）施测目的

研究者依据基于标准的测验方式编制完试题后，组织考生作答试题，并利用 IRT 估计试题参数对试题质量进行评价，进而检验由这些试题组成的题库是否能够达到预期效果。

二、施测工具

（一）系统架构与运行环境

1. 系统架构

网络应用程序主要有基于窗体结构的 C/S（Client/Server，客户端/服务器）程序和基于 Web 的 B/S（Browser/Server，浏览器/服务器）程序。基于窗体结构的 C/S 程序需要安装客户端及服务端，其在系统维护、配置上相对复杂，如果系统功能改变，则需要重新为每台客户端安装软件，工作量较大。基于 Web 的 B/S 程序简化了客户端软件的安装，系统使用和维护方便，因此本章研究基于 Web 的 B/S 程序模式进行架构，该模式通过三层架构（包括表现层、业务逻辑层和数据访问层），使页面和数据之间建立连接。其中，表现层用于显示数据；业务逻辑层负责处理页面传来的数据请求；根据业务逻辑层的请求，数据访问层可以访问数据库，对数据进行增、删、改、查的操作，并将操作结果返回至业务逻辑层。本章研究基于三层架构原则进行了如下设计。

1）表现层：考生用户登录后能进行个人信息确认、答题、提交试卷等操作。管理员用户登录后能进行试题添加、修改，考生信息录入、管理，测验成绩查看、导出等操作，所用功能的呈现均在浏览器端实现。

2）业务逻辑层：系统的服务器端主要实现将前端传输过来的数据进行解析，按照正确格式存入数据库，并能按照需求连接数据库和生成所需数据，再传输至前端。

3）数据访问层：设计出满足需求的数据表，如试题信息表、考生信息表、管理员信息表、作答记录表等。

2. 运行环境

本章研究中的现代教育技术公共课测验系统使用 WAMP 作为具体的运行环境，WAMP 是英文缩写，指由 Window 操作系统、Apache 网络服务器、MySQL

数据库和 PHP 脚本共同组成的一个强大的应用程序平台。

（二）系统功能

1. 试题录入功能

该系统具有试题录入功能，即编制完试题后，可以登录在线测验系统的后台管理平台，将试题添加进题库。该系统可完成试题的批量导入，试题导入后，通过题库管理功能对试题进行审核。最后，依据前述的试卷编制规则，组成 4 套平行试卷。

2. 在线测验功能

该系统提供在线测验的功能。考生进行测验时，首先呈现的是登录界面。在登录界面，考生通过所学专业和学号两种信息进行登录。登录成功后，则进入测验须知及信息核对界面，界面左侧为测验须知，右侧为考生基本信息的核对。核对完成后点击"提交"按钮，进入在线测验界面，界面左侧为答题卡和倒计时间，右侧为答题区（图 2-3）。答题卡可以方便考生快速定位到某道试题，并且已做试题在答题卡上会变成深灰色，方便考生检查是否有漏答试题。倒计时功能则可以提醒考生还剩多少答题时间，最后 3 分钟时还会出现弹框提醒。此外，为防止考生误碰按钮提交试卷，该页面还使用了 JavaScript 技术，禁用了 F5 键、F11 键、Ctrl 键、Alt 键、Shift 键、空格键、回车键和鼠标右键。

图 2-3 在线测验界面

3. 测验结果收集功能

考生交卷后，系统自动批阅单选题、多选题，分别遍历两种题型，作答正确的标记为 1，作答错误的标记为 0，结果先存入数组，最后一起提交至数据库。

4. 测验结果存储功能

数据库是存储试题信息和记录考生作答结果的重要工具，设计合理、有效的数据库结构对程序的编写及数据分析都起到了至关重要的作用。本章研究在对系统进行需求分析和功能分析的基础上，依据易用性和可扩展性原则设置了 9 张数据表，分别是管理员信息表、专业信息表、考生信息表、试题类别表、试题内容表、试题层级表、试题库表、试卷信息表和作答记录表，这里介绍其中 6 个主要数据表的内容。

（1）考生信息表

考生信息表主要记录考生的学号（stu_id）、性别（gender）、姓名（name）、成绩（score）、专业编号（major_id）以及测验编号（test_set_id），具体设置如表 2-5 所示，其中，考生的学号、姓名、性别、测验编号由管理员事先导入。

表 2-5 考生信息表

字段名称	字段说明	数据类型	字段大小	是否为空	约束
id	自增编号	int	40	否	
stu_id	学号	int	15	否	主键
gender	性别	varchar	40	否	
name	姓名	varchar	40	否	
score	成绩	int	15		
major_id	专业编号	int	15	否	
test_set_id	测验编号	int	15		

（2）试题类别表

试题类别表主要记录试题的类别信息（表 2-6），定义了试题是单选题还是多选题，之所以单独列出试题类别表，是为了方便后期增加其他试题类型。

表 2-6　试题类别表

字段名称	字段说明	数据类型	字段大小	是否为空	约束
id	自增编号	int	11	否	主键
type	试题类别	varchar	255		

（3）试题内容表

试题内容表主要记录试题的内容信息，包括指标类型（type）、指标内容（content）和父项（parent）等字段（表2-7）。其中，type 表明该试题考核的是二级指标还是三级指标，content 为考核指标的内容，parent 为其父项序号，如果 type 是二级指标，则 parent 为 0；如果 type 是三级指标，则 parent 为对应二级指标的 id。通过试题内容表，施测者可以完成每套测验的组卷工作，也可以在考生作答完成后分析其对考核内容的掌握情况。

表 2-7　试题内容表

字段名称	字段说明	数据类型	字段大小	是否为空	约束
id	自增编号	int	11	否	主键
type	指标类型	varchar	255		
content	指标内容	varchar	255		
parent	父项	int	11		

（4）试题层级表

试题层级表主要记录试题的目标层级信息（表2-8），包括布卢姆的教育目标分类理论中的记忆、理解、应用、分析 4 个层级。

表 2-8　试题层级表

字段名称	字段说明	数据类型	字段大小	是否为空	约束
id	自增编号	int	11	否	主键
layer	试题层级	varchar	255		

（5）试题库表

试题库表的具体设计如表 2-9 所示，除了包括试题问题（question）、图片（pic）、选项（a、b、c、d）和答案（answer）外，还包括类别编号（type_id）、测验编号（test_set_id）、层级编号（layer_id）和内容编号（content_id），这几个编号使试题库表可以分别与以上 4 个表中的 id 建立联系。另外，answer 可以用于自动的答案批改。

表 2-9　试题库表

字段名称	字段说明	数据类型	字段大小	是否为空	约束
id	自增编号	int	11	否	主键
question	问题	varchar	255		
pic	图片	varchar	255		
a	选项 A	varchar	255		
b	选项 B	varchar	255		
c	选项 C	varchar	255		
d	选项 D	varchar	255		
answer	答案	varchar	255		
type_id	类别编号	int	11		
test_set_id	测验编号	int	11		
layer_id	层级编号	int	11		
content_id	内容编号	int	11		

（6）作答记录表

作答记录表（表 2-10）主要记录考生的作答结果和作答时间，其中单选题作答结果（choice_record）和多选题作答结果（multi_record）通过编程实现对考生答案正确与否的判断，正确为 1，错误为 0，开始时间（start_time）为考生开始作答的时间，退出时间（end_time）为考生点击交卷退出的时间。

表 2-10 作答记录表

字段名称	字段说明	数据类型	字段大小	是否为空	约束
id	自增编号	int	11	否	主键
stu_id	学号	bigint	50		
choice_record	单选题作答结果	varchar	255		
multi_record	多选题作答结果	varchar	255		
start_time	开始时间	datetime			
end_time	退出时间	datetime			

三、施测过程

（一）测验的准备

测验开始前，需要在 Windows 服务器中安装 WAMP 环境，因为每场测验有 200—300 名考生同时参加，所以需要对 Apache、PHP 和 MySQL 进行优化。

1. Apache 的优化

1）在 httpd-default.conf 中将 KeepAlive 设置为 off，由于本系统的测验界面是动态生成的，如果同时登录人数过多，TCP 连接不会断开，那么 Apcache 进程会被一直占用，消耗大量内存，造成阻塞。

2）更改 httpd-mpm.conf 的设置以提高性能，在 mpm_winnt_module 中将 MaxConnectionsPerChild 设置为 0，将不限制最大连接数，ThreadsPerChild 由 150 修改为 500，增加子进程数量。

2. PHP 的优化

通过对 php.ini 中的主要相关参数进行合理调整和设置，实现 PHP 的优化。

1）脚本耗用内存限制 memory_limit=128M 修改为 2048M，增加运行效率。

2）由于需要上传图片，upload_max_filesize=2M 修改为 8M，通过表单 Post 将 PHP 所能接收的最大值(包括表单里的所有值)post_max_size=2M 修改为 8M。

3）由于需要使用 session，将 session 最大会话生存周期延长，session.gc_

maxlifetime=1440，从而提升稳定性。

3. MySQL 的优化

修改 MySQL 中的配置文件 my.ini，以增加缓存，提高运行速度。

1）#innodb_buffer_pool_size=16M 修改为 2048M，以提高系统的并发性。

2）#innodb_log_file_size=5M 修改为 64M。

（二）测验的实施

测验实施过程中，监考教师会说明测验系统的登录方法，并强调测验成绩将会被计入期末总成绩，以保证考生能够认真作答。每场测验时间约为 40 分钟，均有 4 名教师监考，以保证测验数据的真实性和有效性。考生提交试卷后，作答结果就会被上传到数据库，随后研究者依据 IRT 进行后续分析。

四、施测结果

（一）有效性检验

1. 模型假设检验

（1）单维性检验

如果研究者对测验结果已有假设，这时通常使用验证性因子分析的方法进行验证，使用的拟合指数有卡方（χ^2）、自由度（df）、非规范拟合指数（non-normed fit index，NNFI）、比较拟合指数（comparative fit index，CFI）和近似误差均方根（root mean square error of approximation，RMSEA），模型拟合的标准为：$\chi^2/df \leqslant 5.0$、NNFI$\geqslant 0.90$、CFI$\geqslant 0.90$、RMSEA$\leqslant 0.08$（侯杰泰等，2004）。笔者分别对锚题和 4 套测验进行了单维性的验证性因子分析，结果如表 2-11 所示，由此可以看出锚题和 4 套测验均满足单维性假设。

表 2-11　锚题和 4 套测验的验证性因子分析结果

拟合指数	锚题	测验一	测验二	测验三	测验四
df	179	2849	2849	2849	2849
χ^2	221.95	3650.54	3408.91	3373.89	3424.27

续表

拟合指数	锚题	测验一	测验二	测验三	测验四
RMSEA	0.015	0.027	0.019	0.023	0.020
NNFI	0.95	0.91	0.93	0.90	0.90
CFI	0.96	0.92	0.93	0.91	0.91

（2）局部独立性检验

局部独立性假设可以通过分析残差相关（residual correlations）来进行验证，如果残差间的相关系数小于 0.20，则表明局部独立性成立（Fayers，Machin，2002）。本章研究使用 LISREL 软件进行验证性因子分析，残差间的相关系数可以采用 RS 命令控制输出，结果显示，锚题以及 4 套测验的输出结果中残差间的相关系数均小于 0.20，由此证明局部独立性假设成立。

2. 测验的信度

信度是指测验结果的一致性、可靠性和稳定性程度，即用同样的测量方法反复测量考生的同一种能力（或特质），这些结果间的一致性程度就被称为信度，有时也称测量的可靠性（陈士奇，戴海琦，2013）。在测验中，使用同一量表反复测量一个人的同一种特质是不太可能的，因此，信度在这里可以被定义为一个被测群体真分数的变异数与实际分数的变异数之比。测验中常用的信度系数为 α 系数，也被称为同质性信度或内部一致性系数，是指同一测验中所有试题间的一致性程度。这里的一致性包含两层意思：一是指所有试题测量的是同一种能力；二是指所有试题的得分之间具有较高的正相关。当一个测验具有较高的同质性信度时，说明该测验试题测量的是同一种能力，测验结果就是该能力水平的反映。

由于本测验采用二分法（0 和 1）计分，可以使用克龙巴赫 α 系数计算其信度。一般来说，教师自编测验的测验信度应在 0.6 以上。本章研究中，4 套测验的信度值如表 2-12 所示，说明 4 套测验均具有较高的信度。

表 2-12　4 套测验的信度值

信度系数	测验一	测验二	测验三	测验四
α 系数	0.881	0.888	0.854	0.812

3. 测验的效度

效度是指测验能够实际测出其所要测量的能力（或特质）的程度（陈士奇，戴海琦，2013）。在本章研究中，效度就是测验所测考生教育技术能力的程度。效度的评价标准与人们对测量目的解释的角度有关，如用测量的内容来说明目的、用心理学上的某种理论结果来说明目的和用工作实效来说明目的，分别对应研究者经常使用的内容效度、结构效度和效标效度，本章研究中主要讨论测验的内容效度与结构效度。

（1）内容效度

在教育测量中，内容效度是指一个测验中欲测量范围与实际测量范围的一致性程度，也就是说，测验内容是否包括欲测量的内容范围和各知识点所要求掌握的程度。一种常用的内容效度评估方法是逻辑分析法，即请该领域专家对测验中试题所测量的内容范围与欲测量的范围间的一致性程度做出判断。本章研究邀请了从事现代教育技术公共课教学的一线教师对试题进行审查与修改，结果表明，本章研究中的试题内容与欲测量的知识范围相一致，从而保证了测验的内容效度。

（2）结构效度

结构效度是指一个测验实际测得的理论结构和能力（或特质）与所要测量的理论结构和能力（或特质）的一致性程度。结构效度的计算有许多种方法，例如，可以使用验证性因子分析法，这与前述的单维性检验的分析方法相同，此处不再赘述。

（二）参数估计与拟合检验

本章研究使用 BILOG 软件进行参数估计与拟合检验，其过程分成三个阶段：阶段一是依据 CTT 估计试题的区分度和难度；阶段二是依据 IRT 对试题参数进行估计与拟合检验；阶段三是依据 IRT 对考生的能力参数进行估计。具体结果如下。

1）阶段一，发现第四套测验中有一道试题的区分度小于-0.15，需将其删除。

2）阶段二，分别使用单参、双参和三参 Logistic 模型进行拟合，发现施测数据与双参 Logistic 模型拟合效果较好。为进一步确认拟合结果，笔者又使用

R 语言对 4 套测验的数据进行拟合，并产生 −2LL（−2 log likelihood，似然函数值的自然对数的负 2 倍）、AIC（Akaike information criterion，赤池信息准则）和 BIC（Bayesian information criterion，贝叶斯信息准则）3 个统计量，这 3 个统计量的值越小，表明拟合效果越好。如表 2-13 所示，双参 Logistic 模型的 3 个统计量在 4 套测验中大多数情况下是最小的，证明双参 Logistic 模型与测验数据的拟合效果最佳，因此，本章研究选择双参 Logistic 模型。

表 2-13　使用 R 语言进行测验数据与模型的拟合

测验	−2LL 单参模型	−2LL 双参模型	−2LL 三参模型	AIC 单参模型	AIC 双参模型	AIC 三参模型	BIC 单参模型	BIC 双参模型	BIC 三参模型
测验一	14 924	14 730	14 763	30 003	29 833	29 922	30 433	30 307	30 821
测验二	14 950	14 745	14 769	30 053	29 841	29 946	30 352	30 432	30 832
测验三	14 225	14 195	14 225	28 990	28 758	28 852	29 293	29 357	29 750
测验四	14 008	13 742	13 783	28 172	27 874	27 946	28 475	28 473	28 844

本章研究将是否拟合的阈值设置为显著性水平 0.001，根据拟合结果，锚题中删除 3 道试题，测验一中删除 4 道试题，测验二中删除 3 道试题，测验三中删除 8 道试题，测验四中删除 9 道试题。阶段二共删除 27 道试题，阶段一和阶段二合计删除 28 道试题。然后，再对保留的施测数据进行验证性因子分析，结果如表 2-14 所示。

表 2-14　删除部分试题后，锚题和 4 套测验的验证性因子分析结果

拟合指数	锚题	测验一	测验二	测验三	测验四
df	119	2345	2414	2079	1952
χ^2	145.97	2966.83	2870.23	2556.83	2277.17
RMSEA	0.013	0.026	0.020	0.021	0.020
NNFI	0.96	0.92	0.91	0.91	0.90
CFI	0.96	0.94	0.92	0.93	0.92

3）阶段三，考生的能力估计值分布如图 2-4 所示，每套测验中考生能力的分布基本符合平均值为 0、标准差为 1 的标准正态分布。

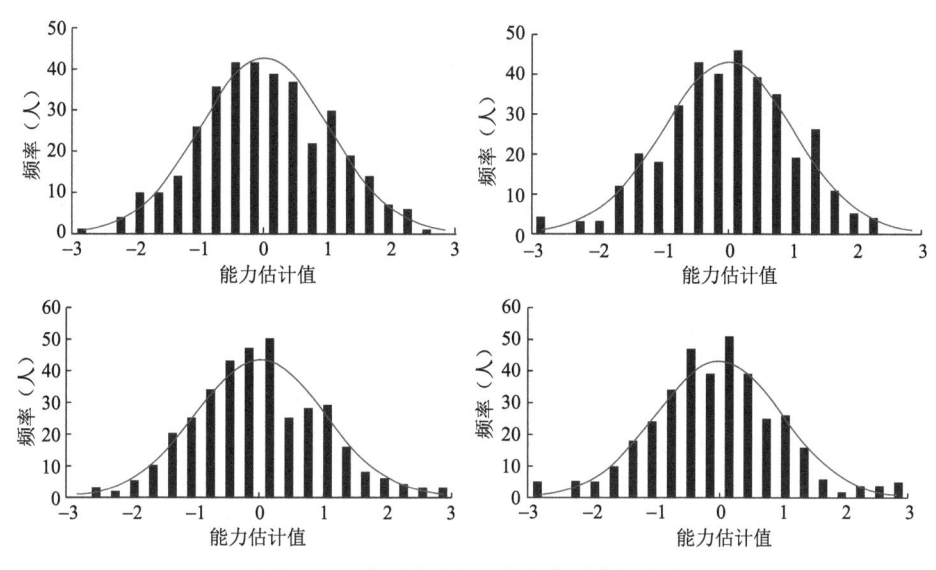

图 2-4 4 套测验中考生能力估计值的分布

（三）测验等值

本章研究采用第一章中所描述的平均值与标准差的等值方法来完成试题参数的转换。转换后，9 道试题的难度值大于 4 或小于-4，剩余 211 道试题的难度值为-4—4，将这 211 道试题入库后，形成的题库中试题区分度的分布如图 2-5

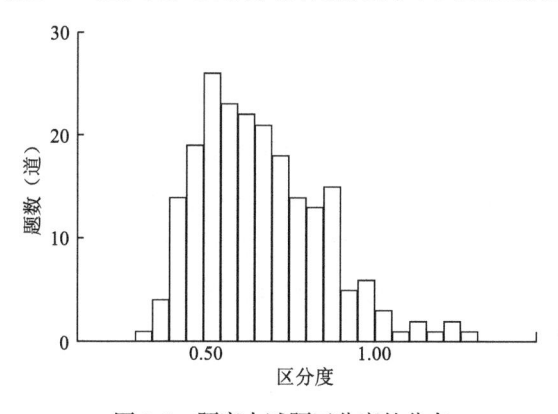

图 2-5 题库中试题区分度的分布

所示，试题难度的分布如图 2-6 所示。从图 2-5 中可以看出，大多数试题的区分度集中在 0.5—1，这表明大多数试题都具有良好的区分能力。由图 2-6 可知，题库中试题的难度值基本呈正态分布，其最大值为 3.70，最小值为-3.99，平均值为-0.38，难度稍偏易，符合现代教育技术公共课测验对基础知识和基本原理的考核目标。

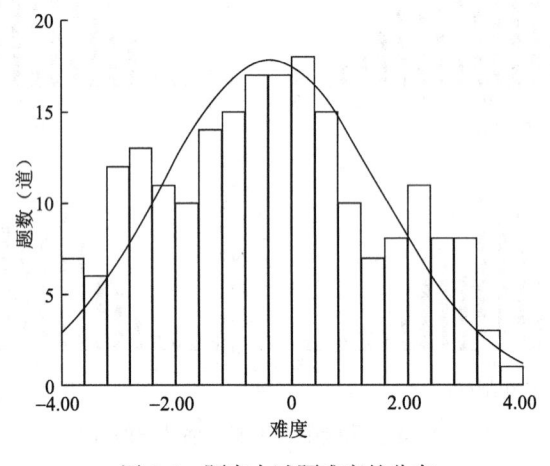

图 2-6　题库中试题难度的分布

第五节　题库的有效性检验

一、DIF

（一）DIF 的原理

DIF 是指两组考生中，能力（或潜在结构）相同的考生回答某道试题的正确概率不同，说明该试题在两组间的功能表现不同，存在着 DIF（Sadeghi, Khonbi, 2017）。为了设计一个公正无偏的测验，在测验的构建过程中就需要分析所有试题对于不同群体来说是否具有差异性。

DIF 分为两类，即一致性 DIF 和非一致性 DIF。一致性 DIF 是指不同能力值群体的测验表现和组别间的相关关系都保持一致，例如，对于某道试题，女生在所有的能力范围内都比男生有优势。非一致性 DIF 是指当能力值不同时，组别间的相关关系和大小也发生了变化，例如，在高能力组中，女生比男生在某道试题上应答的正确率高，而在低能力组中，男生比女生在这道试题上应答的正确率高。

（二）DIF 的检验方法

常用的 DIF 检验方法有 Mantel-Haenszel 方法、SIBTEST 方法、Logistic 回归法以及基于 IRT 的 S-L 特征曲线法，因 Logistic 回归法操作简单、清晰、明了，本章研究使用该方法进行 DIF 检验。Logistic 回归方法是将成员分为参照组和焦点组，通过条件变量对试题正确应答的概率建立统计模型，这个条件变量通常是量表或子量表的总分。

运用 Logistic 回归法检验 DIF 与 IRT 遵循的是相同的心理测量假设，即考生在试题上的作答是考生潜在能力的反应。Logistic 回归过程将考生对试题的应答结果（0 或 1）作为因变量，将组别（group，1=参照组，2=焦点组）、每个考生的总分（total，TOT）、组别与 TOT 的交互作为自变量，其公式如下

$$Y = b_0 + b_1\text{TOT} + b_2\text{group} + b_3\text{TOT} \times \text{group} \qquad （公式 2\text{-}1）$$

其中，Y 是对数发生比，b_0 是回归方程的截距，b_1、b_2、b_3 分别是回归方程中的回归系数。上式还可以写成

$$\ln\left(\frac{P_i}{1-P_i}\right) = b_0 + b_1\text{TOT} + b_2\text{group} + b_3\text{TOT} \times \text{group} \qquad （公式 2\text{-}2）$$

其中，P_i 是考生在某道试题上正确应答的概率。

DIF 检验过程具体如下：第一步，输入条件变量，即考生的总分；第二步，输入分组变量，如性别、专业等；第三步，输入考生总分与组别的交互项。输入完成后，进行 χ^2 统计量和 ΔR^2 统计量的检验，χ^2 统计量的检验方法是用第三步得到的 χ^2 值减去第一步得到的 χ^2 值，将 $\Delta\chi^2$ 值与 df 为 2 的 χ^2 分布临界值进行比较，检验是否达到 0.01 显著性水平。随后，用第三步得到的 ΔR^2 值减去第一步得到的 ΔR^2 值，如果其差值大于 0.130 并且 χ^2 检验达到 0.01 显著性水平，则证明 DIF 存在。最后，再进行一致性 DIF 和非一致性 DIF 检验。用第二步得到的 ΔR^2 值减去第一步得到的 ΔR^2 值，可以检验一致性 DIF，用第三步得到的 ΔR^2 值减去第一步得到的 ΔR^2 值，可以检验非一致性 DIF，检验的标准是差值

是否大于 0.035，大于 0.035 则证明存在一致性 DIF 或非一致性 DIF。

（三）DIF 的检验实例

本章研究以第一套测验中的第二题为例，说明 DIF 的检验过程。参加第一套测验的考生总数为 360 人，其中女生有 262 人，男生有 98 人，根据性别将其分为两组，变量名为 gender，利用 IRT 估计所有考生的能力值，变量名为 TOT。使用二元对数回归（将第二题的应答结果作为因变量），分三步将 gender、TOT、TOT×gender 分别加入二元对数回归方程中，检验结果表明，$\Delta\chi^2$ 值为 1.003，远小于临界值 9.21，并且 ΔR^2<0.130，因此该题不存在 DIF。利用上述方法对题库中的 211 道试题分别进行检验，发现所有试题在性别上均不存在 DIF。

二、测验信息函数

根据第一章中测验信息函数的计算公式，可以算出题库中 211 道试题在能力值（即 θ）属于[-4，4]时所提供的测验信息量（图 2-7）。测验信息量在 θ = -0.48 处达到最大值，此时 $I(\theta)$ = 44.76，$SE(\theta)$ = 0.15，信度高达 98%。另外，测验信息量在 θ 属于[-3.67，2.50]时大于等于 20，最小标准误为 0.22，这意味着在此能力区间范围内，测验信度都大于等于 95%。

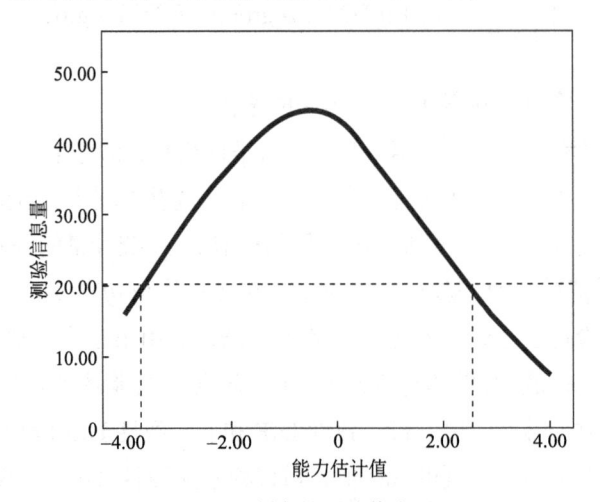

图 2-7 题库的测验信息量

三、模拟 CAT

本章研究使用题库中的试题参数，并通过 MCS 获得 1000 个服从正态分布的模拟考生能力值以及模拟考生作答的矩阵。随后，在模拟 CAT 中比较不同测验终止条件下（能力估计值的标准误分别为 0.38、0.42、0.50 和 0.60）所需试题数量的平均值和信度大小，以及能力估计值和真实值之间的差距[即均方根误差（root mean square error，RMSE）]，结果如表 2-15 所示。由此可以看出，在不同测验终止条件下，施测试题数量变化较大，另外，能力估计值的标准误越小，RMSE 也越小，即能力估计值和真实值之间的差距越小。

表 2-15　不同测验终止条件下模拟 CAT 的结果

测验终止条件	施测试题数（道）				能力估计值标准误的平均值	信度	RMSE
	平均值	标准差	最小值	最大值			
0.38	46.35	8.056	41	112	0.3782	0.86	0.368
0.42	35.45	6.027	31	82	0.4176	0.83	0.408
0.50	22.87	3.875	20	50	0.4956	0.75	0.489
0.60	15.04	2.786	13	34	0.5905	0.65	0.570

能力估计值的标准误为 0.38 时，不同能力估计值考生所做的试题数量如图 2-8 所示。由此可知，当考生能力估计值大于 1 时，施测试题数量大幅增加，当能力估计值为 3.2 时，施测试题数量达到最大值，为 112，说明该题库中难度值与高能力考生相匹配的试题较少，导致在估计高能力考生时需要的试题数量过多。

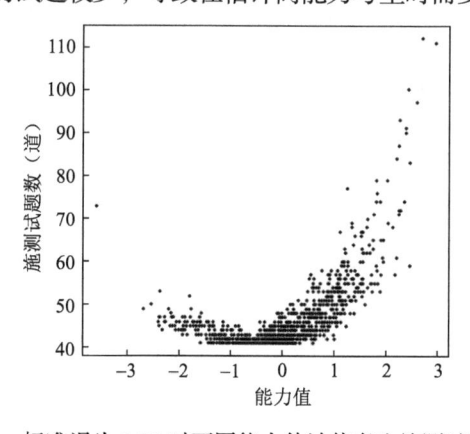

图 2-8　标准误为 0.38 时不同能力估计值考生施测试题数量

图 2-9 为不同能力估计值标准误下，模拟 CAT 估计值和真实值之间的散点图和相关系数。由此可以看出，估计值与真实值之间的相关性水平很高，当能力估计值的标准误为 0.6 时，两者间的相关系数仍高达 0.86，这表明本章研究所构建的题库应用于 CAT 时能够达到较高的信度。

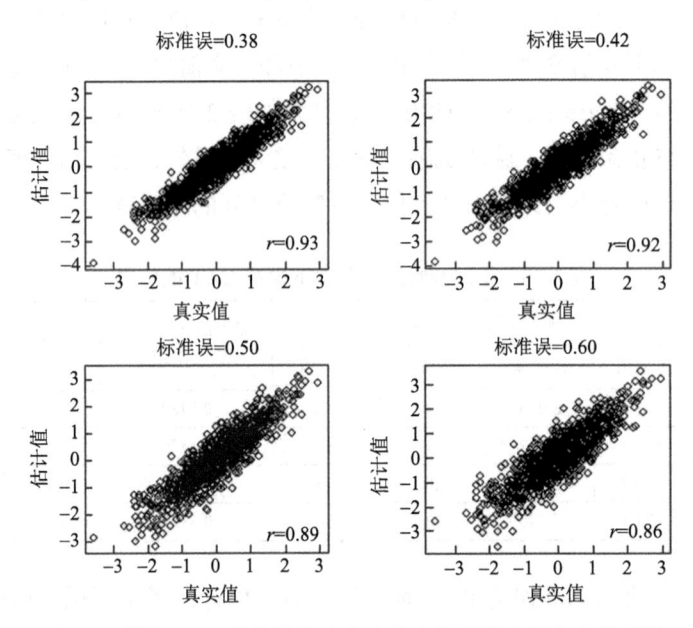

图 2-9　模拟 CAT 的估计值和真实值之间的散点图与相关系数

参 考 文 献

柴省三. 2013. 中国汉语水平考试（HSK）远程 CAT 阅读测试模式研究. 中国远程教育，（6）：81-87，96.

陈士奇，戴海琦. 2013. 项目反应理论测验信度及其研究述评. 考试研究，（6）：65-72.

谷思义，漆书青，赖民. 1990. 中学英语水平计算机自适应测试系统的研制报告. 外语电化教学，（3）：5-6.

郭飞. 2015. 高等师范院校"现代教育技术"课程的目标取向分析. 西南师范大学学报（自然科学版），40（12）：164-168.

郭磊，刘伟. 2018. CAT 中结合贝叶斯方法与序贯监测程序的题库质量监控技术. 心理科学，41（1）：189-195.

何彪，张春晖，李文军. 1998. 自适应试题库系统的设计与实现. 华南理工大学学报（自然科学版），（4）：56-60.

侯杰泰，温忠麟，成子娟. 2004. 结构方程模型及其应用. 北京：教育科学出版社.

李俊杰，张建飞，胡杰，等. 2018. 基于自适应题库的智能个性化语言学习平台的设计与应用. 现代教育技术, 28 (10): 5-11.

李青, 柏宏权, 冯奕竞, 等. 2001. 教育技术联机考试系统的研究与实现. 中国电化教育, (11): 60-62.

廉洁, 蔡艳. 2018. 计算机化自适应测验在酒精使用障碍评估中的应用//中国心理学会编. 第二十一届全国心理学学术会议摘要集. 北京: 中国心理学会: 1253-1254.

邱红霞. 2009. 基于 web 的自适应测试系统的设计与开发——以《现代教育技术》国家精品课程为例. 浙江师范大学博士学位论文.

任友群, 闫寒冰, 李笑樱. 2018.《师范生信息化教学能力标准》解读. 电化教育研究, 39 (10): 5-14, 40.

孙裴. 2018. 现代教育技术慕课在线测试题的设计研究. 聊城大学博士学位论文.

斯蒂文·奥斯德兰, 霍华德·艾弗森. 2013. 项目功能差异(第二版). 周韵译. 上海: 上海人民出版社.

邵恒, 李娟. 2014. 高师现代教育技术课教学改革探析. 中国成人教育, (5): 142-144.

涂冬波, 高旭亮, 汪大勋, 等. 2018. 基于不同 CDM 视角的 CD-CAT 题库建设. 江西师范大学学报(自然科学版), 42 (4): 366-373.

王晓华, 文剑冰. 2010. 项目反应理论在教育考试命题质量评价中的应用. 教育科学, 26(3): 20-26.

熊建华, 罗慧, 王晓庆, 等. 2018. 基于 GRM 的在线校准研究. 江西师范大学学报(自然科学版), 42 (1): 62-66.

杨丹, 刘汉明. 2016. 基于原始题植入的《现代教育技术》CAT 题库建设. 中国信息技术教育, (20): 88-93.

杨志明. 2016. 题库建设之统计与测量分析系统. 教育测量与评价(理论版), (3): 4-6, 43.

赵建华, 蒋银健, 姚鹏阁, 等. 2016. 为未来做准备的学习: 重塑技术在教育中的角色——美国国家教育技术规划(NETP2016)解读. 现代远程教育研究, (2): 3-17.

张有录, 俞树煜. 2005. 关于师范院校"现代教育技术"课程的思考. 电化教育研究, (2): 40-43.

Anderson L W, Krathwohl D R. 2001. A Taxonomy for Learning, Teaching and Assessing: A Revision of Bloom's Taxonomy of Educational Objectives. New York: Longman.

Biggs J B, Collis K F. 1982. Evaluation the Quality of Learning: The SOLO Taxonomy (Structure of the Observed Learning Outcome). New York: Academic Press.

Bush M. 2015. Reducing the need for guesswork in multiple-choice tests. Assessment & Evaluation in Higher Education, 40(2): 218-231.

Crins M H P, van der Wees P J, Klausch T, et al. 2018. Psychometric properties of the PROMIS physical function item bank in patients receiving physical therapy. PLoS One, 13(2): e0192187.

Dirven L, Taphoorn M J B, Groenvold M, et al. 2017. Development of an item bank for computerized adaptive testing of self-reported cognitive difficulty in cancer patients. Neuro-Oncology Practice, 4(3): 189-196.

Eignor D R. 1993. Deriving comparable scores for computer adaptive and conventional tests: An example using the SAT 1, 2. ETS Research Report Series, (2): i-16.

Fayers P M , Machin D . 2002. Quality of Life: Assessment, Analysis and Interpretation. New Jersey: John Wiley & Sons.

Foulger T S, Graziano K J, Schmidt-Crawford D A, et al. 2017. Teacher educator technology competencies. Journal of Technology & Teacher Education, 25(4): 413-448.

Gagne R M. 1974. Educational technology and the learning process. Educational Researcher, 3(1): 3-8.

Hopson M H, Simms R L, Knezek G A. 2001. Using a technology-enriched environment to improve higher-order thinking skills. Journal of Research on Technology in Education, 34(2): 109-119.

Ibbett N L, Wheldon B J. 2016. The incidence of clueing in multiple choice testbank questions in accounting: Some evidence from Australia. e-Journal of Business Education and Scholarship of Teaching, 10(1): 20-35.

Kim S, Robin F. 2017. An empirical investigation of the potential impact of item misfit on test scores. ETS Research Report Series, (1): 1-11.

Kim W H. 2017. Application of the IRT and TRT models to a reading comprehension test. Murfreesboro: Middle Tennessee State University.

Marzano R J. 2007. The art and science of teaching: A comprehensive framework for effective instruction. Alexandria: Association for Supervision and Curriculum Development.

Palmer E J, Devitt P G. 2007. Assessment of higher order cognitive skills in undergraduate education: Modified essay or multiple choice questions? Research paper. BMC Medical Education, 7(1): 49.

Panchal P, Prasad B, Kumari S. 2018. Multiple choice question-role in assessment of competency of knowledge in anatomy. International Journal of Anatomy & Research, 6(2): 5156-5162.

Petersen M A, Gamper E M, Costantini A, et al. 2016. An emotional functioning item bank of 24 items for computerized adaptive testing (CAT) was established. Journal of Clinical Epidemiology, 70: 90-100.

Şahin A, Weiss D J. 2015. Effects of calibration sample size and item bank size on ability estimation in computerized adaptive testing. Educational Sciences: Theory & Practice, 15(6): 1585-1595.

Sadeghi K, Khonbi Z A. 2017. An overview of differential item functioning in multistage computer adaptive testing using three-parameter logistic item response theory. Language Testing in Asia, 7(1): 1-16.

Sandilands D, Oliveri M E, Zumbo B D, et al. 2013. Investigating sources of differential item functioning in international large-scale assessments using a confirmatory approach. International Journal of Testing, 13(2): 152-174.

Scully D. 2017. Constructing multiple-choice items to measure higher-order thinking. Practical Assessment, Research, and Evaluation, 22(4): 1-13.

第三章

CAT 系统的开发——以高中英语词汇为例

　　英语词汇是进行语言交际的前提和基础，是英语学习中最基础的分支，词汇知识的掌握程度会直接影响到个体听、说、读、写等语言能力分项的水平，随着个体英语学习的不断深入，词汇将成为制约学习者英语水平提高的主要因素。词汇测验是英语词汇教学过程中的重要环节之一，对日常课堂教学有着重要的反拨作用，而传统的测验方式存在诸多弊端，已经不能适应新时代人们对测验提出的新要求，CAT 以其个性化的测验理念吸引了越来越多研究者的关注。

第一节 高中英语词汇自适应测验的作用

一、高中英语课程标准明确规定了词汇知识的基础地位

《普通高中英语课程标准（实验）》[①]指出，"高中生英语综合运用能力的培养可从语言知识、语言技能、情感态度等五个方面着手进行"（中华人民共和国教育部，2003）。其中，语言知识、语言技能的培养处于基础地位，词汇知识是语言知识的重要分支，是实现日常交际的前提，在英语学习中起着举足轻重的作用。无论是在第一语言还是在第二语言的习得过程中，词汇都是"语言大厦"的"砖石"，不打好牢固的基础，语言能力的培养就成为空谈。

高中英语课程目标按水平可分为六、七、八、九共四个等级，其中七级目标是学生修习完高中英语必修模块必须达到的水平。七级目标中对词汇知识水平的要求包括：掌握课程标准中规定的单词及习惯用语、固定搭配；理解话语、语篇中词汇表达的不同功能、意图和态度；能在上下文中理解兼类词和多义词的意义；等等。根据词汇知识相关理论，该目标对词汇知识的要求可分为两个维度：词汇广度知识和词汇深度知识。词汇广度知识即消极词汇知识，考查考生对单词常用含义的掌握程度。词汇深度知识强调在具体语境中对单词的应用，是广度知识的进一步深化。词汇知识是高中生语言综合能力培养的前提和基础，日常教学中不仅要注重对词汇广度知识的掌握，亦要重视对词汇深度知识的获取。

二、词汇测验能够检测考生对词汇知识的掌握程度

语言学习和语言测验是相辅相成的，测验所具有的功能是无可替代的，词汇测验亦是如此。对于学习者而言，经过一定时间的词汇学习，他们需要接受

[①] 本章研究内容均是依据《普通高中英语课程标准（实验）》完成的，该版本与《普通高中英语课程标准（2017年版）》《普通高中英语课程标准（2017年版 2020年修订）》中的内容不完全一致，但不影响研究结果。本章内容可对后续相关研究起到启示和参考作用。

一定的词汇测验，以便从中了解自己在词汇学习中的优势和不足，这也是对其词汇学习过程的一种肯定。通过词汇测验，教师可以对考生的整体词汇知识和词汇水平有宏观意义上的了解，也可以根据每位考生的测验表现有针对性地进行教学和辅导。

中国是外语考试大国，也是将英语作为第二语言（English as a second language, ESL）的大国。中国历来就十分重视测验，尤其是英语水平测验。2012年，《教育部关于印发〈教育信息化十年发展规划（2011—2020年）〉的通知》发布，其在发展任务部分中明确指出，要"完善国家教育考试评价综合信息化平台"，"为广大学习者提供个性化学习服务"。两年后发布的《国务院关于深化考试招生制度改革的实施意见》指出，要加强外语能力测评体系的建设。这表明国家已经意识到外语测验系统实际研发工作的重要性。语言能力常常是在词汇、听力、阅读等语言能力分项测验中体现出来的，因此词汇测验系统的构建意义重大。但现有的词汇测验仍以固定序列测验为主，未充分关注考生的个性差异。

三、双阶模式自适应测验能够更加有效地评价考生的词汇知识

基于CTT的固定序列测验有诸多弊端，如在试卷编制的有效性、测验过程的安全性等相关考务工作中，无法避免一些非测验因素对测验结果产生的影响。作为工业化时代的产物，它是为追求教育的高效率而选择牺牲个性思想在测验领域的具体体现，这种"普洛克路斯忒斯之床"式的测验方式与新时代所倡导的测验理念相悖。

《国家中长期教育改革和发展规划纲要（2010—2020年）》指出，"尊重教育规律和学生身心发展规律，为每个学生提供适合的教育"。针对这一点，CAT具有无可比拟的优势，其个性化的测验方式符合该纲要的要求，即为考生提供个性化的词汇测验体验。实际上，一个好的测验总是针对特定对象的，只有为考生提供与其能力相匹配的试题，才能最大限度地反映出其真实水平。CAT不仅测验时间灵活、安全性高，而且能最大限度地调动考生的积极性，使考生全身心地沉浸到测验中。因此，在词汇测验领域引入CAT能够高效、便捷地实现测验的个性化。

在长期的CAT系统开发实践中，许多经典的自适应测验模式逐渐形成，如

误差控制测验模式、双阶测验模式等。基于对词汇知识的科学认知,在英语词汇自适应测验中采用双阶模式,能够将词汇广度知识测验与词汇深度知识测验完美融合,契合在英语词汇广度知识测验的基础上进行词汇深度知识测验的思想。

第二节 词汇自适应测验的相关研究

一、国外研究

国外关于词汇自适应测验的研究起步较早,初期研究主要涉及词汇自适应测验和其他测验模式间对比的实证研究、词汇自适应测验的关键技术(如是否允许修改答案、词汇能力评估改进等)研究、词汇自适应测验系统的开发。近年来,对词汇自适应测验系统的研发关注较多(由于进行相关的实证类研究需要有成熟、有效的词汇测验系统的支持,这样一种研究趋势也在情理之中)。

(一)实证研究

在实证研究中,最早且比较有代表性的是美国艾奥瓦大学学者 Vispoel 进行的两次研究。Vispoel(1998)对比了在 CAT 模式和自定步调的适应性测验(self-adaptive testing, SAT)模式下为考生提供及时的答案反馈以及测验焦虑是否会对测验时间、能力估计产生影响。来自艾奥瓦大学的 293 名大学生参与了此次实验,在实验开始前,所有考生被随机分成 4 组,并填写 Spielberg 等(1980)开发的测验焦虑量表(test anxiety inventory, TAI)。之后,4 组考生分别参加 4 种模式的词汇测验,分别是带有及时答案反馈的 CAT、不带答案反馈的 CAT、带有及时答案反馈的 SAT、不带答案反馈的 SAT。实验结果表明,相对于 SAT,CAT 能用更少的测验时间得到更为可靠的能力估计结果;并且,只要提供及时的答案反馈,不论是 CAT 还是 SAT,其测验时长都会缩短,这种情况对于中等焦虑及高焦虑水平的考生尤为明显。Vispoel 和 Bleiler(2000)又进行了一次关于词汇自适应测验的实证研究,这一次,他们关注的焦点在于是否允许回顾并修改答案对测验的影响。这一次所有参与实验的考生被随机分为 4 组,分别参与 4 种模式下的测验（测验长度均为 40 道词汇测验试题）：①不允许回顾并修改答案；②以 5 道试题为连续区块，每做完一个区块的试题后允许回顾并修改答案，进入下一个区块后不允许再回顾之前的区块；③以 10 道题为连续区块，每做完一个区块的试题后允许回顾并修改答案，进入下一个区块后不允许再回顾之前的区块；④做完 40 道题后一次性回顾并修改答案。实验结果表明，4 种测验模式在词汇能力的估计、测量误差、测验时长方面均没有达到显著性差异。在允许回顾并修改答案的 3 个组中，经过修改后，考生能力的估计值和正确作答的试题数量都稍有增加。总的来说，经过修改后，由错误改为正确的试题数量要多于由正确改为错误的试题数量。

（二）系统的设计开发研究

在系统研发方面，早在 2004 年，Laufer 和 Goldstein 就设计并实施了两次词汇自适应测验。他们针对现有的词汇测验系统在设计阶段对词汇知识操作模型定义的缺陷，提出了结合词汇量和词汇强度进行适应性测验的思想，不仅融合了词汇知识方面最新的研究成果，也将自适应测验这种新型测验方式引入语言测验中。435 名第二语言学习者参与到 Laufer 和 Goldstein 的词汇测验中，最终的数据分析结果表明，融合了词汇量和词汇强度两方面知识的自适应测验更能有效地预测学习者的语言综合能力（Laufer, Goldstein, 2004）。Molina（2009）专门为西班牙格拉纳达大学参加 ADELEX 课程学习的学生设计并开发了词汇自适应测验系统，该测验系统相比于之前的纸笔版本的测验进行了重大改进。另外，也有研究者仅将词汇自适应测验作为系统研发的一部分，比如，日本学者 Takahashi 和 Nakamura（2009）综合了词汇和阅读两个子测验，专门为小学生开发了适应性语言测验。该测验系统中试题参数的确定是经过大规模试测后评估所得，试题参数的设定更具科学性。为了验证系统的应用效果如何，研究者进行了模拟实验，实验结果表明，该测验系统对考生能力的估计值与他们在日常测验中的能力水平呈显著正相关。

二、国内研究

在中国知网以"英语词汇测验系统"为主题进行搜索，相关研究主要集中在基础教育阶段、高等教育阶段的英语词汇教学、词汇学习领域。再进一步在结果中检索"英语词汇自适应测验系统",检索结果却寥寥无几。这表明,国内研究者对词汇自适应测验系统的研究还比较少,这可能与自适应测验系统的设计和开发涉及繁杂的数学计算有关。

国内关于词汇测验的理论研究已经涉及很多层面,但是关于词汇自适应测验的研究却略显单薄。通过文献查阅,笔者将国内相关研究分为实证研究和系统的设计开发研究。

(一)实证研究

张武保(1999)对比了 SAT 与 CAT 之间在同一误差水平上测验所需试题数量、测验时长、能力估计值等方面的差异,并统计分析了二者成绩的相关性,结果表明,SAT 成绩与 CAT 成绩间的相关性系数高达 0.86,且在统计学意义上达到显著性水平,考生在 SAT 上的成绩更高,所用时间更少,但所需试题数量比 CAT 更多。另外,研究者依据实验数据推断 SAT 能降低考生的测验焦虑水平,并且考生在 SAT 作答过程中更有自信。曾用强(2002)依据影响学习者测验行为的认知特性的相关研究成果,将自信心融入自适应测验中,并设计了相应的自适应性测验模式。他对融入了自信心的词汇自适应测验、普通的词汇自适应测验、自定步调的词汇适应性测验进行了对比分析,结果表明,融入了自信心的词汇自适应测验能用更少的试题实现测验目的而不降低测验精确度,并且其适应性程度更好,这与其将自信心纳入试题难度调整过程和能力估计过程有关。

(二)系统的设计开发研究

从现有的文献查阅结果来看,我国第一个英语词汇测验系统由胡华于 1995 年设计开发。囿于当时对一些新型测量理论的认知,该测验系统的设计开发并没有引入 IRT,而是借助 C 语言实现了一个基于单词分级字典的交互式测验。后来研究者采用不同的编程工具,在不同的编程环境下对词汇测验进行探索。王林和王兆庆(2009)基于 ASP.NET,采用 B/S 程序模式,研发了一个高效、高信度的英语词汇学习与测验系统。该系统按照词汇级别测验的要求随机抽题组卷,界面友好。江帆(2011)基于 C/S 多层分布式数据库模式,结合可视化编程工具 Delphi 与第三方控件 business skin，创建了高效率的英语词汇测验系统。

随着 IRT 和计算化语言测验受到越来越多的关注，研究者开始在词汇测验系统中尝试运用新型的测验理论。云南师范大学外语学院的杨端和教授于 2009 年设计并研发了中国学习者英语词汇量电子评估系统（中华人民共和国国家版权局计算机著作权登记证书 2009SR02463 号），该产品获得了国家版权局计算机软件专利，是专门为母语为汉语的广大英语学习者设计的英语词汇量评估系统，该系统对词汇量的评估分为产出性词汇量评估及辨认性词汇量评估两个方面。该系统在设计开发过程中虽然运用了 IRT，但对 IRT 的应用主要体现在题库建设上。该系统基于 IRT 进行模型–数据拟合检验，并以此为标准筛选试题，与此同时计算出 1800 多道词汇量测验试题的难易度、区分度及猜测系数三项主要指标。在组卷过程中，该系统采用的是随机正态分布法，即从每个等级试题库中随机抽取相应数目的试题。由此可以看出，该评估系统并未依据考生能力水平动态性地抽取相应难度的试题，整个组卷过程并没有真正融入适应性。

国内真正实现了适应性英语词汇测验系统研发的寥寥无几。何武和孙浩（2010）针对外语自主学习模式的客观需求设计了词汇随机性测验系统，在系统研发过程中引入了适应性测验的理念。该系统所设置的词汇定位于大学英语四级、六级，以及专业四级、专业八级等相关词汇，系统功能从宏观上共划分为五大模块：词库模块、学习者模块、词汇广度/深度知识模块、词汇难度级别模块、测验成绩记录模块。其中，词汇难度级别模块之下又划分为词汇难度级别内测验、跨难度级别词汇测验和适应性测验三个子模块，适应性测验只是其中的一小部分。依据英语测验等级的高低，采用适应性测验的理念实现了不同难度级别间词汇测验的自由转换。其他部分的非自适应测验模块则主要借助 Excel 实现词汇的随机选择。李昕等（2013）根据 IRT 开发了针对"大学英语语法与词汇（四级）"的自适应测验与辅导系统。为实现系统的智能化服务，该系统引入了 Agent 技术，构建了登录 Agent、测验 Agent、学习 Agent、跟踪 Agent 和学生模型库、领域知识库模块。由测验 Agent 根据学生的能力水平形成测验策略，结合 MFI 法和分层选题法从领域知识库中自动选择测验试题，并最终对学生的能力做出评估。测验完成后，结合数据分析向学生提供相应的学习资源来提升学习。中国科学技术大学现代教育技术中心的研究者赵传海（2008）根据英语词汇测验的广度层面与深度层面，在 IRT 的指导下有机地将二者结合在一起，并以大学英语四级和六级词汇为切入点，实现了测验系统的开发工作，在单词量自适应测验的基础上再进行非自适应的单词深度测验，让学习者更方便、有效地对自身的单词量进行评估。这种广度和深度相结合的自适应测验方式具有很强的现实意义，同时为词汇自适应测验的研发提供了一种新的思路。

三、词汇自适应测验的研究述评

对词汇自适应测验研究进行梳理，不仅可以从中获得研究结论，而且可以得到启发性的见解。总体来看，国外的研究是在重视理论研究的基础上不断利用理论指导实践的过程，并注重实证类研究。例如，Laufer 和 Goldstein（2004）在对词汇知识的概念模型进行分析后，提出了实际测验中可用的操作模型，并将该理论成果应用于词汇自适应测验系统的开发中，这对后续词汇适应性测验系统的开发具有指导意义。相对而言，国内则过于偏重理论研究，缺乏实践类成果。

虽然有很多值得借鉴的思想和观点，然而在文献梳理的过程中，笔者也发现目前的研究存在以下问题：其一，关于词汇测验系统设计开发的研究较少，尤其是词汇适应性测验领域的研究更少。有的研究者做了相关的词汇适应性测验实证研究，但是对所用的测验工具只用寥寥数语带过，并没有对此进行详细阐述。要进行词汇适应性测验的相关研究，必须先要有一个科学、合理的测验系统，否则最终得到的实验数据将不具有说服力。其二，词汇知识测验的维度尚不完善。现有的词汇适应性测验系统大多是关注词汇广度的测验，而能将词汇知识的广度和深度两方面结合起来的测验很少。其三，题库建设缺乏科学性，尤其在试题参数的标注方面。例如，在词汇广度知识测验中起决定性作用的是词汇难度值的设定，部分研究者只采用词频这一个指标对词汇的难度值进行标注，显然不够合理。其四，针对中小学英语的词汇适应性测验的研究较少。目前国内词汇适应性测验的研究大多着眼于大学英语，而缺乏对中小学英语词汇适应性测验的关注。其五，国内有关适应性测验系统的实证研究较少。这种现象会导致系统研发得不到有效反馈,进而研究者也就无法为适应性测验在教育领域的推广、应用提出有效建议。

基于以上问题,本章研究基于 IRT 和词汇知识测验方面的相关研究成果,以高中英语词汇为例,在完善词汇广度知识测验题库、词汇深度知识测验题库的基础上,设计一个高中英语词汇知识自适应测验系统。根据曾用强(2012)对适应性测验模型的分类,这个系统属于双阶自适应测验模型的具体应用,其对高中生词汇知识的测验分为两个阶段:词汇广度知识测验阶段、词汇深度知识测验阶段。词汇广度知识测验阶段对考生能力水平的估计值是词汇深度知识测验阶段选取初始试题的依据。此外,我们在系统研发完成后进行了小规模试测,以验证系统的信度和效度。

第三节　词汇测验系统构建的理论基础

词汇知识(国外很多研究者也称其为词汇能力)是语言学习的基础。不论是面对大大小小的各类外语测验,还是针对日常生活中的交际应用,词汇的决定性作用都是不言而喻的。因此,词汇习得的研究一直以来都是第二语言研究领域的重点。纵览国内外涉及词汇习得的相关研究,不论是对词汇习得的过程及其影响因素的研究,抑或对词汇知识与语言综合能力及其他语言能力分项的关系研究、词汇测验系统的研制等,一个绕不开的话题就是究竟何为"词汇知识"。研究者不仅要对"词汇知识"一词进行概念上的界定,更关键的是要考虑到其实际应用,进而对其下操作性定义。换言之,研究者在开展研究前需回答"知道一个词意味着了解这个词的哪些方面",或者分析出构成词汇知识的各要点是什么。对词汇知识的界定不同,必定会对词汇测验的设计产生影响,而词汇测验的结果反过来又会被作为词汇学习的导向。因此,进行词汇测验设计的第一步就是理清对词汇知识的认知,从而为词汇测验系统的开发奠定理论基础。

关于词汇知识的界定,第二语言词汇领域的研究者提出过很多种理论框架,各有侧重,至今研究者也未能达成一个统一的、毫无争议的共识。究其根本,产生这种现象的主要原因在于词汇知识的体系太过庞杂。但是通过梳理相关文献可知，总体而言，研究者比较倾向于这样一种观点：词汇知识不是单维的，而是复杂的、多维的。Chappelle（1998）、Wesche 和 Paribakht（1996）均认为，词汇知识至少应包含质和量两个维度，词汇知识的质和量分别代表词汇深度知识和词汇广度知识。该界定方式在学术界的影响较大，也是目前国内外学者对词汇知识进行研究时采纳的两个最基本的维度。

一、词汇广度的测验

（一）词汇广度知识

国内外语言研究者对词汇广度知识的定义相对来说是颇为一致的。例如，Qian（1999）、邓昭春（2001）均认为，词汇广度知识就是学习者有粗浅了解程度的词汇数量，通常用词汇量的多少来表征。由此可见，词汇广度知识所反映的只是词汇学习者的消极词汇知识，即了解一个词最常用的含义的能力。也就是说，对学习者进行词汇广度知识测验，就是评估其消极词汇知识的水平，或者说估计其消极词汇知识总量。

由于对词汇广度知识的界定相对清晰，在具体测量上也具有现实的可操作性，国内外对词汇广度知识的研究已经相当丰富，研究的重心大都集中于两点：一是设计开发不同的词汇量测验工具，对处于不同学习阶段的母语学习者及第二语言学习者进行词汇量检测，以期从中找到差距，进而促进学习者对词汇的学习。同时，测验结果也可以为词汇大纲表的制定提供依据。二是探讨词汇广度知识与学习者的语言综合能力及其他语言能力分项的关系。已有研究表明，词汇广度知识对学习者的阅读理解有着重要作用，并且二者呈显著正相关。近年来，词汇广度知识与听力的关系也得到了研究者的关注，研究结果表明，词汇广度知识能够对听力理解水平做出预测。

对词汇广度知识的研究具有重要的现实意义，从宏观层面来看，其研究结果对于相关教学目标的制定、教材的编纂、教学的开展，以及考试大纲中词汇的制定等都具有重要的指导意义；从微观层面来看，它是进行教学诊断及评估的一项重要指标。目前对词汇量的检测大多针对的是消极词汇知识，本章研究中的词汇广度知识也是采用这样一种观点,即评估学习者的消极词汇知识水平,也就是评估学习者了解词汇常用的、基本的含义的能力。

(二)词汇广度知识的测量工具

由于英语词汇数量很大,对词汇总量进行直观统计并不现实,研究者只能借助有限的词汇样本对学习者的词汇量做出预测。选择词汇样本时通常使用的采样方法有三种:词频法、词典法、依据大纲词汇表的抽样调查法。本章研究是对高中生的英语词汇知识进行检测,因此词汇样本应该依据《全日制普通高级中学英语教学大纲》《普通高中英语课程标准(实验)》中的规定进行选取。

当前词汇广度知识测验的方法有以下几种:一是目标词同义法。题干中给定受测的目标词,然后为学习者提供其他几个词汇选项,从各选项中选择目标词的同义词。二是目标词定义匹配法。该方法包含两种常用方式:一种方式是在题干中呈现目标词,要求学习者从给定的几个母语释义中为目标词选取正确的定义。这种方式是国内外语研究者常用的方式,可以先通过抽样得到小样本词汇,再进一步依据抽样单词答对的百分比推断学习者对样本总量的了解程度。另一种方式是词汇水平测验法(vocabulary levels test,VLT),该测验最初由 Nation 设计完成,研究者在后来的使用中根据不同的研究目的对 VLT 做出了适当调整,比较著名的是 Schmitt 等的改编版本。三是词表 Yes/No 测验法。该方法是由 Meara 和 Jones(1988)在桑代克词频统计的基础上设计完成的,认识目标词则为 Yes,不认识目标词则为 No。四是目标词翻译法,即给定目标词汇,由学习者给定其母语翻译。

这四种常用的方法可以被归纳为两种题型:选择题和翻译题。有研究表明,选择题的应用更为广泛,并且信度和效度相对较高,故而本章研究采用选择题的方式呈现试题。此外,由于受测的对象是高中生,熟悉单词的释义对于他们日常的英语交流,以及在一些综合性语言测验中对阅读理解、完形填空、翻译等试题的解答都有很大帮助,本章研究选用上面提到的目标词定义匹配法中的第一种方式,即题干中呈现目标词,考生从选项中选取匹配的母语定义。另外,为了减少考生在作答中的猜测行为,与常规测验相比,本章研究在选项的设置上多了一项"糟了，不认识"，如果考生实在不认识某一个单词，则可选择这一项，否则由猜测行为而引发的考生能力值、试题难度值的变化，会使对考生能力的估计以及试题的选择出现偏差。

二、词汇深度的测验

（一）词汇深度知识

关于词汇知识界定的争议之处主要在于词汇深度知识方面，大体可将学者对词汇知识的定义分为两类，分别是连续体观、成分分类观。支持连续体观的学者用发展的眼光看待词汇知识习得的过程，认为词汇知识是一个由不同水平和知识组成的连续体，通过词汇深度知识测验调查到的词汇知识，只是词汇习得整个过程中某一个特定的阶段所掌握词汇知识的集中体现。例如，Faerch 等（1984）认为，词汇连续体始于对词汇的模糊认知，结束于准确地产出该词。Dale（1965）则持五阶段词汇连续体观，连续的五个阶段由初级到高级分别为：①个体之前从未遇到过这个词；②个体以前听说过这个词，但并不知晓其具体含义；③个体能在语境中辨认这个词，它与……有关；④个体知道这个词；⑤个体能够区别与这个词意义相关的其他词。

成分分类观的代表学者有 Nation、Cronbach 等。持有该观点的学者按词汇知识的构成成分进行分类描述，分析构成一个词全部知识的意义和用法的不同方面。例如，Nation（1990）认为，了解一个词意味着了解它的形式（口头形式和书面形式）、位置（语法句型、固定搭配）、功能（频率、得体）和意义（基本概念、联想）。Cronbach（1942）则认为，理解一个词实则代表了以下五种含义：①类化（generalization，能正确地给该词下定义）；②应用（application，能够选择该词的一个适当用法）；③意义的宽度（breadth of meaning，记住该词的不同含义）；④意义的准确度（precision of meaning，在各种可能情形中正确地运用词义）；⑤易联想性（availability，能产出性地使用词语）。

通过梳理以上学者对词汇深度知识的定义可知，词汇深度知识的涉及范围很广，相对繁杂，并且对其界定也比较宽泛、模糊，因此不能将其直接用于实际测验中。这也是国内学者对词汇深度知识研究较少的原因之一。一般难以在一次具体的词汇测验中将词汇深度知识的方方面面都涵盖其中，只能对词汇深度知识的某几个重要方面进行测验，否则既会增加测验的难度，也会给词汇测验设计者带来困扰，因此，需要将理想状态下对词汇深度知识的理论定义转化成实际运用中具有可操作性的定义。

本章研究中的词汇深度是指在一定的语境提示下，能够选择恰当的词或者词的恰当形式的能力，这与由教育部制定的《普通高中英语课程标准（实验）》中的相关语言知识目标是一致的。《普通高中英语课程标准（实验）》中设定的词汇知识七级目标明确指出，学习者要能理解话语中词汇表达的不同功能，即应重视在语境下对词汇含义及用法的把握，对这种语境择词能力的考查主要涉及以下几个方面：单词及词组的核心概念、习惯用语和固定搭配、词汇的句法特征、近义词和形近词的辨析。本章研究中对词汇深度的操作性定义具体到了连续体观点中的某一点（或者说分类成分中的某一类），相当于 Dale（1965）五阶段连续体观所定义的第五个阶段，也可看作 Cronbach（1942）的五类成分观中的第二种或者第四种含义。

（二）词汇深度知识的测量工具

目前较经典的词汇深度知识测验工具有两个：一是新西兰维多利亚大学学者 Read（1998）设计的词汇联想测验（word associate test），也有研究者称之为词语连接检测；二是 Wesche 和 Paribakht（1996）共同设计的词汇知识等级量表（vocabulary knowledge scale，VKS）。这两种测量工具均是设计者基于对词汇深度知识的理解设计而成的。另外，国内很多研究者也根据各自研究的现实需要和对词汇深度知识的理解，自行设计了相关的词汇深度知识测验试题。例如，李俊（2003）在对词汇深度知识的句法特征方面进行测验时采用了填空题的形式，要求考生将给定词的适当变体形式填入空白处，这类题也常常出现在国内各级各类英语测验中。

本章研究认为，一些综合性语言水平测验（如普通高中英语学业水平考试）中的词汇测验试题就是在一定语境条件下对词语的核心概念、固定搭配、词汇句法特征等方面的测验。考生不是依据孤零零的词汇作答，而是依据语境在简短的句子中作答，这种词汇测验试题所检测的知识要点与本章研究中对词汇深度知识的定义正好契合，因此本章选用这种方式来检测考生的词汇深度知识。

与广度测验试题的选项设置相似，本章研究在常规的四个选项的基础上增加了一项"糟了，不会做"，当考生不知道如何作答时可选择该项，以减少猜测给能力估计和选题带来的干扰。

三、词汇知识的双阶测验

词汇广度知识测验偏重考查考生在裸词环境下对单词常用含义的掌握情况，而词汇深度知识则强调在短小语境中选择恰当的词或词的恰当形式的能力。掌握词汇广度知识是新课标对学生提出的最基本的要求，是其进行基本交际的必要前提；词汇深度知识则更侧重词汇在具体情境中的应用，掌握词汇深度知识是新课标对学生提出的更高一级的要求。因此，在设计词汇测验时，应将词汇广度知识测验与词汇深度知识测验结合在一起，在词汇广度知识测验的基础上进行词汇深度知识测验，以检验考生在掌握单词基本含义的基础上是否能恰当地将其应用于语境中，从而全面了解考生对词汇知识的掌握情况。

基于IRT的CAT中常采用的双阶测验模式恰好为英语词汇广度知识测验和英语词汇深度知识测验的融合提供了一种新的解决思路：将词汇广度知识测验作为双阶测验模式的第一阶段测验（即常规测验），将词汇深度知识测验作为双阶测验模式的第二阶段测验（图3-1）。与传统双阶测验模式不同的是，本章研究在第一阶段测验中就采用自适应方式测量考生的词汇广度知识，达到预设的试题数量后，对其词汇广度知识能力做出最终评估。这个能力评估值就作为第二阶段词汇深度知识测验的选题依据，从而将词汇广度知识测验与词汇深度知

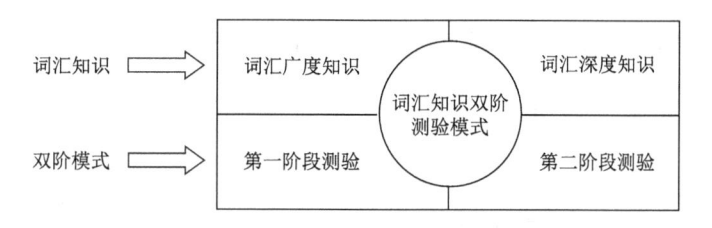

图 3-1 词汇知识的双阶测验模式

识测验联系到一起，实现了在广度测验的基础上进一步实施深度测验的思想。在第二阶段词汇深度知识测验中，仍采用自适应的方式为考生推送最适合其能力水平的试题，从而为其提供个性化的词汇测验体验。

第四节　高中英语词汇知识双阶自适应测验系统的设计

一、需求分析

（一）测验需求分析

词汇广度知识测验结合词汇深度知识测验的双阶测验模式是新课改背景下高中生对词汇知识测验的必然要求。不少高中生在词汇学习过程存在这样的问题，即将大部分的精力放在识记单词上，对单词的形式、发音、常用含义的关注程度过高，忽视了单词在具体情境中的应用。这样一种学习方式往往导致"中式英语"的产生，在裸词环境下，学生对单词的掌握程度很高，而一旦将单词放置在一定的语境中进行考查，学生就会状况百出。例如，mood 与 feeling、emotion、mind 等词的含义相近，但在具体情境中的用法不同，当表示没有心情做某事时采用的是固定搭配 be in no mood to do sth.，而 feeling 等词用在此处是不恰当的；再如，mean 用作形容词可翻译为吝啬的、小气的、平均的、简陋的、出身卑贱的，如何要正确理解 mean 的含义，就要结合上下文的语境，否则固有的思维定势会在交际中起抑制作用，造成理解偏差。

因此，基于词汇知识测验本身的客观要求和学习者对词汇知识测验的需求，本章研究立足于高中英语词汇知识双阶自适应测验的设计与开发，不仅能全面考查高中生的词汇知识，也能为其带来个性化的测验新体验。

（二）功能需求分析

从功能实现的角度分析，本测验系统主要实现三类功能：用户信息维护、自适应测验、题库信息维护。以下将对系统涉及的各关键子功能模块进行具体介绍，系统中具体子功能的划分可参见图 3-2。

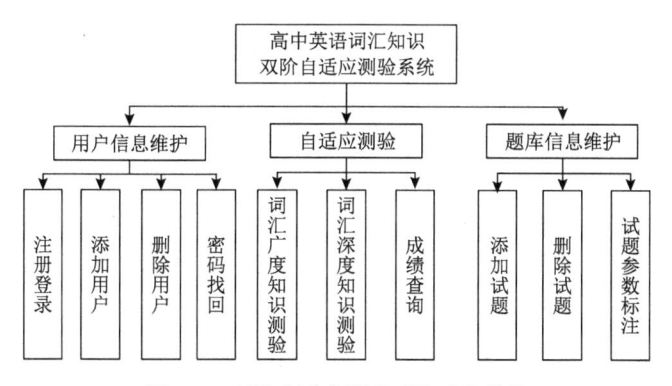

图 3-2 双阶自适应测验系统功能模块

1. 用户信息维护功能

在进入正式的自适应测验前，需要收集考生的基本信息，每名考生第一次使用该系统时，需要先注册，为自己创立一个独一无二的用户名和相应的登录密码，之后考生凭此用户名和登录密码即可进入系统。当然，对于管理题库的系统管理员、学科教师，也会有相应的注册登录服务。"密码找回"功能主要涉及对教师、考生注册信息的维护，另外，当用户群体出现忘记密码等问题时，也可提供相应的服务，以帮助其及时找回密码。

2. 自适应测验功能

这是系统的核心功能，考生成功登录系统后就进入测验环节。测验分为两部分：词汇广度知识测验和词汇深度知识测验。首先实施的是词汇广度知识测验，在此基础上再进一步实施词汇深度知识测验。测验过程中，系统会提醒考生需要注意的基本事项以及主要流程，两部分测验在开始和结束时均会有相应的提示信息。一般情况下，呈现给每名考生的试题组合是不同的。在作答过程中，不允许考生随意跳跃试题、返回查看已做试题或修改已做试题的答案。与传统纸笔测验不同，自适应测验一旦终止，最终的测验结果就会立刻呈现给考生，这种即时性的反馈大大减少了人力、物力的投入，同时屏幕上呈现的测验结果也会被存入后台数据库，以便满足日后的查询及导出服务。

3. 题库信息维护功能

随着测验系统使用次数的增多以及使用年限的延长，题库中有一部分试题可能经常出现在考生的视野中，造成这些试题的曝光率过高。为了使测验系统更有效，题库应该是动态变化的，而非一成不变的，即将部分曝光率过高的试题及时删除，将新的试题随时动态地添加入库。在题库信息维护过程中，最关键的工作就是试题的编制、试题参数的获取和修正。

二、双阶测验环节设计

考生通过用户名和密码登录测验系统后，首先看到的是关于本测验系统的简要说明，考生被告知本次测验共分为两个阶段：先进行词汇广度知识测验，再进行词汇深度知识测验。考生阅读完信息即可开始测试。

（一）高中英语词汇广度知识测验模块

作为测验的起始阶段，在不借助其他辅助信息的情况下，系统对考生的基本能力水平一无所知，因此会以4道试测试题探查考生的初始能力水平。试测时采用折中保守的办法，首先从中等难度试题中随机抽取一道试题作为第1题，考生作答后，系统参照试题的作答情况进行调整，做对则下一道试题的难度值上升，做错则下一道试题的难度值下降。例如，如果前一题答对，则在前一题难度值与3之间抽取出中间难度值作为下一题的难度值，如果前一题答错，则在前一题难度值与-3之间抽取出中间难度值作为下一题的难度值，直至完成4道词汇广度知识测验试题。试测结束，系统将根据这4道试题的作答情况判断考生的初始能力值。如果考生作答结果有对有错，取答对题数与答错题数之比的自然对数作为考生的初始能力值；如果4道试测试题全部作答正确，系统就将考生的初始能力值定为3；如果4道试测试题全部作答错误，系统就将考生的初始能力值定为-3。

在后续的词汇广度知识测验中，考生的初始能力值就是选题的主要依据，本测验系统中的选题策略是MFI法，此方法是自适应测验系统开发者在实践中最常选用的方法，虽然它在试题曝光率控制、内容平衡等方面存在一定的问题，但作为一种经典的选题算法，它足以满足本测验系统研发的需要。测验过程中，考生每提交一道试题的作答数据后，系统就开始估计考生的能力值，能力值的估计方法采用MLE，估计的依据是考生到目前为止所作答过的全部试题。如此循环往复，直到考生完成30道词汇广度知识测验试题。在此过程中，考生的能力值不断刷新，最后一次能力估计值就是其词汇广度知识测验的最终能力值。图 3-3 展示了自适应测验的基本机制（以 14 道试题的作答情况为例），能力值的变化取决于考生之前作答的所有试题的正误结果及试题参数，能力值标准误的变化表明了对考生能力的估计越来越趋于精确。

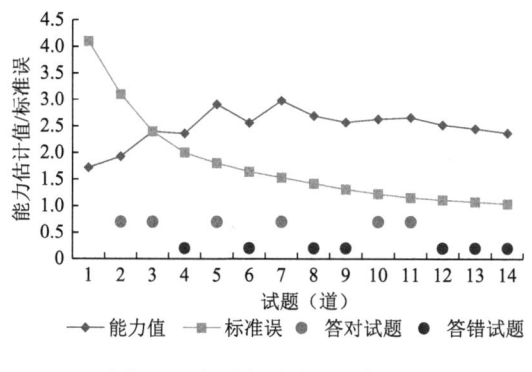

图 3-3 自适应测验的基本机制

（二）高中英语词汇深度知识测验模块

第一阶段的词汇广度知识测验结束后，考生会接收到"第一阶段：词汇广度知识测验结束，即将进入第二阶段：词汇深度知识测验"的提示，词汇广度知识测验的结果（即能力估计值）将作为词汇深度知识测验中起始试题的选择依据。由此，两个阶段的测验就被联系在一起。

在词汇深度知识测验的施测过程中，推送给考生的试题都是通过 MFI 法甄选出来的，考生在作答过程中既不会感觉太难，也不会感觉过易。词汇深度知识测验过程同词汇广度知识测验过程类似，即考生每提交一次作答数据，测验系统就开始进行即时的正误判断，接着依据考生的作答结果并借助 MLE 估计其能力值，然后再根据这个动态变化的能力值继续为考生推送与其能力值相匹配的词汇深度知识测验试题。这个过程循环进行，直至考生前后两次能力估计值的标准误之差小于 0.01 时，词汇深度知识测验终止，随之整个词汇自适应测验结束，并立即为考生呈现最终的成绩报告。整个自适应测验的流程如图 3-4 所示。

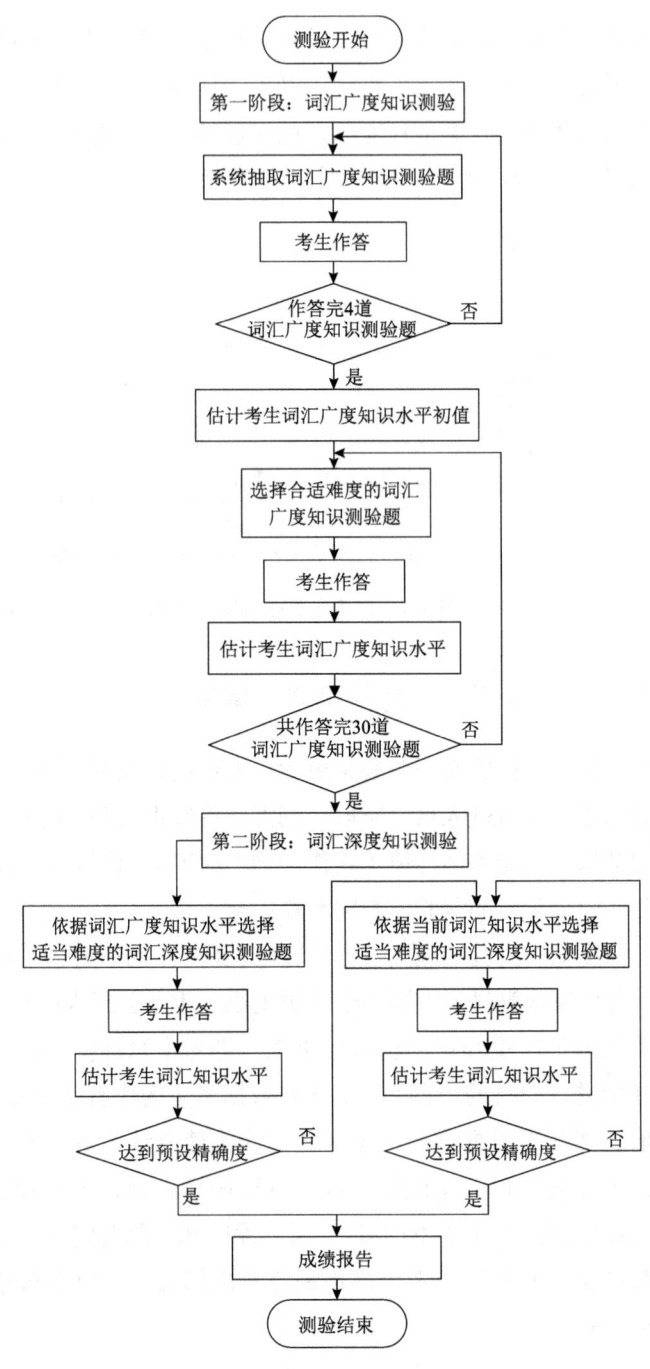

图 3-4 英语词汇知识自适应测验流程

三、数据库设计

数据库是整个自适应测验系统中信息收集的中心，也是信息发布的源头。从考生注册新用户、登录测验系统进行作答到测验终止、测验结果的呈现，所有信息都会被存储到后台数据库，从而为研究者提供宝贵的原始资料。对系统整体的功能需求和测验环节进行分析后，后台数据库的设计思路也就更明朗。另外，数据表的合理建立、数据字段的设置都会影响测验系统读取数据的效率和准确性。综合考虑多种数据库管理系统后，本章研究选用由微软公司发布的 Microsoft Office Access，其体积较小，操作简单，图形化的用户操作界面和便捷的数据导入技术非常便利，是现有中小型数据库中的不错选择。本测验系统中的数据库共涉及 5 个主要的数据表，分别是用户基本信息表（user_Info）、英语词汇广度知识测验题库表（itembank_Breadth）、英语词汇深度知识测验题库表（itembank_Depth）、英语词汇广度知识测验过程表（process_Breadth）、英语词汇深度知识测验过程表（process_Depth）。

（一）用户基本信息表

用户基本信息表主要记录了每名参与到本测验系统的考生的用户名（userName）、登录密码（userPassword）、测验成绩（userTheta）信息，具体设置如表 3-1 所示。若考生为初次登录系统，则需要注册个人信息，即用户名和登录密码。在完成自适应测验后，系统会即时地对用户的词汇知识水平做出评价，最终的评价结果会被存放在 userTheta 字段。

表 3-1 用户基本信息表

字段名称	数据类型	字段大小	是否主键	说明
userName	文本	40	是	登录系统的用户名
userPassword	文本	40	否	登录系统的用户密码
userTheta	数字	单精度型	否	自适应测验的最终成绩

（二）英语词汇广度知识测验题库表

英语词汇广度知识测验题库表是双阶测验中第一阶段测验的试题集合。英语词汇广度知识测验子题库的构建参照了单参 Logistic 模型，再结合词汇广度知识测验的原理，因此，英语词汇广度知识测验题库表主要包含试题编号（ID）、试题作答状态（itemStatus）、题干（itemStem）、四个词汇备选项（optionA、optionB、optionC、optionD）、试题答案（itemAns）、试题难度（b）等基本信息，具体设置如表 3-2 所示。

表 3-2　英语词汇广度知识测验题库表

字段名称	数据类型	字段大小	是否主键	说明
ID	自动编号	长整型	是	词汇广度知识测验试题编号，从 1 开始
itemStatus	数字	字节	否	试题作答状态，考生作答过则标识为 1，否则标识为 0
itemStem	文本	255	否	词汇广度知识测验试题的题干信息
optionA	文本	150	否	第一个备选项
optionB	文本	150	否	第二个备选项
optionC	文本	150	否	第三个备选项
optionD	文本	150	否	第四个备选项
itemAns	文本	2	否	试题答案
b	数字	单精度型	否	试题难度

词汇广度知识测验试题编号代表题库中试题的序号，采用自动编号的方式，从 1 开始生成编号，无须人工干预。试题作答状态表明该试题是否已经被推送给考生作答，若考生已作答过，则该字段标为 1，未作答过则标为 0，默认值为 0，该字段信息在词汇广度知识测验过程中由系统动态修改。题干和四个备选项信息会呈现给用户，以便考生在测验中做出选择。试题答案在试题编制过程中产生，其值的范围为 A、B、C、D。另外，需要说明的是，在系统设计和开发时，为了减少考生的猜测行为，在这四个基础释义选项的基础上增加了"糟了，不认识"这一项，但由于词汇广度知识测验中的每一题的这一选项都是固定的，并不需要重复地存储在数据库中，只需借助编程语言直接将其呈现在屏幕上即

可，这样也节约了存储空间。在词汇广度知识测验题库表中，最关键的就是试题难度，它是选题的重要依据，同时也是能力水平估计的基础。

（三）英语词汇深度知识测验题库表

英语词汇深度知识测验题库表是双阶测验中第二阶段测验的试题集合，主要包括试题编号、试题作答状态、题干、四个词汇备选项、试题答案、试题难度、试题区分度（a）等信息，具体设置如表 3-3 所示。

表 3-3 英语词汇深度知识测验题库表

字段名称	数据类型	字段大小	是否主键	说明
ID	自动编号	长整型	是	词汇深度知识测验试题编号，从 1 开始
itemStatus	数字	字节	否	试题作答状态，考生作答过则标识为 1，否则标识为 0
itemStem	文本	255	否	词汇深度知识测验试题的题干信息
optionA	文本	150	否	第一个备选项
optionB	文本	150	否	第二个备选项
optionC	文本	150	否	第三个备选项
optionD	文本	150	否	第四个备选项
itemAns	文本	2	否	试题答案
b	数字	单精度型	否	试题难度
a	数字	单精度型	否	试题区分度

英语词汇深度知识测验题库表与英语词汇广度知识测验题库表的设计非常相似，其差别就在于有无试题区分度参数。词汇深度知识测验题库的设计参考了双参 Logisitic 模型，该模型的选择是在大规模试测数据的基础上得到的最佳拟合模型，因此在英语词汇深度知识测验题库数据表的设计上加入了试题区分度字段。

（四）英语词汇广度知识测验过程表

英语词汇广度知识测验过程表记录了在此阶段考生做了哪些试题及这些试题的参数、考生做出了何种选择、考生的选择是否正确、能力水平估计值等信息。该数据表是由系统动态建立的，当考生成功登录系统后，英语词汇广度知识测验过程表便自动生成，随着测验的进行，表中各字段的数据会不断更新，具体的字段设置如表 3-4 所示。

表 3-4　英语词汇广度知识测验过程表

字段名称	数据类型	字段大小	是否主键	说明
replyNum	自动编号	长整型	是	词汇广度知识测验作答序号，从 1 开始
userName	文本	40	否	登录系统的用户名
itemID	数字	整型	否	词汇广度知识测验试题编号
u	数字	字节	否	作答模式，答对为 1，答错为 0
b	数字	单精度型	否	试题难度
itemAns	文本	2	否	试题答案
userInput	文本	2	否	考生提交的答案
theta_B	数字	单精度型	否	词汇广度知识测验能力估计值

考生答题时有作答先后的顺序，词汇广度知识测验作答序号（replyNum）标注了考生做题的序号，从 1 开始编号，每作答一道试题就会自动顺序生成一条新记录。为了便于估计考生的能力值，被作答试题在原始词汇广度知识测验题库中的编号、难度值、答案同样会被记录下来。通过对比考生提交的答案（userInput）与试题答案是否相同，就可获知其作答正误（u）。在词汇广度知识测验中，考生作答前 4 题时为初始能力探查阶段，系统暂不对考生能力水平做出评价，因此，英语词汇广度知识测验过程表中前 4 条记录的能力估计值字段（theta_B）为空，后续才开始估计考生的词汇广度知识测验能力值，且词汇广度知识测验阶段的最后一次能力估计值将会成为下一阶段词汇深度知识测验初始试题选择的依据。

（五）英语词汇深度知识测验过程表

英语词汇深度知识测验过程表记录了双阶测验的第二阶段测验的整个过程。该表也是在考生登录系统后动态建立的，各字段的设置与英语词汇广度知识测验过程表类似，具体设置如表 3-5 所示。

表 3-5 英语词汇深度知识测验过程表

字段名称	数据类型	字段大小	是否主键	说明
replyNum	自动编号	长整型	是	词汇深度知识测验作答序号，从 1 开始
userName	文本	40	否	登录系统的用户名
itemID	数字	整型	否	词汇深度知识测验试题编号
u	数字	字节	否	作答模式，答对为 1，答错为 0
b	数字	单精度型	否	试题难度
a	数字	单精度型	否	试题区分度
itemAns	文本	2	否	试题答案
userInput	文本	2	否	考生提交的答案
theta	数字	单精度型	否	最终能力估计值
SE	数字	单精度型	否	能力估计值的标准误

与英语词汇广度知识测验过程表的设计思路相似，英语词汇深度知识测验过程表详细记录了考生在本阶段的做题顺序及具体的试题信息。由于选择的是双参 Logistic 模型，相应地增加了试题区分度字段，这也与英语词汇深度知识测验题库表中的设置相呼应。SE 字段记录了考生当前能力估计值的标准误，以便控制测验是否终止。需要注意的是，词汇深度知识测验初始试题的选择要以词汇广度知识测验的最终能力估计值为基准，该能力估计值存放在词汇广度知识测验过程表最后一条记录的 theta_B 字段中。

第五节 高中英语词汇知识双阶自适应测验系统的开发

本章研究在对支撑高中英语词汇知识双阶自适应测验系统研发的相关理论进行分析的基础上，将英语词汇知识测验的相关原理与基于 IRT 的自适应测验相结合，开发出一个考查高中生英语词汇广度知识及深度知识测验的双阶测验系统。

一、系统主要开发工具及开发环境

本测验系统的开发主要借助于 Dreamweaver 网页编辑器，在 ASP 脚本编写环境下，结合 Visual Basic 脚本语言（VBScript）和 HTML 代码完成了系统主体界面的设计和研发。由于系统的运行需要与后台数据库关联，在权衡了常用的数据库管理系统后，本书最终选择 Microsoft Office Access 作为数据库管理平台。

目前，虽然网页制作软件资源很多，但 Dreamweaver 以其独特的优势占据着重要的地位。它不仅支持静态网页的编辑，还支持动态网页的制作；其"所见即所得"的视觉化功能极大地方便了编程者对界面效果的控制，跨平台、跨浏览器限制的网页制作成果展现了其强大的可移植性；其具有强有力的站点管理功能，支持实时更新站点资源，减轻了管理者的负担。因此，本系统选用 Dreamweaver 作为开发工具。

早在 1996 年，ASP 作为 Internet 信息服务管理器的附带产品就得到了编程者的关注和应用，ASP 的出现使得动态网页的制作变得更加简便。实际上，ASP 本身并不能算作一种编程语言，而仅仅是支持 VBScript、JavaScript 等脚本语言的一个编程环境。本系统采用了 VBScript 语言，编辑好的 ASP 程序在服务器端运行，返回到用户浏览器的是经过脚本引擎解释所生成的常规 HTML 代码。因此，ASP 是独立于浏览器的，使用时不必担心浏览器是否支持 ASP 所使用的编程语言。

Microsoft Office Access 是一种具有代表性的中小型数据库管理系统，体积较小且操作简单。虽然与一些大型的数据库（如 SQL Server 等）相比，其功能优势并不突出，但是 Microsoft Office Access 完全能够满足本测验系统的数据库管理需求。另外，要实现系统数据的流通，首先要将 ASP 程序与 Access 数据连接，连接的方法有 ODBC、OLE DB 等，在实际的应用中，为了实现连接的高速性，本测验系统选用了 OLE DB 连接方式。

二、高中英语词汇知识题库建设

在自适应测验的设计、开发过程中，有诸多关键环节需要开发者加以考虑，如初始试题和选题策略的选择、能力水平的估计等。然而，完成这些关键环节的前提之一是，要有一个试题内容合理、试题参数科学、各难度梯度试题数量分配合理的优质题库。题库的建设是一项系统性工程，不仅要在理论上具有可行性，而且要在实践中体现经济性、科学性原则。本章研究主要考查高中生对英语词汇知识的掌握程度，因此，题库构建始终需要围绕高中英语词汇知识这一中心。通过对词汇知识的细化，高中英语词汇知识测验题库应该进一步划分为两个子题库，分别是词汇广度知识测验题库和词汇深度知识测验题库，这两个子题库的建设是从试题内容获取和试题参数评定两个方面进行的，其中试题内容代表了考查的知识点，而试题参数则代表了试题的组卷特性。

（一）词汇广度知识测验题库建设

1. 词汇广度知识测验试题题型及内容规划

对高中英语词汇广度知识的考查主要是为了了解高中生的词汇量情况，检验他们是否掌握了词汇的常用含义。由于新课改的推进，各地在教材设置上呈现出"一纲多本"的现象，即各地使用的教材不尽相同，但是不同教材在对词汇的设定上基本保持一致。因此，词汇广度知识测验考查的范围就是《全日制普通高级中学英语教学大纲》《普通高中英语课程标准（实验）》中所规定的3823个词汇（以下简称大纲词）。经过对大纲词的统计，去除129个暂不予以考虑的词汇（包括body-building等合成词51个、AIDS等缩写词12个、table manners等短语66个），共获得题库目标词3694个。

对于词汇广度知识的考查，在题型的选择上可分为两大类，即选择题和翻译题，涉及的方法涵盖目标词同义法、目标词定义匹配法（如VLT）、词表Yes/No测验法、目标词翻译法等。本章研究在综合考量信度和效度的基础上，以外语研究者在相关研究中的选择为参照，结合我国外语学习者的特点，最终选择目标词定义匹配法作为考查题型，即试题的题干部分呈现大纲中规定的词汇，选项部分共含有五个选项可供考生选择，前四个选项设计为汉语解释，其中有且只有一项是关于大纲词的正确描述，最后一个选项是为了减少考生的猜测行为而设计的，当考生的确不认识所考查的单词时，其可选择最后一项"糟了，不认识"，这样更能获知考生的真实能力水平。

2. 词汇广度知识测验试题参数判定

在题库建设中，一个备受关注的问题在于题库中每一道试题的参数应该如何确定，即如何使得参数的获得具有科学性。试题参数贯穿了自适应测验的各个关键环节，不论是选题策略还是能力水平的估计，试题参数都作为关键参数存在其中，若试题参数的获取不够科学或者不具有代表性，那么整个测验系统的实用性和可推广性就会大打折扣。

在进行试题参数的评估之前，研究者需要考虑两个问题：一是试题参数需要从几个维度进行评定；二是如何对各维度下的试题参数进行估计。这两个问题都可以在 IRT 中找到答案，第一个问题主要解决的是试题参数个数的问题，依据 IRT，试题参数体系的构建可参照 IRT 模型，其中历经时代检验的 Logistic 模型是研究者的"宠儿"，根据试题参数的数量，可分为单参 Logistic 模型、双参 Logistic 模型、三参 Logistic 模型。第二个问题着眼于试题参数实际估计的过程，一般来说，为了使最终获得的试题参数具有广泛的代表性，试测环节是非常必要的，研究者收集完试测数据后，再利用相应的试题参数估计软件，就可以分析出每道试题的参数值。但是，在实际操作过程中，有很多试题类型无法通过试测来获取参数值，这时只能借助理论分析法或专家经验法来解决，例如，对英语词汇试题参数的标注通常会参照词频等因素，而非进行测试。

（1）词汇难度的影响因子

本章研究中，词汇广度知识测验题库的构建选用了单参 Logisitic 模型。该模型在国内外自适应测验系统研发中的应用较多，经过了实践的检验。确定了词汇广度知识测验题库的参考模型为单参 Logisitic 模型后，下一步就需要确定各试题的参数，即难度系数。对于英语单词而言，如何判断一组单词的难度排序呢？或者说，怎么认定某一单词比另一单词更难或更容易呢？

一般来说，一个单词的难度取决于它是否容易被学习者记忆或认出。对于将英语作为第二语言的学习者来说，单词的难度受很多因素的影响，词频、词长、语音与书写的和谐程度、学习者的心理特质、文化影响以及母语的负迁移等多种因素都会在不同程度上影响单词的难度。这些因素可以被分为两大类：词内因素和词外因素。由于词外因素的难把握性、个体差异性和不可操作性，本章研究关注的仅仅是单词自身的一些特征对单词难度产生的影响，即影响单词难度的客观词内因素才是本章研究的重点。研究者试图通过文献查阅的方式抽取出对单词难度影响较大的因子,从而为量化英语单词难度奠定理论基础。

单词难度一直是语言学研究者关注的重点。研究表明,对于英语作为第二语言的学习者来说,难词在很大程度上是指词形上较难的词,即容易造成拼写错误的词,而引起拼写困难的主要原因是字母或字母组合与其发音间的不一致、误读以及单词过长。吕文澎(2001)针对国内英语学习者的特征指出,一些固有的长词以及那些至少包含一个不发音字母的单词都可被视为难词。Carroll(2000)通过音素监察法验证了词频对于单词掌握和理解的重要作用。此外,李永康(2003)在对单词难度因素的分级研究中指出,单词的难易可以用词频、双语语义共享、上下文限制、语音/书写特征和谐这四种因素来表征。纵观国内外众多研究者的观点,同时考虑到最终的单词难度值需要依据各个影响因子进行具体量化,本章研究提取出最具代表性且同时具有可操作性的三大影响因子:词频、词长、语音与书写的和谐程度。下面分别对这三大影响因子进行详细介绍。

1)词频。词频可以被看作单词难度的统计学特征,即在一定数量的真实语料中单词重复出现的次数。它决定了单词的常用程度以及学习者对单词的熟悉程度,因此是量化单词难度的重要影响因子。一般来说,词频越高,学习者对它的熟悉程度就会越高,因此在记忆时的难度就会越小;相反,词频越低,学习者对它的熟悉程度就会越低,因此在记忆时的难度就会越大。早在20世纪40年代中期,桑代克等语言学家就开始评估词频和单词难度之间的关系,在计算机技术成熟之前,经过人工分析,于1944年首次提供了大规模的词汇频次表。自那时起,许多词汇表基于单词的词频来设计,用来指导第二语言词汇及课程的编纂。目前,以大规模语料库为基础的词频表如雨后春笋般,并且借助于人工智能技术日渐繁荣。西方的 American Heritage Word Frequency Book、COBUILD Wordlist 等词频表在国外应用十分广泛,国内的《新世纪大学英语四、六级词典》也同样是基于词频编纂的。另外,我国台湾地区著名的全民英语能力分级检定测验(general English proficiency test,GEPT)共分为五级:初级、中级、中高级、高级、优级。相应地,每一级测验规定了词汇考查范围,而这五个等级的词汇划分也参考了词频。由此可见,词频对单词难度的影响是不容忽视的。

2)词长。一个单词的长度是单词的主要内部特征之一。单词的长度对单词的认知与记忆有着重大的影响。认知与拼写单词时，单词越长，初学者越容易犯错误，母语为非拼音文字者尤其如此。量化英语单词的长度可以从组成单词的字母个数、音节数量、词素数量这三个角度进行，其中，字母个数产生的影响较大，因此，本章研究选用单词长度来表征单词的难度。一般而言，单词越长，音节的结构和拼写变化就会越多、越复杂，相对于稍短的单词，学习者需要记忆的内容也就越多，他们的记忆负担就会相应加重，从而越难以记住单词。因此，学习者在记忆长单词时出错的可能性较大，出现错误的次数同样也会增多，这就是通常所说的"词长效应"，这与人的认知常识一致。目前，它已被许多研究者接受，假若能将词长与其他影响单词难度的因素进行适当分离，则长单词的确比短单词更难记忆。

3）语音与书写的和谐程度。它是指单词的发音与拼写之间的一致性程度。单词发音的正确程度与学习者对单词的理解、记忆和表述有直接关系。吕文澎（2001）对单词难度进行研究后指出，至少包含一个不发音字母、易引起吞音现象是难词的重要特征，这类单词的语音与书写的和谐程度较低。例如，单词"accident"和"straight"均含8个字母，前者读作/ˈæksɪdənt/，后者读作/streɪt/，而"straight"中的"gh"是不发音的，这对于利用单词的发音来记忆单词的学习者来说无疑增加了难度。相对而言，语音与书写的和谐程度较高的"accident"更容易记忆。

（2）词汇难度判定公式

本章研究中确定了影响词汇难度的三大因子为词频、词长、语音与书写的和谐程度，这样就可以借助数学的方法来定义词汇难度判定公式，进而可以定量计算出每一个单词的难度值，具体的判定公式如下

$$b = F \times W_1 + L \times W_2 + H \times W_3 \qquad （公式3\text{-}1）$$

其中，b是单词的难度值，F是词频参数，L是词长参数，H是单词的语音与书写的和谐程度参数，W_1、W_2、W_3分别是这三个参数的权重。

运用层次分析法对这三大影响因子的权重W_1、W_2、W_3进行计算，这种用于决策的新方法是由美国运筹学家Saaty提出的。层次分析法在处理复杂决策问题时具有的优越性使得它的应用遍及教育、管理等众多领域。在本章研究中，研究者邀请了20位从事英语教学和研究的专家参与其中。他们根据自身的专业

知识和经验，按照这三大影响因子两两之间的相对重要程度，按照 1—9 标度法在权重评议表上打分。笔者对评议表回收并审核后进行汇总，计算出三大影响因子中某一因子相对于其他因子重要性的权重值，得出词频、词长、语音与书写的和谐程度这三个因子的权重分别为 0.44、0.30、0.26。为确保最终权重结果的可靠性，还需进行一致性检验，求得随机一致性比例 $CR = \dfrac{CI}{RI}$ =0.093<0.1（CI 代表判断矩阵一致性指标，RI 代表随机一致性指标），说明权重结果可靠且合理有效。因此，词汇难度判定公式可以进一步写为

$$b=F \times 0.44 + L \times 0.30 + H \times 0.26 \qquad （公式 3\text{-}2）$$

（3）各因子参数的计算方法

1）英语词汇词频参数 F 的计算。词频是一个单词最重要的特性，影响着英语作为第二语言的学习者的单词习得、加工和使用过程。正如 Milton 所说，学习者应该习得哪些单词、该怎样习得、在测验中如何考查词汇知识，这些在很大程度上取决于词频。研究表明，一般而言，词频高的单词比词频低的单词更易被习得，这并不是说高频词的潜在难度就比低频词要大，而是高频词出现在学习者视野中的机会要远远大于低频词，学习者必然对高频词更熟悉一些。因此，词频越高，单词的难度就越低；词频越低，单词的难度就越高。

本章研究中词频参数的计算与英国国家语料库（British National Corpus, BNC）的常用 15 000 词词频排序表（以下简称词频表）中相应单词的词频密切相关。BNC 是由牛津大学出版社、英国国家图书馆等合作开发建立的，是最大、最具代表性的以英语为母语的现代语料库，于 1994 年完成，最新版本是 2007 年发布的 BNC XML。BNC 取样的文章类型十分广泛，文本的来源、语言的难易层次均有明确的规定与比例，因此它的词频排序具有代表性和科学性。词频表是按照单词的使用频率高低对单词进行排序的，它所收录的每一个单词都有一个词频序号，使用频率最高的单词词频序号为 1（在词频表中，词频序号为 1 的单词是 the），随着使用频率的降低，单词的词频序号不断增大。

依据《全日制普通高级中学英语教学大纲》《普通高中英语课程标准（实验）》统计出的题库目标词汇共计 3694 个，然而，在词频表中检索后发现，gruel 等 328 个单词并没有被收录在词频表中，因此，最终确定 3366 个高中英语词汇

作为题库的目标词。为了计算词频参数，需要在词频表中检索所有目标词的词频序号。根据目标词词频序号的查询结果，将词频序号最小的单词的词频参数定义为 0，将词频序号处于中间水平的单词的词频参数定义为 50，而将词频序号最大的单词的词频参数定义为 100，然后按照一定的映射关系就可以计算出所有单词的词频参数，具体的计算公式如下

$$\begin{cases} F=0 \quad (当VF=VF_{min}时) \\ F=0+\dfrac{VF-VF_{min}}{VF_{mid}-VF_{min}}\times 50 \quad (当VF<VF_{min}时) \\ F=50 \quad (当VF=VF_{mid}时) \\ F=50+\dfrac{VF-VF_{mid}}{VF_{max}-VF_{mid}}\times 50 \quad (当VF>VF_{mid}时) \\ F=100 \quad (当VF=VF_{max}时) \end{cases}$$ （公式 3-3）

其中，F 是指单词的词频参数，$0 \leqslant F \leqslant 100$；$VF$ 是指在词频表中检索到对应单词的词频序号；VF_{min} 是指 3366 个大纲词中词频序号的最小值，VF_{mid} 是指 3366 个大纲词中处于中间水平的词频序号值，VF_{max} 是指 3366 个大纲词中词频序号的最大值。

2）英语词长参数 L 的计算。在进行长度参数计算之前，首先需要做的准备工作是将目标词的长度分别统计出来。词长参数的定义方法与之前词频参数的定义方法类似，即将所含字母最少的词长参数定义为 0，将所含字母个数处于中间水平的词长参数定义为 50，将所含字母个数最多的词长参数定义为 100。经过一定的转换，每一个目标词的词长参数就可以通过下面的公式得到

$$\begin{cases} L=0 \quad (当VL=VL_{min}时) \\ L=0+\dfrac{VL-VL_{min}}{VL_{mid}-VL_{min}}\times 50 \quad (当VL<VL_{min}时) \\ L=50 \quad (当VL=VL_{mid}时) \\ L=50+\dfrac{VL-VL_{mid}}{VL_{max}-VL_{mid}}\times 50 \quad (当VL>VL_{mid}时) \\ L=100 \quad (当VL=VL_{max}时) \end{cases}$$ （公式 3-4）

其中，L 是指词长参数，VL 是指单词包含的字母个数，VL_{min}、VL_{mid}、VL_{max} 分

别代表目标词中最短的单词包含的字母个数、长度居中的单词包含的字母个数、最长的单词包含的字母个数。

3）英语词汇语音与书写的和谐程度参数 H 的计算。语音与书写的和谐程度参数是指一个单词读音与形态的一致性程度，这里用 H 来表示。为了计算 H 的值，首先定义一个词的词长（即单词所含字母个数）与该词的音标长度（即音标个数）的比，表达式如下

$$PR=\frac{VL}{PN} \qquad \text{（公式 3-5）}$$

其中，PR 是单词所含字母个数与音标个数之比，VL 是单词所含字母个数，PN 是单词所含音标个数。

根据 PR 的定义，可以计算出所有目标词的 PR 值。显然，当 $PR=1$ 时，该单词的读音与形态的一致性程度是最高的，不论 $PR>1$ 还是 $PR<1$，都表明该单词的字母与音标不能一一对应，这就会造成拼写困难。因此，我们定义，在所有目标词中，PR 值与 1 的差值绝对值最小的单词的 H 值为 0，差值绝对值处于中间水平的单词的 H 值为 50，差值绝对值最大的单词的 H 值为 100。每一个目标词的语音与书写的和谐程度参数就可以通过下面的公式计算得到

$$\begin{cases} H=0 \text{（当}|PR-1|=|PR-1|_{\min}\text{时）}\\ H=0+\dfrac{|PR-1|-|PR-1|_{\min}}{|PR-1|_{\mathrm{mid}}-|PR-1|_{\min}}\times 50 \text{（当}|PR-1|<|PR-1|_{\mathrm{mid}}\text{时）}\\ H=50 \text{（当}|PR-1|=|PR-1|_{\mathrm{mid}}\text{时）}\\ H=50+\dfrac{|PR-1|-|PR-1|_{\mathrm{mid}}}{|PR-1|_{\max}-|PR-1|_{\mathrm{mid}}}\times 50 \text{（当}|PR-1|>|PR-1|_{\mathrm{mid}}\text{时）}\\ H=100 \text{（当}|PR-1|=|PR-1|_{\max}\text{时）} \end{cases} \qquad \text{（公式 3-6）}$$

其中，$|PR-1|$ 代表 PR 与 1 差值的绝对值，$|PR-1|_{\min}$、$|PR-1|_{\mathrm{mid}}$、$|PR-1|_{\max}$ 分别是所有目标词中 PR 与 1 差值绝对值的最小值、中间值、最大值。

这里需要说明的一点是，由于各因子参数的定义范围均为[0，100]，按照难度判定公式直接计算出的词汇难度取值范围同样是[0，100]。在 IRT 中，一般情况下，词汇难度的取值范围是[−3，3]，所以为了获得相应范围的难度值，需要进行进一步转换，即将词汇难度从[0，100]映射到[−3，3]范围中，具体的

转换方式如下

$$b'=6\times\frac{b-b_{\min}}{b_{\max}-b_{\min}}-3 \qquad (公式3-7)$$

其中，b'是指取值范围在$[-3,3]$上的词汇难度，即最终难度值；b是指利用难度公式直接计算出来的词汇难度，即初始难度值；$b_{\min}$、$b_{\max}$分别是指初始难度值的最小值和最大值。

（4）词汇难度值计算过程举例

前面已经定义了词汇难度的判定公式以及各因子参数的计算方法，这里通过举例使计算过程更加清晰明了。以单词 climb（/klaɪm/）为例，介绍其词频参数 F、词长参数 L、语音与书写的和谐程度参数 H、初始难度值 b 以及最终难度值 b' 的计算过程。

1）词频参数的计算。通过对本章研究中 3366 个高中英语词汇在词频表中的词频信息进行统计后可知：$VF_{\min}=1$，$VF_{\mathrm{mid}}=3000$，$VF_{\max}=14\,958$；单词 climb 的词频序号 $VF=3882>VF_{\mathrm{mid}}$，那么它的词频参数 F 的计算过程如下

$$F=50+\frac{VF-VF_{\mathrm{mid}}}{VF_{\max}-VF_{\mathrm{mid}}}\times50=50+\frac{3882-3000}{14\,958-3000}\times50=53.69 \qquad (公式3-8)$$

2）词长参数的计算。通过对目标词的长度信息进行统计后可知，$VL_{\min}=1$，$VL_{\mathrm{mid}}=8$，$VL_{\max}=15$。单词 climb 的词长 $VL=5<VL_{\mathrm{mid}}$，那么它的词长参数 L 的计算方法如下

$$L=0+\frac{VL-VL_{\min}}{VL_{\mathrm{mid}}-VL_{\min}}\times50=0+\frac{5-1}{8-1}\times50=28.57 \qquad (公式3-9)$$

3）语音与书写的和谐程度参数的计算。通过计算所有目标词的 PR 值可知，PR 与 1 差值的绝对值，即 $|PR-1|$ 的最小值、中间值、最大值分别为：$|PR-1|_{\min}=0$，$|PR-1|_{\mathrm{mid}}=0.33$，$|PR-1|_{\max}=2$。单词 climb 的词长度为 5，即 $VL=5$；该单词读作 /klaɪm/，因此音标的个数 $PN=4$。那么，$PR=\dfrac{VL}{PN}=\dfrac{5}{4}=1.25$，$|PR-1|=0.25<|PR-1|_{\mathrm{mid}}$，则它的语音与书写的和谐程度参数 H 的计算方法如下

$$H=0+\frac{|PR-1|-|PR-1|_{min}}{|PR-1|_{mid}-|PR-1|_{min}}\times 50=0+\frac{0.25-0}{0.33-0}\times 50=37.88 \quad （公式 3-10）$$

4）初始难度值的计算。计算出单词 climb 的词频参数 F、词长参数 L、语音与书写的和谐程度参数 H 后，就可以根据词汇难度判定公式来计算 climb 的初始难度值

$$b = F \times 0.44 + L \times 0.30 + H \times 0.26 = 53.69 \times 0.44 + 28.57 \times 0.30 + 37.88 \times 0.26 = 42.04$$
$$（公式 3-11）$$

5）最终难度值的计算。对 climb 的初始难度值 b 进行一定的转换后，就可以获得难度范围在[-3，3]的最终难度值 b'。在统计完所有目标词的初始难度值后可知，初始难度值的最小值和最大值分别为 $b_{min} = 0.03$、$b_{max} = 78.23$，因此，具体转换过程如下

$$b' = 6 \times \frac{b-b_{min}}{b_{max}-b_{min}} - 3 = 6 \times \frac{42.04-0.03}{78.23-0.03} - 3 = 0.22 \quad （公式 3-12）$$

根据以上词汇难度的计算公式和过程，就可以计算出本章研究中涉及的 3366 个词汇的词频参数、词长参数、语音与书写的和谐程度参数以及每个词汇的难度值。将词汇难度取值范围[-3，3]平均划分为 12 个子区间，分别统计在各个难度子区间上目标词出现的频次，结果如图 3-5 所示。由此可见，词汇难度近似呈正态分布，这也验证了本章研究提出的计算词汇难度方法的科学性。

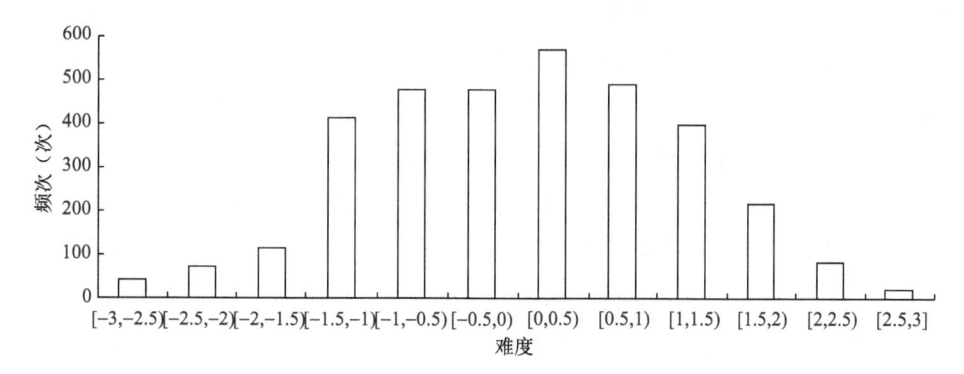

图 3-5 词汇难度频次分布

3366 个英语大纲词的最终难度值确定后，即可将其导入 Access 数据库。导入 Access 数据库中的英语词汇广度知识测验题库表截图如图 3-6 所示，考生未作答时试题的状态（itemStatus）取值均为 0，即处于未作答状态。

itembank_Breadth

ID	itemStatus	itemStem	b	optionA	optionB	optionC	optionD	itemAns
3182	0	challenging	1.74484	a.容易的,简单	vt.预见,预知	a.具有挑战性	a.勤劳的	C
3183	0	headline	1.74726	n.英雄,勇士,	n.(报刊的)	n.(小山)山	n.有希望的	B
3184	0	roller	1.74883	*n.苏格兰	n.匙,调羹	n.滚筒,辊	a.渴,口渴	C
3185	0	lantern	1.75152	n.便所,厕所	n.联盟,社团	n.灯笼,提灯	n.讲课,演讲	C
3186	0	lightning	1.75183	n.导弹	n.病毒	n.竹	n.闪电	D
3187	0	baggage	1.75289	n.平衡	n.气球	n.飞机,机舱	n.行李	D
3188	0	salute	1.75489	n.影子,阴影	n.&v.微笑	v.&n.敬礼	v.延伸,展开	C
3189	0	lavatory	1.75672	n.联盟,社团	n.讲课,演讲	n.便所,厕所	n.一生,终生	C
3190	0	offshore	1.76045	n.接线员	a.乐观的	vt.组织	a.近海的	D
3191	0	acknowledge	1.76048	n.知识,学识	v.谴责	v.组织活动	v.承认;鸣谢	D
3192	0	thrill	1.76111	n.&v.雷声,打	n./v.使激动的	n.&v.步行;	v.吸收,使在	B
3193	0	accuse	1.76421	v.使适应,适合	v.指控	a.合适的,合	vt.忠告,劝告	B
3194	0	accelerate	1.76430	v.(使)减速,	v.(使)加速	n.更换频道,	v.污蔑,指控	B

图 3-6 英语词汇广度知识测验题库表截图

（二）词汇深度知识测验题库建设

词汇深度知识测验题库的建设与词汇广度知识测验题库的建设思路相似，都是从试题内容规划和试题参数获取两个方面进行。在词汇深度知识题库建设的过程中，我们采用了锚测验设计的方式，借助于 BILOGMG 3.0 对试题参数进行估计，并在获得试题参数后运用第一章中所描述的"平均数标准差的方法"进行等值转换，使试题参数更具科学性。

1. 词汇深度知识测验试题题型及内容规划

《普通高中英语课程标准（实验）》将高中生应学习并掌握的英语语言基础知识划分为五个方面，分别是语音、词汇、语法、功能和话题。正如前文所提及的，七级目标水平是学生修习完高中英语必修模块必须达到的水平，因此七级目标水平中对词汇知识的要求是本章研究制定词汇广度知识测验、词汇深度知识测验考查范围的重要依据，也是试题编制的基本指导。

依据《全日制普通高级中学英语教学大纲》《普通高中英语课程标准（实验）》中对词汇能力的考查标准以及现实的英语交际需求，本章研究通过语境择词的方式来检验学习者对词汇深度的掌握情况。语境择词考查的范围主要涵盖单词及词组的核心含义、习惯用语和固定搭配、形近词和近义词辨析、词汇的句法特征四个方面。题型的设置沿用国内相关领域研究者常用的，同时也是国内综合性测验中经常出现的词汇测验题型，即题干部分呈现出短小语境，在关键部位设置考查点，同时为学习者提供五个备选项。在具体的试题设置中，需要按照词汇测验的相关原理进行，并结合现实中口语交际的需要，做到灵活考查。试题应体现出考查的重点，即单词及词组的核心含义、习惯用语和固定搭配、形近词和近义词辨析、词汇的句法特征，有的试题可以同时考查这四者中的两者甚至更多。

例如，指纹识别技术在当下非常流行，办公室指纹签到已经相当风靡。在词汇深度题干部分可将动词"identify"（识别、辨别）一词设为考点，在试题中呈现"fingerprint"（指纹）一词，再添加一些辅助性的词汇就可以创设指纹识别情境来考查"identify"的核心含义。又如，watch 意为看，与 see、look 等词含义相近，但在表示看电视的时候常采用词组 watch TV 来表达，此时的 watch 是不可以被替换成 see 等词的，该词组的表达方式就是一种固定搭配。词汇的句法特征主要体现在句子中某一单词与其他单词的关系上，如情态动词 can 后如果需要加某一动词，那么只能加入该动词的原型，不能是该动词的现在分词或过去分词形式；再如，end up 后若接动词，则应选用动词的现在分词形式（ing 形式），即 end up doing sth.。形近词和近义词辨析方面，主要考查学习者在某几个拼写相似或者含义相似的单词同时出现的情况下会做出何种选择，如 model 和 medal 比较形似，但含义却相差很多，前者表示模型、模特，后者表示奖章，在使用中要根据语境选择合适的词，不能因词形相似而混淆；再如，英语中有多个词可表示"伤害、伤到"这一含义，如 damage、hurt、hit 等，但是在具体的情境中，各词的适应范围和表达方式是不同的，例如，表达"伤到某人的腿"，使用 damage 是不恰当的，因为 damage 常用来形容对物件的伤害、损害，不适用于形容人，此时选用 hurt 和 hit 都可以，但表达方式稍有不同：若选用 hurt，则直接在 hurt 后加上表示身体部位的词，如采用 hurt one's leg 这种表达方式；若选用 hit，则会在表示身体部位的单词前加上介词 in/on，即 hit sb. in/on+身体部位（这里应该是 hit sb. in the leg）。

通过对英语词汇深度知识理解的进一步深化，遵循一定的词汇试题编写原则，最终本章研究以高中英语大纲词为中心，从考查单词及词组的核心含义、习惯用语和固定搭配、形近词和近义词辨析、词汇的句法特征四个方面合计形成 325 道初始词汇深度知识测验试题。

2. 锚测验设计

在自适应语言测验中，获取试题参数有多种方式，如专家经验法、理论分析法、试测法等。在建立词汇广度知识测验题库时，考虑到对单词的考查主要依赖于单词难度，并且单词难度的判定从理论层面有章可循，因此本书采用理论分析法估计词汇广度知识测验试题的参数。词汇深度知识测验题库中的试题并不适合采取同样的方式来评估其参数，这时只能采用试测的方式，将事先编制好的词汇深度知识测验试题施测于高中学生以获得测验的数据，再借助参数估计软件得到初步的试题参数，最终在等值后就可获得科学、合理的参数值。

本书选用锚测验方式进行测验设计，基于锚题设置原则，并结合本章研究中对词汇深度知识测验的要求，将325道测验试题设计成4套测验，分别命名为测验一、测验二、测验三、测验四。其中每套试题中均含25道锚题和75道独立试题，每套测验的试题数量为100道。锚题放置在每个测验的相同位置，锚题的选择要体现内容的代表性和难度的适中性，由于对词汇深度知识的考查可分为单词及词组的核心含义、习惯用语和固定搭配、形近词和近义词辨析、词汇的句法特征四个方面，因此，锚题的选择要综合考虑这几方面，做到各种类型的试题数量均衡，而不只拘泥于某一分项。最终，在一线高中英语教师的帮助下，我们从325道初始试题中挑选出25道锚题。

选取某市的4所普通高中作为试测学校，这4所学校的整体水平略有差异。因测验试题涉及整个高中阶段的知识，且考虑到高三阶段学习节奏太紧，不便于试测，最终选取的试测对象为高二年级第二学期的学生。为了使作答4套测验试题的考生水平处于一种均衡状态，每个班随机指配其中的一套测验。

3. 试题参数估计及等值

通过试测，获取了4所学校共计2751名高二学生的词汇深度知识测验作答信息。本章研究中选用的软件版本是BILOGMG 3.0，软件采用贝叶斯期望后验估计的方法，设置的估计收敛精确度为0.01，牛顿–拉夫逊迭代的最大次数为2，经数据与模型的拟合检验，判定深度知识测验试题与双参Logistic模型的拟合效果更佳，通过检验每道试题的卡方值是否达到显著性水平，将不拟合双参Logistic模型的试题剔除。最终，共剔除锚题6道、独立试题21道，最终词汇深度知识测验题库的试题数量为298道。

由于进行了锚测验设计，本章研究中涉及的 4 套词汇深度知识测验试卷可借助锚题进行等值，经过等值，所有试题参数就被放置在同一量表中，这时词汇深度知识测验试题就可导入 Access 数据库。导入 Access 数据库中的英语词汇深度知识测验题库表截图如图 3-7 所示，与词汇广度知识测验题库表类似，初始状态下所有词汇深度知识测验试题的作答状态（itemStatus）均为 0，即考生并未作答。

ID	itemStatus	a	b	itemStem	optionA	optionB	optionC	optionD	itemAns
1	0	0.284	1.525	Some people find the	give	handle	seize	grasp	D
2	0	0.389	-0.049	Li Lei wanted to tel	hold up	hold back	hold on	hold out	B
3	0	0.681	-0.850	Washington, a state	in favor of	in the hope	in honor of	by means of	C
4	0	0.359	-2.832	Mike didn't play foo	damaged	hurt	hit	struck	B
5	0	0.345	1.111	My ___ of this we	idea	opinion	idiom	thought	A
6	0	0.344	1.073	★ How was Robert's	admired	interested	impressed	inspired	C
7	0	0.236	2.996	The serious ___	accident	affair	incident	event	C
8	0	0.289	0.634	When I took his temp	average	ordinary	regular	normal	D
9	0	0.550	2.488	I remember her face	recall	remind	remember	remark	A
10	0	0.421	-0.755	There're more Olymp	metal	model	medal	modal	C
11	0	0.310	-0.521	Alice ___ her fath	convinced	reinforced	pledged	required	A

图 3-7　英语词汇深度知识测验题库表截图

三、系统核心功能的实现

系统的核心功能主要体现在 ASP 与 Access 数据库的连接、试题选取策略、能力精准估计、测验终止规则等方面，以下将分别介绍各核心功能模块的基本原理及编程实现的方法。

（一）ASP 与 Access 数据库的连接

连接数据库是实现用户与系统交互的前提，将 ASP 与 Access 数据库连接在一起常用的方法有三种，分别是无 ODBC DSN 连接、借助 ODBC 连接以及通过 OLE DB 连接。其中，通过 OLE DB 连入数据库的方式是由微软公司研发的，可访问多种数据源，本系统中 OLE DB 的连接代码如下。

```
<%
set Conn=Server.CreateObject("ADODB.Connection")
Conn.ConnectionString="Provider=Microsoft.Jet.OLEDB.4.0;
Data Source="& Server.MapPath("vocabularytest.mdb")
```

```
Conn.Open
%>
```

首先借助 ASP 内置对象之一的 Server 对象创建 Connection 对象的实例，将连接数据库所需的信息，如数据源提供者、数据库文件的路径等提供给该实例的 ConnectionString 属性，借助 Open 方法就可轻松连入数据库。存放词汇知识测验试题及用户基本信息的 Access 文件 vocabularytest.mdb 放置在根目录下，因此在连入数据库时直接提供数据库文件名即可。

（二）试题选取策略

试题选取策略是指系统采用哪种算法为考生推荐最佳匹配试题，算法的选取充分体现了自适应测验的思想，在测验过程中，系统适应的是考生的词汇能力，这个自适应的过程将持续整个测验阶段。自适应测验中的选题算法繁多，比较经典的有最大费舍信息量法、a 分层选题法、最小期望后验标准差法，另外，全贝叶斯准则、影子测验方法、蒙特卡洛方法等也在实践中逐步得到应用。其中，MFI 法是自适应测验中非常经典也是在实践中应用较为广泛的一种选题算法。该算法有助于提高测验效率和精确度，能够在同等情况下用较少的试题获得更多的测验信息量。因此，本章研究中两个阶段的词汇知识测验均采用 MFI 法实现试题推送。

双阶测验的第一阶段词汇广度知识测验选用了单参 Logistic 模型，第二阶段词汇深度知识测验选用了双参 Logistic 模型，选题算法的实现稍有不同，但原理相同。

1. 词汇广度知识测验选题算法

词汇广度知识测验选题算法的具体程序设计如下。

```
<%
first_Count = 0
'从词汇广度知识题库中未做过的试题中遍历
do while not rs_Breadth.Eof
If rs_Breadth("itemStatus") <> 1 Then
'采用单参 Logistic 模型信息函数公式
```

```
item_Information=exp(rs_PBreadth("theta") -
rs_Breadth("b"))/((1 + exp(rs_PBreadth("theta") -
rs_Breadth("b")))^2)
first_Count = first_Count + 1
'通过比较找到信息量最大的试题对应的题号,记录在 selected_Item 变
量中
If first_Count = 1 Then
max_Information = item_Information
selected_Item = rs_Breadth("ID")
End If
If item_Information > max_Information Then
max_Information = item_Information
selected_Item = rs_Breadth("ID")
End If
End If
rs_Breadth.MoveNext
loop
rs_Breadth.MoveFirst
rs_Breadth.Move selected_Item - 1
%>
```

2. 词汇深度知识测验选题算法

词汇深度知识测验选题算法的具体程序设计如下。

```
<%
rs_PBreadth.movelast   '指针指向词汇广度知识测验结束后考生的能
力估计值,作为初始选题依据 first_Count = 0
do while not rs_Depth.Eof
If rs_Depth("itemStatus") <> 1 Then
P = 1 / (1 + exp(1.7 × rs_Depth("a") × (rs_Depth("
b") - rs_PBreadth("theta"))))   '双参 Logistic 模型
```

```
item_Information = 1.7 × 1.7 × rs_Depth("a") × rs_Depth
("a") × P × (1 - P)    '信息函数
first_Count = first_Count + 1
If first_Count = 1 Then
max_Information = item_Information
selected_Item = rs_Depth("ID")
End If
If item_Information > max_Information Then
max_Information = item_Information
selected_Item = rs_Depth("ID")
End If
End If
rs_Depth.MoveNext
loop
rs_Depth.AbsolutePosition = selected_Item    '指针定位于信息
量最大的试题,以便显示
%>
```

(三)能力精准估计

作为双阶测验,词汇深度知识测验的初始能力值来源于词汇广度知识测验的结果,后续的能力估计在此基础上不断更新,能力估计值的误差越来越小。

1. 词汇广度知识测验能力估计值算法

词汇广度知识测验能力估计值算法的具体程序设计如下。

```
<%
derivative1 = 0
derivative2 = 0
rs_PBreadth.AbsolutePosition = rs_PBreadth.RecordCount - 1
one_Theta0 = rs_PBreadth("theta_B")    '从词汇广度知识测验
```

过程表中读取初始能力值

```
rs_PBreadth.MoveFirst
```
'利用 MLE 估计考生能力
```
do while not rs_PBreadth.Eof
```
$P = \exp(\text{one\_Theta0} - \text{rs\_PBreadth}("b"))/(1 + \exp(\text{one\_Theta0} - \text{rs\_PBreadth}("b")))$ '单参 Logistic 模型

derivative1 = derivative1 + rs_PBreadth("u") − P   '对数似然函数的一阶导数

derivative2 = derivative2 + P × (P−1)   '对数似然函数的二阶导数

```
rs_PBreadth.MoveNext
loop
```
one_Theta = one_Theta0 − derivative1 / derivative2   '牛顿-拉夫逊迭代公式

'能力估计过程中若估计值超出规定范围则进行转化
```
If one_Theta > 4 Then
one_Theta = 4
End If
If one_Theta < -4 Then
one_Theta = -4
End If
%>
```

2. 词汇深度知识测验能力估计值算法

词汇深度知识测验能力估计值算法的具体程序设计如下。

```
<%
derivative1 = 0
derivative2 = 0
rs_PDepth.AbsolutePosition=rs_PDepth.RecordCount - 1
two_Theta0=rs_PDepth("theta")
```

```
rs_PDepth.MoveFirst
'利用 MLE 估计考生能力
do while not rs_PDepth.Eof
P = 1 / (1 + exp(1.7 × rs_PDepth("a") × (rs_PDepth
("b") - two_Theta0)))    '双参 Logistic 模型
derivative1 = derivative1 + 1.7 × rs_PDepth("a") ×
(rs_PDepth("u") - P)    '对数似然函数的一阶导数
derivative2 = derivative2 + 1.7 × 1.7 × rs_PDepth("a")
× rs_PDepth("a") × P × (P - 1)    '对数似然函数的二阶导数
rs_PDepth.MoveNext
loop
two_Theta=two_Theta0 - derivative1 / derivative2    '牛顿-
拉夫逊迭代公式
'能力估计过程中若估计值超出规定范围则进行转化
If two_Theta > 4 Then
two_Theta = 4
End If
If two_Theta < -4 Then
two_Theta = -4
End If
%>
```

（四）测验终止规则

自适应测验的终止规则有两种：固定长度法和标准误控制法。固定长度法固定的是测验中所施测的试题数量；标准误控制法是将两次能力估计的标准误之差控制在一个预设的范围内，达到预设标准即测验终止。本测验系统中第一阶段词汇广度知识测验的终止规则采用固定长度法，第二阶段词汇深度知识测验的终止规则采用标准误控制法。

1. 词汇广度知识测验终止规则

词汇广度知识测验阶段试题的数量阈值为 30，即当考生作答试题数量达到 30 时就终止测验，自动进入第二阶段测验，其关键代码如下。

```
<%
If rs_PBreadth.recordcount < 30 Then   '判断词汇广度知识测验过程表中已作答的试题数量
Response.Write rs_Breadth（"itemStem"）  '不足 30 道试题时，继续从词汇广度知识题库中抽题
Else
Response.Redirect "replytip_two.asp"   '达到 30 道试题后，自动跳转至词汇深度知识测验
End If
%>
```

2. 词汇深度知识测验终止规则

词汇深度知识测验阶段的终止规则设定为，当两次能力估计的标准误之差小于 0.01 时终止深度测验，同时整个自适应测验也随之结束，系统中实现标准误控制的关键代码如下。

```
<%
test_Infomation=0
rs_PBreadth.MoveFirst
'计算考生所做试题的测验信息量
do while not rs_PBreadth.Eof
P = 1 / (1 + exp (1.7 × rs_PBreadth（"a"）×（rs_PBreadth（"b"）- rs_PBreadth（"theta"）)))
test_Infomation = test_Infomation + 1.7 × 1.7 × rs_Depth（"a"）× rs_Depth（"a"）× P ×（1-P）
rs_PBreadth.MoveNext
loop
rs_PBreadth.MoveLast
```

```
rs_PBreadth("SE") = 1 / sqr(test_Infomation)
rs_PBreadth.update
rs_PBreadth.MoveLast
SE2 = rs_PBreadth("SE")
rs_PBreadth.Move-1
SE1= rs_PBreadth("SE")
SE_Differ= SE1-SE2
If SE_Differ < 0.01 Then
Response.Redirect " last.asp"
End If
%>
```

（五）系统关键界面呈现

使用本系统进行测验，首先呈现给考生的是系统的登录界面，关键信息是用户名和密码。本章研究中要求考生将学号录入为用户名，密码为考生出生年月日，系统登录界面如图 3-8 所示。

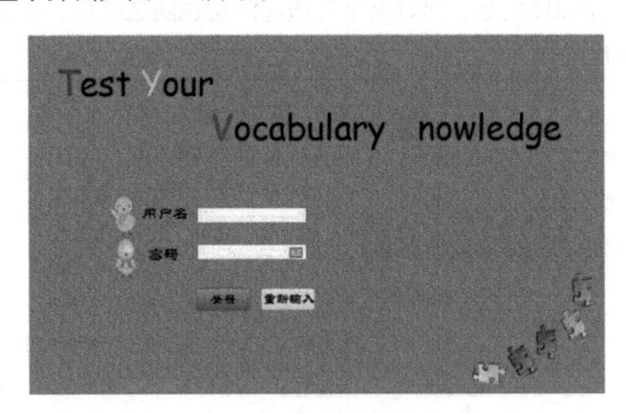

图 3-8 系统登录界面

成功登录系统后，系统会为考生呈现使用提示（图 3-9），主要提示考生本次词汇自适应测验共分为两个阶段：第一阶段为词汇广度知识测验；第二阶段为词汇深度知识测验。不论哪一阶段，系统均会为考生提供与之能力相匹配的试题。尤其需要注意的是，系统不允许考生随意跳题、返回查看所做试题或修改已做试题的答案。在点击"继续"按钮（图 3-9 中的右箭头按钮）后，系统进入第一阶段测验，题型是为英文单词匹配汉语释义。

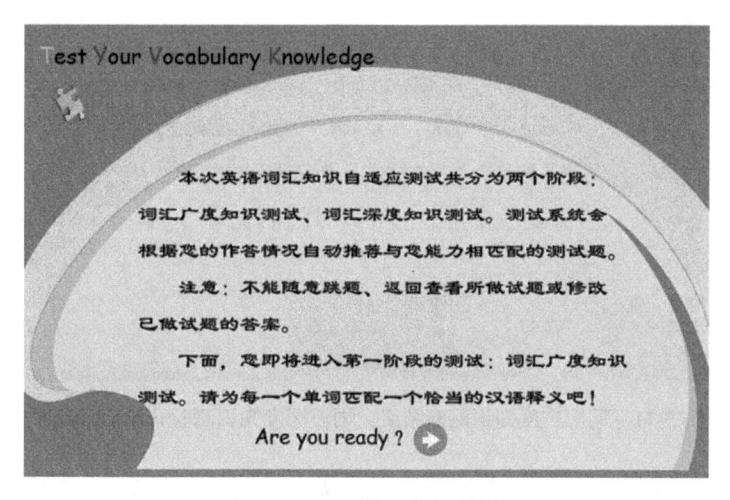

图 3-9 系统使用提示界面

词汇广度知识测验主要侧重在裸词环境下对词汇基本释义的考查，题型设置为含 5 个备选项的单项选择题（图 3-10）。词汇广度知识测验阶段采用固定长度策略，当考生作答完 30 道试题后，词汇广度知识测验阶段随即结束。系统会提示考生即将进入第二阶段词汇深度知识测验，系统提示如图 3-11 所示。

图 3-10 词汇广度知识测验界面

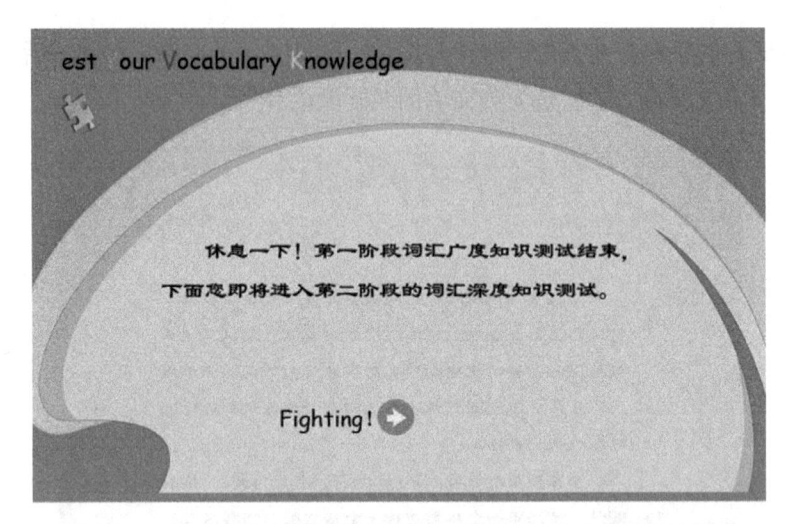

图 3-11　词汇广度知识测验结束，词汇深度知识测验开始提示界面

第二阶段词汇深度知识测验侧重对语境内择词能力的考查，仍然沿用单选题的形式（图 3-12）。第一道题选择的依据是第一阶段词汇广度知识测验的结果，当相邻两次能力估计值的标准误之差小于 0.01 时，词汇深度知识测验随即终止，此时整个测验也将终止，系统会即时向考生反馈其在测验中的表现，最终的成绩报告界面如图 3-13 所示。

图 3-12　词汇深度知识测验界面

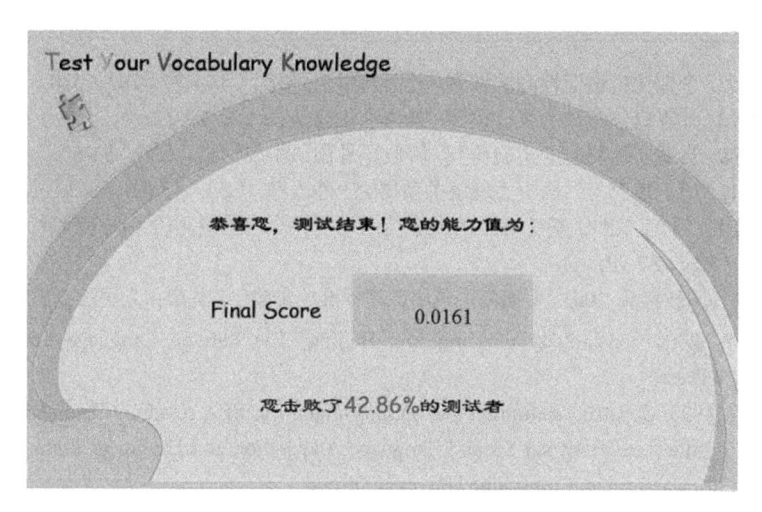

图 3-13　考生成绩报告界面

系统评分是根据 IRT 产生的能力值，并非采用经典的百分制，参与测验的考生可能会对最终估计的能力值产生疑惑，因此，系统还以百分数的形式更加形象地提示考生击败了多少测试者。

参 考 文 献

邓昭春. 2001. 英语词汇量调查问题探讨——兼评一份全国词汇量调查表. 外语教学与研究，（1）：57-62，80.
何武，孙浩. 2010. 外语自主学习模式中词汇随机性测验系统的开发与应用. 现代教育技术，（11）：88-92.
胡华. 1995. 基于字典的英文词汇测验系统的设计及实现. 软件，（3）：61-65.
胡加圣. 2010. 建立科学实用的英语词汇量评估系统——《中国学习者英语词汇量电子评估系统》评介. 外语电化教学，（2）：31-37.
江帆. 2011. 用 Delphi 编写英语词汇测验软件. 科技创新导报，（15）：17.
李俊. 2003. 论词汇的深度和广度与阅读理解的关系. 外语教学，（2）：21-24.
李昕，荆永君，刘天华. 2013. 自适应测验与辅导系统设计与实现. 现代教育技术，（4）：106-109.
李永康. 2003. 第二语言词汇难度定义的整合研究. 安徽工业大学学报（社会科学版），（5）：122-123，135.
娄喜祥. 2005. 两种常用的外语词汇量测验方式的信度及效度对比. 外语与翻译，（2）：43-48.
吕文澎. 2001. 英语难词记忆法：调查与分析. 外语教学，（3）：75-80.
王林，王兆庆. 2009. 基于.net 的英语词汇学习与测验系统设计与实现. 硅谷，（22）：60-61.
王子颖. 2014. 词汇量测验对语言水平的预测性的实证研究. 外语教学理论与实践，（2）：

71-75，96.

曾用强. 2002. 个性化自适应性测验探索. 外语教学与研究，(4)：278-282，320.

曾用强. 2012. 计算机化考试的设计模型. 外语电化教学，(1)：22-27.

张武保. 1999. 自适应性测验的实验研究. 解放军外国语学院学报，(3)：53-55.

张晓东. 2011. 词汇知识与二语听力理解关系研究. 外语界，(2)：36-42.

赵传海，吴敏，叶艳. 2008. 基于IRT的大学英语词汇在线自适应测验系统的设计. 现代教育技术，(12)：87-90.

中华人民共和国教育部. 2003. 普通高中英语课程标准（实验）. 北京：人民教育出版社.

Carroll D W. 2000. Psychology of Language. Beijing: The Foreign Language Teaching and Research Press.

Chappelle C. 1998. Construct definition and validity inquiry in SLA research//Bachman L, Cohen A (Eds.). Interfaces Between Second Language Acquisition and Language Testing Research (pp.32-70). Cambridge: Cambridge University Press.

Cronbach L J. 1942. An analysis of techniques for diagnostic vocabulary testing. Journal of Educational Research, 36(3): 206-217.

Dale E. 1965. Vocabulary measurement: Techniques and major findings. Elementary English, 42(8): 895-901, 948.

Faerch C, Haastrup K, Phillipson R. 1984. Learner Language and Language Learning. København: Gyldendals Sprogbibliotek.

Laufer B, Goldstein Z. 2004. Testing vocabulary knowledge: Size, strength, and computer adaptiveness. Language Learning, 54(3): 399-436.

Meara P, Jones G. 1988. Vocabulary size as a placement indicator//Schmitt N, McCarthy M (Eds.). Vocabulary: Description, Acquisition and Pedagogy (pp.20-39). Cambridge: Cambridge University Press.

Molina L M. 2009. A computer-adaptive vocabulary test. Indian Journal of Applied Linguistics, 35(1): 121-138.

Nation I S P. 1990. Teaching and Learning Vocabulary. New York: Newbury House Publishers.

Qian D D. 1999. Assessing the roles of depth and breadth of vocabulary knowledge in reading comprehension. The Canadian Modern Language Review, (2): 282-308.

Read J. 1998. Validating a test to measure depth of vocabulary knowledge//Kunnan A. (Ed.). Validation in Language Assessment (pp.41-60). Mahwah: Lawrence Erlbaum.

Spielberger C D, Gonzalez H P, Taylor C J, et al. 1980. Manual for the Test Anxiety Inventory ("Test Attitude Inventory"). Redwood City: Consulting Psychologists Press.

Takahashi N, Nakamura T. 2009. Development and evaluation of the adaptive tests for language abilities (ATLAN). Japanese Journal of Educational Psychology, 57(2): 201-211.

Vispoel W P. 1998. Psychometric characteristics of computer-adaptive and self-adaptive vocabulary tests: The role of answer feedback and test anxiety. Journal of Educational Measurement, 35(2): 155-167.

Vispoel W P, Bleiler T. 2000. Limiting answer review and change on computerized adaptive vocabulary tests: Psychometric and attitudinal results. Journal of Educational Measurement, 37(1): 21-38.
Wesche M, Paribakht T S. 1996. Assessing second language vocabulary knowledge: Depth versus breadth. Canadian Modern Language Review, 53(1): 13-40.

第四章

CAT 中的选题策略

　　选题是 CAT 的关键环节,关系到题库的安全性、能力估计的准确性等方面。CAT 中常用的选题策略是 MFI 法,即依据当前估计的考生能力值计算题库中剩余试题的信息量,从中选择信息量最大的试题作为考生需要回答的下一道试题,这就为参与测验的考生提供了与其能力相匹配的试题,并且保证了每名考生作答的试题不同。这种选题策略使得测验效率较高,可以很快达到测验所要求的精确度。然而,在这个过程中,那些区分度较高的试题会被频繁使用,使得这些试题的曝光率过高,题库的安全性降低。随着测验需求的不断增加,很多研究者开始尝试为经典选题策略 MFI 增加约束条件,使其在保证测量精确度的同时,还能控制试题的曝光率和平衡测验内容等。

第一节　CAT 中选题策略的相关研究

根据测验的实际需要或目标条件，可以将选题策略分为提高测验结果准确性的选题策略、控制试题曝光率的选题策略、控制内容平衡的选题策略和综合型的选题策略四大类。

一、提高测验结果准确性的选题策略

测验结果的准确性是测验追求的首要目标，提高测验结果准确性的选题策略利用数学模型，将考生当前能力水平的估计值与试题参数关联起来，据此从题库剩余试题中为考生选择最适合的下一题，此类选题策略包括最常用的 MFI 法以及一系列对其改进后的新选题策略。

Lord（1971）提出了 b 匹配法选题策略，这是最早的一种选题策略，遵循"自适应"的指导思想，即选取难度与考生潜在特质相匹配的试题进行测验。Lord（1977）受测验信息函数组卷方法的启示，提出了 MFI 法。此后，研究者在 MFI 法的基础上提出了区间 MFI 策略（FI*I）、似然函数加权形式的 MFI 策略（FI*L）、几何均值区间 MFI 策略（FI*IG），这些策略都可以较好地提高测量精确度。Chang 和 Ying（1996）提出了最大全局信息量（maximum global information，MGI）法，即将 KL 距离（也叫相对熵，用来衡量相同事件空间里的两种概率分布的差异情况）引入 CAT 选题，与 MFI 相比，这种方法提高了能力估计的准确性和稳定性，考生能力估计值的偏差和均方根误差都相对较小。Veerkamp 和 Berger（1997）提出了最大加权信息量（maximum weighted information，MWI）法，这种方法在能力估计的置信区间内对 Fisher 信息量进行加权，从题库中选择加权信息量最大的试题给考生作答，其测量准确性优于MFI 法。

Cheng（2009）提出了 PWKL 选题策略，这是一种点估计方法，即用 KL 信息量来计算当前的估计值同所有可能知识状态之间的差异，并使用知识状态的后验分布进行加权。Cheng（2010）进一步指出在关注测量准确性的同时还需关注各知识属性的收敛情况,据此提出修正的极大化整体判别指标(modified maximum global discrimination index,MMGDI)法,结果发现,MMGDI 在属性判准率(attribute correct classification rate,ACCR)和模式判准率(pattern correct classification rate,PCCR)上均表现良好。Kaplan 等(2015)提出了 MPWKL[计算考生知识状态(即能力水平)与其他知识状态之间的一种期望差异]和 GDI[①](计算不同知识状态对于某一项目正确作答概率的差异)两种指标(即选题中选择 MPWKL 或 GDI 值最大的试题),并采用两种策略进行了模拟实验,结果表明,MPWKL 和 GDI 均能减小测验长度,且 GDI 的效果更好。高椿雷等(2016)对 PWKL、MPWKL、GDI 和 SHE 四种选题策略进行了模拟实验,并采用 PCCR 作为评价指标,结果表明,PWKL 的 PCCR 最低,MPWKL、GDI 和 SHE 的 PCCR 之间不存在显著差异。

二、控制试题曝光率的选题策略

试题曝光率指的是试题在施测过程中被调用的次数。试题曝光率越高,考生对其事先有一定了解的可能性越大,造成题库不安全和测验结果不准确,同时也会导致部分试题曝光率过低,造成题库资源的浪费。因此,控制曝光率,一方面是要控制曝光率过高试题的使用次数,另一方面则是要设法增加曝光率过低试题的使用次数。

Lord(1980)基于之前提出的 b 匹配法,提出了最佳试题难度(optimal item difficulty,OID)法,以此来克服以往选题策略倾向选择区分度较大试题的缺陷。Cheng 和 Liou(2003)认为,OID 法会使能力估计的精确性降低,并且部分试题的曝光率依然过高,因而提出了难度邻近方法,它不仅可以解决 OID 法精确度太低的问题,同时也兼顾了题库的使用效率问题。

Chang 和 Ying(1999)提出了 a 分层法,这是为了针对 MFI 过度调用区分度较高的试题提出的,该方法将题库中的试题按区分度从小到大排列并分为 n 层,同时把测验分为 n 个阶段,在不同测验阶段从对应区分度层中选择试题,

---

① GDI:G-DINA 模型区分度指标,G-DINA model discrimination index;G-DINA:广义决定性输入,噪声"与"门模型,the generalized deterministic inputs, noisy 'and' gate。

并将区分度高的试题留到能力估计较为稳定的阶段使用，这种方法能有效控制试题曝光率，在降低测验成本、提高测验效率、提高题库利用率等方面有一定的优势。Chang 等（2001）改进了 a 分层法，提出了 b 分层（b-stratified, b-STR）法，即将试题难度 b 也作为分层的依据。程小扬等（2012）在 a 分层法和 b 分层法的基础上提出了 MFI 按 a 分层选题策略（MI-a-STR）和 MFI 按 b 分层选题策略（MI-b-STR），即以试题的 MFI 和取得 MFI 对应的能力值取代 a 分层法和 b 分层法中的 a、b 两个参数，并将其作为分层依据。章沪超和丁树良（2013）提出了按区分度近似分布分层法和按最大信息量近似分布分层法，将试题按区分度或最大信息量升序排列，从第 1 题开始，每隔 n 道试题组成一层，选题时选择当前层中与考生能力估计值差异最小的试题，通过模拟实验表明，新的选题策略有效降低了试题的曝光率。丁加林等（2016）结合最大优先级指标（maximum priority index，MPI）选题策略和 a 分层选题策略的优势，提出了附加区分度约束的两阶段 MPI 选题策略，并通过 MCS 实验证明该选题策略有效提高了题库的利用率。

Sympson 和 Hetter（1985）提出了用条件概率法控制试题曝光率（即 SH 法），该方法的思想是在试题的选择和最终呈现之间增加一个"过滤器"，也就是为试题设置一个曝光参数，这种方法限定了试题的曝光率，但无法提高使用频率过低的试题的曝光率。Barrada 等（2009）提出了多重极大曝光率方法（multiple maximum exposure rates method，MRM），这种方法使试题曝光率均匀，在一定程度上抑制了高曝光率试题的使用率。朱隆尹等（2015）提出了不定长 CAT 的引入曝光因子的平均调整信息选题策略，即利用当前能力估计值和测验信息量计算一个能力估计区间，进一步计算该区间内的平均调整信息，然后从剩余试题中选择平均调整信息最大的试题作为下一道试题，实验结果表明，该选题策略可以有效控制试题的曝光率。

三、控制内容平衡的选题策略

依据考生能力和试题参数设计的选题策略，往往会导致测验内容的不平衡，使得考生有可能在掌握较好的内容领域作答试题较多，从而取得较好的测验成绩，或者也可能在掌握不太好的内容领域作答试题较多，导致测验成绩较差，这都会导致测验结果不准确。因此，在设计选题策略时，需要对测验内容进行控制，使测验包含的各个目标内容领域尽量均衡。

Kingsbury 和 Zara（1989）提出了约束 CAT（constrained CAT，CCAT）方法，该方法根据所测内容将题库划分成不同部分，从那些与目标比例相差最大的内容领域中选择信息量最大的试题提供给考生作答，这种方法简单易操作，但有时无法满足所有内容领域。Chen 和 Ankenmann（1999）提出了修正的多项模型（modified multinomial model，MMM）法，通过设定内容领域的累计分布，并用随机数与累计分布做比较进而选择相应部分的试题，可以有效控制内容平衡。Yi 等（2001）提出了 c 分层（c-stratified，c-STR）选题策略，这种方法将内容也作为分层的依据内容，即在选题过程中先依据内容进行分组，再依据难度对每个组进行分区，最后依据区分度对每个区进行分层（共 k 层），以此将测验分为 k 个阶段，并通过模拟实验与 a 分层选题策略、b 分层选题策略、SH 法进行比较，结果表明，c 分层选题策略在控制试题曝光率的同时，也实现了对内容的平衡，而且并不会降低测验的精确度。Leung 等（2003）提出了修正的 CCAT（modified CCAT，MCCAT），并将 CCAT、MMM 和 MCCAT 分别与 a 分层选题策略、b 分层选题策略和 c 分层选题策略结合，共得到 9 种选题策略，研究表明，当满足相同内容约束时，这些方法的测量准确性没有显著差异。

四、综合型的选题策略

在选题过程中，有时需同时对多种条件进行控制，这就需要综合型的选题策略，利用一定的算法将控制不同条件的选题策略结合起来，或者在原有策略中加入更多的约束条件，以实现多种控制。

van der Linden 和 Reese（1998）提出了影子测验（shadow test，ST）方法，这种方法在选题之前会将所有符合条件的试题组合成一个新的题库，即影子题库，然后再依据一定的选题策略（如 MFI 法）从中选择合适的试题，这种方法借助建立影子题库的约束条件可以实现多重控制。Deng 等（2010）将 a 分层选题策略、SH 法和 MMM 法结合，以同时控制试题曝光率和内容平衡。罗芬等（2012）提出了两种多级评分 CAT 动态综合选题策略，即区间估计选题法和动态综合选题法。王晓庆等（2016）为多级评分 CAT 提出了一种调和平均的动态综合（DC based on harmonic mean，HMDC）选题策略，该策略是一种关注调和平均数、控制区分度的幂指数的新策略。邱敏等（2018）提出了动态加权区间的选题策略，即先构造一个包含 MFI 的试题区间，相当于"影子题库"，再通过设置一个权值来调节区间的大小，研究者通过模拟实验验证了该选题策略的应用效果。

本章研究在构建影子题库的基础上，将内容平衡和布鲁姆的教育目标层级平衡的控制作为形成影子题库的约束条件，提出一种基于影子题库的新选题策略，并通过模拟实验和真实实验将新选题策略与常用的 MFI 法进行比较，以验证其有效性。

第二节 基于影子题库的内容与目标层级平衡选题策略

一、影子题库

为了实现对多个测验目标同时进行控制，van der Linden 和 Reese（1998）提出了影子题库的选题策略，其主要思想是在选题之前，依据预先设定的约束条件，从题库剩余试题中选择一定数量的试题组成一个新的题库，即影子题库，然后依据 MFI 法或其他选题方法从影子题库中选择考生的下一道试题，直至满足测验结束的条件。影子题库的选题策略可以同时综合考虑多种约束条件，是研究者考虑综合型选题策略时常用的基础选题思想。利用影子题库选题的主要流程如图 4-1 所示。

与直接利用 MFI 法的选题不同，影子题库的选题不是直接根据估计所得的考生初始能力值选择信息量最大的试题，而是先根据预先设定的控制条件（例如，试题属于某一内容领域），从题库所有剩余试题中选择符合要求的试题形成新的选题题库，即影子题库，相当于原有题库的子集。接下来与 MFI 法类似，需要根据初始能力值计算影子题库中所有试题的信息量，从中选择信息量最大的试题作为考生的下一道试题，然后依据考生的作答结果再次估计考生的能力

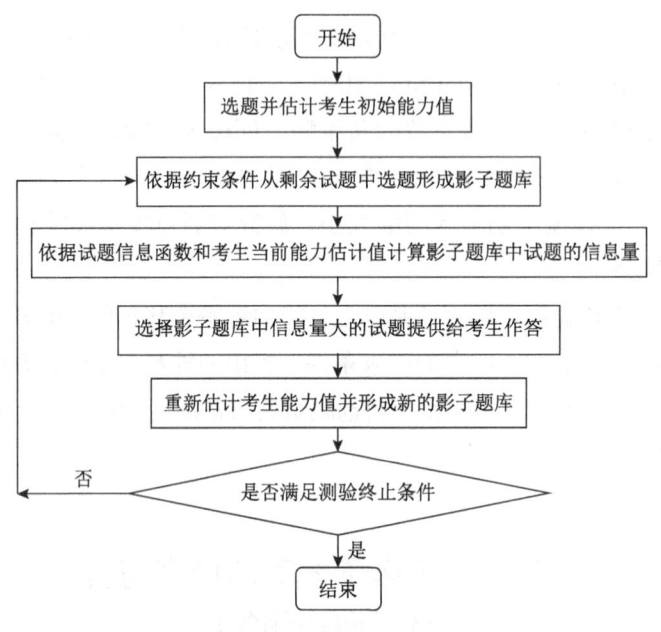

```
                    开始
                     │
                     ▼
            选题并估计考生初始能力值
                     │
                     ▼
        依据约束条件从剩余试题中选题形成影子题库
                     │
                     ▼
     依据试题信息函数和考生当前能力估计值计算影子题库中试题的信息量
                     │
                     ▼
         选择影子题库中信息量大的试题提供给考生作答
                     │
                     ▼
         重新估计考生能力值并形成新的影子题库
                     │
                     ▼
         是否满足测验终止条件 ──否──┐
                     │是          │
                     ▼            │
                    结束          （返回）
```

图 4-1 影子题库选题流程

值，同时重新形成影子题库，不断重复能力值估计和形成影子题库进行选题的过程，直至达到测验的结束条件。

为了验证这种选题策略的有效性，van der Linden（2000）将影子题库的选题策略应用到了具有反应时间约束的 CAT 中，并对自适应测验和纸笔测验的得分进行了等值，结果表明，利用影子题库的选题策略选出的试题能满足多种约束条件并接近最优选择。

二、内容与目标层级平衡选题策略

（一）内容平衡的控制

对于内容平衡的控制，主要是依据题库中每部分内容领域的权重来计算一次测验中每部分内容领域需要作答的试题数量，内容领域一般依据测验内容现有的章节划分，或将联系较为密切的章节合并后再进行划分，权重则依据题库中某一内容领域的试题数量与题库中试题总数的比值进行计算。然后，结合一次测验中考生在每部分内容领域已作答的试题数量和需要作答的试题数量之间的差值来进行选题。

假定测验内容共涵盖 j 部分内容领域，每部分内容领域的权重分别为 w_1、w_2、w_3…w_j，采用固定长度的 CAT，即每名考生作答固定数量的试题后测验结束（假设为 p 道），在这 p 道测验试题中，每部分内容领域需要施测的试题数量应为 $p×w_i$ 左右，即每次测验中包含第一部分内容领域的试题数量为 $p×w_1$（记作 m_1）左右，第二部分内容领域的试题数量为 $p×w_2$（记作 m_2）左右，第三部分内容领域的试题数量为 $p×w_3$（记作 m_3）左右……第 k 部分内容领域的试题数量为 $p×w_k$（记作 m_k）左右。若在某次测验中，考生在第一部分内容领域已经作答了 x_1 道试题，在第二部分内容领域已经作答了 x_2 道试题，在第三部分内容领域已经作答了 x_3 道试题……在第 k 部分内容领域已经作答了 x_k 道试题，则可以计算出每部分内容领域最多还可以选择的试题数量分别为（m_1-x_1）、（m_2-x_2）、（m_3-x_3）…（m_i-x_i）…（m_k-x_k），其中，（m_i-x_i）值最大的内容领域就是接下来选题的内容领域，这就在一定程度上实现了对测验内容平衡的控制。

（二）目标层级平衡的控制

与内容平衡的控制相似，对于目标层级平衡的控制，需要先依据每道试题的测验内容将其归属于相应的布鲁姆教育目标层级，然后计算每个目标层级的权重，即利用题库中每个目标层级的试题数量与题库中的试题总数之比来计算，进而确定每个目标层级应该作答的试题数量，最后依据测验中每个目标层级已作答的试题数量和需要作答的试题数量来选题。

假定依据布卢姆的教育目标分类理论，测验试题的内容可以划分为 k 个目标层级，依据权重之比得知每个目标层级应该作答的试题数量分别为 n_1、n_2、n_3…n_i…n_j，测验中每个目标层级已作答的试题数量分别为 y_1、y_2、y_3…y_i…y_j，选择（n_i-y_i）值最大的目标层级就是接下来选题的目标层级，以实现对目标层级平衡的控制。

（三）内容与目标层级平衡的控制

新的 CAT 选题策略将内容平衡控制和目标层级平衡控制相结合，以此作为影子题库形成的约束条件，然后再依据影子题库中每道试题的信息量从中选择下一道试题。假定题库中试题的测验内容包含 j 部分内容领域，并且分别归属

于 k 个目标层级，每次选择试题时，先进行选题内容领域的确定，即 (m_i-x_i) 值最大的内容领域，然后根据选择的内容领域再进行目标层级的确定，即 (n_i-y_i) 值最大的目标层级，最后从符合条件的试题中选择信息量最大的试题。具体的选题流程如图 4-2 所示。

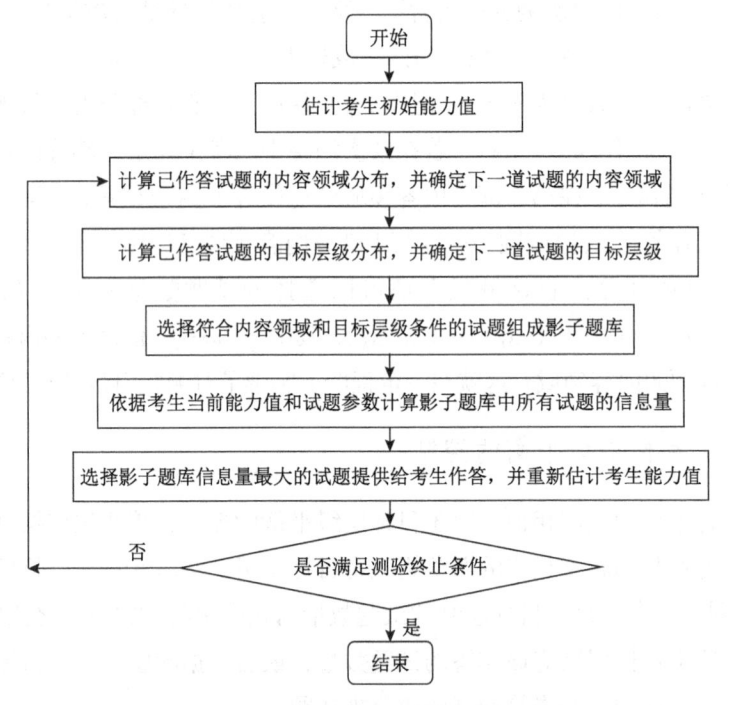

图 4-2 基于内容和目标层级平衡的选题流程

第三节 基于影子题库的内容与目标层级平衡选题策略的模拟实验

一、模拟题库、考生和考生的反应向量

（一）模拟题库

假设题库中共有 500 道试题，其中单选题有 450 道，多选题有 50 道，分属

于两部分内容领域和三个目标层级：第一部分内容领域包含 250 道试题，第二部分内容领域也包含 250 道试题；第一个目标层级包含 150 道试题，第二个目标层级包含 200 道试题，第三个目标层级包含 150 道试题。

首先，研究者利用 WinGen 软件生成 500 道试题，每道试题均包含区分度和难度两个参数，区分度参数采用对数正态分布，最大值为 2.442，最小值为 0.397，平均值为 1.034；难度参数采用标准正态分布，最大值为 3.544，最小值为 -3.548，平均值为 0.030。其次，研究者再根据预先设定的比例随机分配每道试题所属的内容领域和目标层级。存放模拟题库的数据表中共有六个字段，分别是试题序号、试题类型（单选或多选）、区分度、难度、所属内容领域以及所属目标层级。

（二）模拟考生

利用 WinGen 软件生成 1000 个符合标准正态分布的模拟考生的能力值，其最大值为 3.48，最小值为 -2.85，平均值为 -0.02，标准差为 1.02。存放模拟考生信息的数据表包含考生序号、能力值、能力估计值三个字段。

（三）模拟考生反应向量

在模拟 CAT 的过程中，考生每选择一次试题，系统将依据考生的能力值、试题参数和双参 Logistic 模型计算考生的正答概率，同时利用随机函数生成 0—1 的随机数，然后比较正答概率和随机数的大小。若正答概率大于等于随机数，则考生回答正确，反应向量标记为 1；若正答概率小于随机数，则考生回答错误，反应向量标记为 0。

二、模拟测验的设计

（一）选题策略

在模拟 CAT 的过程中，分别采用基于影子题库的内容与目标层级平衡选题策略以及 MFI 法，前者依据已施测试题的内容和目标层级分布情况，从剩余试题中选择部分试题形成影子题库，然后从影子题库中选择信息量最大的试题，后者则直接从剩余试题中选择信息量最大的试题。

（二）能力估计方法

在测验过程中，采用 MLE 法估计考生能力值，这种方法首先要构造似然函数，其次利用牛顿-拉夫逊迭代方法计算考生能力值。

（三）测验结束条件

模拟测验采用固定长度法作为测验终止条件，测验长度为 75 道试题，两种选题策略分别进行三次实验。

三、模拟测验的评价指标

（一）能力估计准确性

能力估计的计算公式如下

$$R = \frac{1}{C}\sum_{j=1}^{C}\left(\sum_{i=1}^{N}\frac{|\theta_i - \theta_{ij}|}{N}\right)$$ （公式 4-1）

其中，N 表示考生人数，C 表示模拟实验重复的次数，θ_i 表示考生 i 的真实能力值，θ_{ij} 表示考生 i 在第 j 次模拟实验中得到的能力估计值，R 值用来衡量能力估计的准确性，其值越小，表明能力估计的准确性越高。

（二）测验效率

测验效率的计算公式如下

$$TE = \frac{\sum_{i=1}^{N}inf_i}{\sum_{i=1}^{N}L_i}$$ （公式 4-2）

其中，inf_i 表示考生 i 的测验信息总量，L_i 表示考生 i 的测验长度，TE 表示测验效率，其值越大，表明测验效率越高。

（三）试题调用均匀性

试题调用均匀性的计算公式如下

$$SE = \frac{1}{C}\sum_{j=1}^{C}\left(\frac{1}{M}\sqrt{\sum_{i=1}^{M}\left(m_{ij} - \frac{\sum_{i=1}^{M}m_{ij}}{M}\right)^2}\right) \quad （公式4-3）$$

其中，M 表示题库中的试题总数，m_{ij} 表示试题 i 在第 j 次模拟实验中被调用的次数，$\dfrac{\sum_{i=1}^{M}m_{ij}}{M}$ 表示试题在第 j 次模拟实验中被调用的平均次数。SE 用来表示试题调用均匀性，其值越小，表明试题调用越均匀。

（四）测验重叠率

测验重叠率的计算公式如下

$$Rt = \frac{2TO_{总}}{(N-1)\sum_{i=1}^{n}L_i} \quad （公式4-4）$$

其中，$TO_{总} = \sum_{j=1}^{M}C_{M_j}^{2}$，为考生的试题重叠总数，$M_j$ 是题库中第 j 题的使用次数，$C_{M_j}^{2}$ 为从 M_j 个元素中取出第二个元素的组合数，Rt 表示测验重叠率，其值越小越好。

四、模拟测验的结果

两种选题策略下，模拟测验评价指标的比较如表 4-1 所示，由此可以看出，在能力估计准确性、测验效率、试题调用均匀性、测验重叠率四个方面，MFI

选题策略均优于内容与目标层级平衡选题策略，但两者之间相差不大。

根据表 4-1、表 4-2 可知，内容与目标层级平衡选题策略在保证测验基本质量的前提下，实现了对测验内容与布鲁姆教育目标层级的平衡控制。模拟测验中内容与目标层级的预期分布，以及两种不同选题策略下内容与目标层级的分布如表 4-2 所示，可以看出，内容与目标层级平衡选题策略下的试题分布与预期分布完全一致，而 MFI 选题策略下的试题分布与预期分布差异较大。

表 4-1　模拟测验评价指标的比较

评价指标	内容与目标层级平衡选题策略	MFI 选题策略
能力估计准确性	0.0917	0.0914
测验效率	1.0561	1.0714
试题调用均匀性	29 737.8800	28 806.9200
测验重叠率	0.3476	0.3414

表 4-2　模拟测验中内容与目标层级分布的比较　　　　　单位：道

选题策略	内容领域 1	内容领域 2	目标层级 1	目标层级 2	目标层级 3
预期分布	38.00	37.00	23.00	30.00	22.00
内容与目标层级平衡选题策略	38.00	37.00	23.00	30.00	22.00
MFI 法	35.78	39.22	20.38	33.11	21.51

第四节　基于影子题库的内容与目标层级平衡选题策略的实际应用

一、测验内容

本章研究中实际应用的测验内容为"现代教育技术"公共课所涵盖的教学内容，共分为八章，具体细节如表 4-3 所示。

表 4-3 "现代教育技术"公共课的教学内容

序号	章节内容	具体教学内容
第一章	现代教育技术概述	信息时代的教育
		现代教育技术的基本概念
		教育技术的产生与发展
		现代教育技术与教育信息化
		现代教育技术与教师
第二章	现代教育技术的理论基础	学习理论
		教学理论
		视听与传播理论
		系统科学理论
第三章	教学设计与教学评价	教学设计概述
		教学设计的一般过程
		信息化教学设计
		教学评价
第四章	教学媒体与信息化教学环境	教学媒体概述
		常见的教学媒体
		信息化教学环境
第五章	网络教育资源检索	网络教育资源概述
		网络信息资源检索
		常用的中文数据库及其使用
第六章	素材的采集与处理	声音的采集与处理
		图像的采集与处理
		Flash 动画制作
		视频编辑
第七章	教学课件的设计与制作	多媒体课件概述
		演示型课件的制作
		交互型课件的制作
		微课的设计与制作
第八章	技术推动下教育的发展和演变	远程教育概述
		网络教育的新发展：慕课解读
		网络教育推动下课堂教学模式的变革与创新

根据"现代教育技术"公共课所含八章的具体内容，可以将第一章至第四章以及第八章归为理论知识类，第五章至第七章归为软件操作类，分别归属理论和操作两个内容领域。另外，依据布鲁姆教育目标分类理论中认知领域目标层级的划分，可以将"现代教育技术"公共课的考核目标划分为记忆、理解和应用3个目标层级。

二、测验方法

（一）测验对象与过程

参与测验的考生为某师范大学2018级140名来自不同专业的师范生，他们都经历了一学期的现代教育技术公共课的学习，对该课程的内容有一定的了解和掌握，并且所有考生都有过使用计算机进行测验的经历。测验在3个不同的计算机机房内同时进行，测验时间为50分钟，每名考生都需要作答75道试题，如果超时，系统会自动提交考生已作答信息，未作答试题则按照作答错误处理。

（二）测量工具

测验使用的是现代教育技术公共课CAT系统，系统采用了基于影子题库的内容和目标层级平衡选题策略。系统的题库中共有240道选择题，其中有198道单项选择题和42道多项选择题。试题分属于两部分内容领域和3个目标层级：理论内容领域包含156道试题，操作内容领域包含84道试题；记忆目标层级包含139道试题，理解目标层级包含54道试题，应用目标层级包含47道试题。此外，题库中的试题采用双参Logistic模型进行拟合，包含区分度和难度两个参数：试题区分度的最大值为1.019，最小值为0.101，平均值为0.489；试题难度的最大值为3.776，最小值为–3.546，平均值为–0.614。

三、测验结果

（一）考生能力水平

1. 考生能力水平的基本信息

140名考生能力估计值的最大值为2.12，最小值为–1.59，平均值为0.26，标准差为 0.89，能力估计值的分布如表 4-4 所示，由此可以看出，大部分考生的能力值介于-1—1。

表 4-4 考生能力估计值分布

分布区间	$-2 \leq \theta < -1$	$-1 \leq \theta < 0$	$0 \leq \theta < 1$	$1 \leq \theta < 2$	$2 \leq \theta < 3$
考生人数（名）	8	56	45	27	4

2. 考生能力估计值的精确性

140 名考生的测验信息量和能力估计标准误的分布情况如图 4-3 所示，测验信息量的最大值为 14.42，对应的能力估计标准误为 0.26，出现在能力估计值 -0.79 处；测验信息量的最小值为 6.12，对应的能力估计标准误为 0.40，出现在能力估计值 2.11 处。

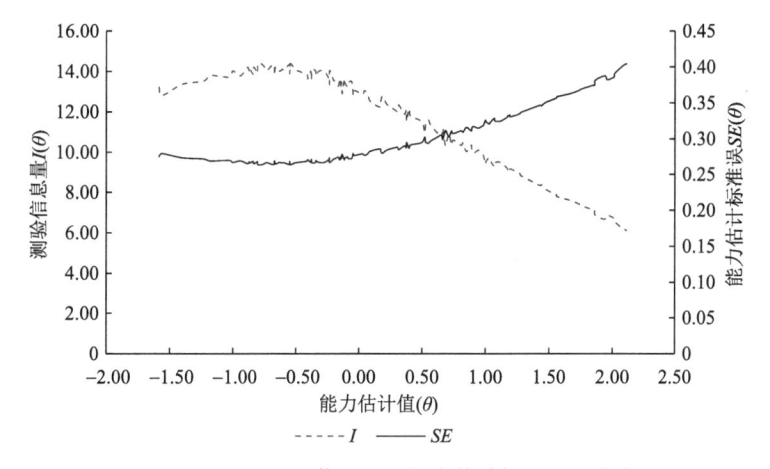

图 4-3 考生测验信息量和能力估计标准误的分布

（二）考生作答结果中内容与目标层级的分析

1. 考生作答试题的预期分布

CAT 系统预期每名考生作答的 75 道试题包括：来自理论内容领域的 49 道试题，来自操作内容领域的 26 道试题；来自记忆目标层级的 44 道试题，来自理解目标层级的 17 道试题，来自应用目标层级的 14 道试题。

2. 内容或目标层级掌握程度的等级划分

结合考生具体的作答情况,可分析其对每部分内容领域和每个目标层级知识点的掌握情况,即依据考生在第 i 个内容领域(或目标层级)作答正确的试题数量与考生在第 i 个内容领域(或目标层级)作答试题总数的比值(记作 e)进行判断,共划分为四个等级。

1)$0 \leqslant e < 0.25$,表明考生对该内容领域(或目标层级)的知识掌握较差。
2)$0.25 \leqslant e < 0.50$,表明考生对该内容领域(或目标层级)的知识掌握一般。
3)$0.50 \leqslant e < 0.75$,表明考生对该内容领域(或目标层级)的知识掌握较好。
4)$0.75 \leqslant e \leqslant 1$,表明考生对该内容领域(或目标层级)的知识掌握很好。

3. 内容领域的分析

根据测验统计结果可知,每名考生在理论内容领域作答的试题数量均为 49 道,在操作内容领域作答的试题数量均为 26 道,符合题库中两部分内容领域试题数量的比例,有效地实现了内容平衡的控制。140 名考生对每部分内容领域的掌握程度如表 4-5 所示,由此可知,这 140 名考生中,理论内容领域掌握较好和很好的人数相较于操作内容领域掌握较好和很好的人数略多一些,出现这种情况的原因可能是理论知识较为系统,便于记忆和理解,而操作内容领域知识较为琐碎,不利于记忆。

表 4-5 考生对每部分内容领域的掌握程度   单位:名

内容领域	掌握情况			
	较差	一般	较好	很好
理论内容领域	0	23	110	7
操作内容领域	0	30	106	4

4. 目标层级的分析

根据测验统计结果可知,每名考生在记忆目标层级作答的试题数量均为 44 道,在理解目标层级作答的试题数量均为 17 道,在应用目标层级作答的试题数量均为 14 道,符合题库中 3 个目标层级试题数量的比例,有效地实现了目标层级平衡的控制。140 名考生对各个目标层级的掌握程度如表 4-6 所示,由此可知,这 140 名考生对 3 个目标层级的掌握情况有一定的差异,从人数分布来看,随着目标层级由低到高变化，掌握较好和很好的人数逐渐减少，出现这种情况的原因可能是随着目标层级由低到高变化，试题难度逐渐增大，对于考生而言，其作答正确的概率就会有所下降。

表 4-6　考生对 3 个目标层级的掌握程度　　　　　单位：名

目标层级	掌握情况			
	较差	一般	较好	很好
记忆目标层级	0	19	112	9
理解目标层级	0	29	105	6
应用目标层级	1	37	98	4

参 考 文 献

程小扬, 丁树良, 朱隆尹, 等. 2012. 等级评分模型下的最大信息量分层选题策略. 江西师范大学学报（自然科学版）,（5）: 446-451.

丁加林, 熊建华, 罗芬, 等. 2016. 带区分度约束的选题策略研究. 江西师范大学学报（自然科学版）, 40（4）: 377-381.

高椿雷, 罗照盛, 郑蝉金. 2016. 具有认知诊断功能的多阶段自适应测验及其影响因素研究. 心理科学, 39（6）: 1492-1499.

罗芬, 丁树良, 王晓庆. 2012. 多级评分计算机化自适应测验动态综合选题策略. 心理学报, 44（3）: 400-412.

邱敏, 罗芬, 熊建华, 等. 2018. 动态加权区间的 CAT 选题策略研究. 江西师范大学学报（自然科学版）, 42（2）: 139-143.

王晓庆, 罗芬, 丁树良, 等. 2016. 多级评分计算机化自适应测验动态调和平均选题策略. 心理学探新, 36（3）: 270-275.

章沪超, 丁树良. 2013. 各层分布近似的计算机化自适应测验分层选题策略. 江西师范大学学报（自然科学版）, 37（6）: 652-656.

朱隆尹, 丁树良, 程小扬, 等. 2015. 不定长 CAT 引入曝光因子的平均调整信息选题策略研究. 心理学探新, 35（1）: 68-71.

Barrada J R, Olea J, Ponsoda V, et al. 2009. Item selection rules in computerized adaptive testing: Accuracy and security. Methodology European Journal of Research Methods for the Behavioral and Social Sciences, 5(1): 7-17.

Chang H H, Ying Z. 1996. A global information approach to computerized adaptive testing. Applied Psychological Measurement, 20(3): 213-229.

Chang H H, Ying Z. 1999. A-stratified multistage computerized adaptive testing. Applied

Psychological Measurement, 23(3): 211-222.

Chang H H, Qian J, Ying Z. 2001. A-stratified multistage computerized adaptive testing with b blocking. Applied Psychological Measurement, 25(4): 333-341.

Chen S Y, Ankenmann R D. 1999. Effects of practical constraints on item selection rules at the early stages of computerized adaptive testing. Paper Presented at the Annual Meeting of the American Educational Research Association, Montreal.

Cheng P E, Liou M. 2003. Computerized adaptive testing using the nearest-neighbors criterion. Applied Psychological Measurement, 27(3): 204-216.

Cheng Y. 2009. When cognitive diagnosis meets computerized adaptive testing: CD-CAT. Psychometrika, 74(4): 619-632.

Cheng Y. 2010. Improving cognitive diagnostic computerized adaptive testing by balancing attribute coverage: The modified maximum global discrimination index method. Educational and Psychological Measurement, 70(6): 902-913.

Deng H, Ansley T, Chang H H. 2010. Stratified and maximum information item selection procedures in computer adaptive testing. Journal of Educational Measurement, 47(2): 202-226.

Kaplan M, de la Torre J, Barrada J R. 2015. New item selection methods for cognitive diagnosis computerized adaptive testing. Applied psychological measurement, 39(3): 167-188.

Kingsbury G G, Zara A R. 1989. Procedures for selecting items for computerized adaptive tests. Applied Measurement in Education, 2(4): 359-375.

Leung C K, Chang H H, Hau K T. 2003. Incorporation of content balancing requirements in stratification designs for computerized adaptive testing. Educational and Psychological Measurement, 63(2): 257-270.

Lord F M. 1971. Robbins-Monro procedures for tailored testing. Educational and Psychological Measurement, 31(1): 3-31.

Lord F M. 1977. A broad-range tailored test of verbal ability. Applied Psychological Measurement, 1(1): 95-100.

Lord F M. 1980. Applications of Item Response Theory to Practical Testing Problems. Hillsdale: Lawrence Erlbaum Associates .

Sympson J B, Hetter R D. 1985. Controlling item-exposure rates in computerized adaptive testing. Proceedings of the 27th Annual Meeting of the Military Testing Association (pp.973-977). San Diego: Navy Personnel Research and Development Center.

van der Linden W J. 2000. Constrained adaptive testing with shadow tests//van der Linden W J, & Glas C A W. (Eds.). Computerized Adaptive Testing: Theory and Oractice (pp.27-52). Norwell: Kluwer.

van der Linden W J, Reese L M. 1998. A model for optimal constrained adaptive testing. Applied Psychological Measurement, 22(3): 259-270.

Veerkamp W J, Berger M P. 1997. Some new item selection criteria for adaptive testing. Journal of

Educational and Behavioral Statistics, 22(2): 203-226.

Yi Q. 2002. Incorporating the Sympson-Hetter exposure control method into the a-stratified method with content blocking. Annual Meeting of the American Educational Research Association (AERA), New Orleans.

Yi Q, Zhang J M, Chang H H. 2001. A-stratified computerized adaptive testing with content blocking. Paper Presented at the Annual Meeting of the Psychometric Society, King of Prussia.

第五章

CLT 与 CAT 的等效性研究

随着计算机技术与测量理论的发展,将信息技术融入教育测量与评价、为学习者提供个性化的评价方式已成各方共识,CLT 与 CAT 已在教育评价领域中得到了广泛认可。

鉴于 CLT 与 CAT 在教育实践领域的广泛应用,这两种测验形式的测量结果是否具有等效性的疑问引起了教育研究者的关注。

计算机技术与测验理论的发展日新月异，CLT 与 CAT 已在教育评价领域中得到了广泛认可。例如，2019 年 2 月，中共中央、国务院印发的《中国教育现代化 2035》提出，在推进教育现代化的过程中，要更加注重因材施教，建立更加科学公正的考试评价制度。美国于 2016 年发布的《国家教育技术计划》强调，在学习评价方面要通过技术变革给学习者提供实时反馈，实现对学习者的自适应性评价（徐鹏等，2016）。由此可以看出，各方已就将信息技术融入教育测量与评价、为学习者提供个性化的评价方式达成共识。

CLT 是目前教育教学实践中常用的计算机测验形式。相较于传统纸笔测验，CLT 不仅可以针对各学科及测验群体的特点，控制测验内容领域的平衡，还能提供文字、图像、视频、交互等多种形态的试题，在测验中给予考生实时反馈，对测验分数进行即时计分，通过计算机高效地进行数据统计，帮助教师了解学生的整体水平。然而，固定序列的 CLT 容易带来测验安全的隐患，增加了试题曝光的风险，测验的时间、地点也受到一定的约束，测验方式还不够灵活，特别是在大型测验中，这些弊端尤为突出。

伴随着教育信息化的不断推进，美国心理学家 Lord 最先提出了 CAT 的概念。以 IRT 为指导的 CAT，在题库构建、能力与试题参数估计、选题策略及评分标准方面与 CLT 有着明显差异，能够在保证测量精确度的前提下，为不同考生选择符合其能力水平的试题，从而用较少的试题更精确地测量出考生的真实能力，实现测验的个性化需求。另外，考生可以根据自己的需要，灵活选择测验的时间、地点，使得测验方式更加便捷。

鉴于 CLT 与 CAT 在教育实践领域的广泛应用，这两种测验形式的测量结果是否具有等效性的疑问引起了教育研究者的关注。美国 2014 年发布的《教育与心理测试标准》中亦指出，由于多种测验形式的并存，不同测验形式在测量相同测试任务时，测量结果（如测验分数的分布、测验信度、考生的排名等）的比较研究是必要的（American Educational Research Association et al., 2014）。

第一节　CLT 与 CAT 等效性研究的定义与内涵

等效性研究是指在不同测验形式（本章是指 CLT 与 CAT）下，对测量相同测试任务的结果进行测验形式与效率、统计学特征、个体心理特质等方面是否等同的研究（关丹丹，2011），具体内容如下。

一、测验形式与测验效率的比较

（一）测验形式的比较

CLT 允许考生对答案进行反复检查与修改，而在 CAT 中，检查与修改答案的行为则受到约束，其原因在于，CAT 的选题策略以考生先前作答结果为依据，若允许考生返回修改答案，不仅会影响考生能力水平的估计值和测量的精确度，也会增加选题算法的复杂性。现今大规模应用的 CAT 均无法返回修改答案，虽然已有学者对允许修改答案的 CAT 展开了研究，但暂未推广至实际应用，其效果还有待考量。

（二）测验效率的比较

由于测验原理本质上的差异，CLT 与 CAT 的测验效率亦有不同。CLT 是将传统的纸笔测验变换到计算机上，运用计算机全面管理测验数据，其测验效率并没有实质性的改变。与之不同，CAT 为考生选择信息量最大的试题进行测试，这种"量体裁衣"的测验方式使 CAT 可以更快速地达到与 CLT 具有相同测量精确度的测验要求。邓远平等（2014）运用特质焦虑量表进行了 CAT 模拟测验，结果显示，59.2%的考生仅作答了原有试题 30%的题量即完成了测验，测验效率显著提升。

二、统计学特征的比较

（一）考生分数与试题参数的比较

传统的纸笔测验多以百分制原则赋分，考生分数和试题参数的估计具有测验难度和样本水平的依赖性，而以 IRT 为基础对考生分数与试题参数进行估计，常采用 MLE、贝叶斯估计等方法，得到的考生分数与试题参数不随测验和考生样本的变化而变化，即具有参数不变性的特点（理想状态）。在实践操作中，有研究者提出，在对 CLT 与 CAT 的考生分数、试题参数进行比较时，对于参加

CLT、CAT 的同组考生而言，纵使最终得到的能力值与试题参数存在差异，只要二者的排列顺序相似，也可作为是否等效的标志之一（关丹丹，2011）。

（二）信度的比较

在 CTT 中，信度的概念建立在平行测验假设的基础上，对于参加同一测验的不同能力考生而言，其信度系数均为固定值。IRT 中的信度与测量精确度有关，信度的大小取决于测验的终止规则，若以固定测量精确度为终止条件，不同考生均有相同的信度系数；若采用固定长度法，即测验达到一定长度即终止，此时考生呈现出的测量精确度不同，测验的信度也就有所差异，这时需要先计算出信度范围再加以比较。

（三）效度的比较

首先是内容效度的比较，CLT 可以按照试卷编制的原则、教师的教学经验等严格进行组卷，确保其具有良好的内容效度；CAT 则因使用 MFI 选题策略，可能会对内容效度产生一定的负面影响。其次是效标效度的比较，可选取客观可靠的效标作为参照（如相近学科的学业成就测验成绩），将其与 CLT、CAT 的测量结果进行相关分析，验证其等效性。

三、个体心理特质的比较

目前，研究者在 CLT 与 CAT 的比较中所关注的心理特质主要集中于测验焦虑。例如，部分研究者认为，在 CLT 中，大多数考生需作答相对困难的试题，会产生较高的测验焦虑，而 CAT 凭借其选题策略，能够减少考生能力水平之外的试题，从而有效降低考生的测验焦虑。但是，Ortner 和 Caspers（2011）的研究发现，与固定序列测验相比，在正答概率为 0.5 的 CAT 中，部分考生会产生更高的测验焦虑，其结果可能会导致测验公平性的问题。因此，关于 CLT 与 CAT 中个体心理特质的比较，其结论尚处于争议与探索阶段。

目前，对 CLT 与 CAT 的等效研究多集中于对某一维度或某项具体指标的比较，缺乏全面的对比。与以往研究不同，首先，本章研究将对 CLT 与 CAT 的差异进行整体性比较，从而使教育工作者对两种测验形式的优劣有更全面的理解；其次，根据桑代克的"效果律"，测验中的反馈能为考生提供有效信息，这些信息可能会影响测验结果。本章研究采用双因素方差分析法，探究在不同测验环境下有无即时反馈对测验焦虑的影响。

第二节　CLT 与 CAT 等效性研究的实验设计

一、实验被试与过程

本章研究以某师范大学修完"教育科学研究方法"课程的 469 名师范生为考生，采用独立组测验设计方式，将考生随机分成四组。其中，124 名考生参加有即时反馈 CAT，128 名考生参加无即时反馈 CAT，114 名考生参加有即时反馈 CLT，103 名考生参加无即时反馈 CLT。四种测验形式中均包含 75 道选择题（63 道单选题，12 道多选题），时间限制在 50 分钟。测验结束后，所有考生接着作答计算机版的测验焦虑量表。

由于 CAT 在国内的普及程度有限，测验前，研究者对参加 CAT 的考生进行了相关培训。培训分成两个部分，每部分历时 45 分钟，第一部分的培训主要是对 CAT 基本原理的介绍，如 CAT 通常是从一道中等难度的试题开始的，之后通过动态选题策略为每一名考生提供与其能力相匹配的试题；第二部分的培训是为考生讲解在实际进行 CAT 中应该注意的问题，如不能随意越过某道试题，必须在做完当前试题后才能跳转至下一道试题，不能回顾并修改已做过的试题。

二、测量工具

（一）测验题库

本章研究中的 CLT 与 CAT 试题均来源于"教育科学研究方法"题库，题库中的试题依据"教育科学研究方法"课程的教学目标与教学内容产生，涵盖历史法、理论研究、问卷法、访谈法、观察记录法、实验法、行动研究、教育叙事研究共八个主要知识点，其中单选题有 198 道，多选题有 42 道，总计 240 道题。

（二）CLT 系统

参与此次测验的考生均已修完"教育科学研究方法"课程，为确保 CLT 与 CAT 在试题内容、难度、题型等方面的公平性，CLT 的试卷由学科教师与教育测量专家共同进行编制。试题内容以及认知层次与 CAT 中的题库相符，试题的难度和区分度能代表题库的统计学特征，采用并列直进式（即按知识点由易到难的顺序）进行排列，前 63 道为单选题，后 12 道为多选题。

（三）CAT 系统

经有效性检验，本章研究使用的 CAT 题库满足单维性、局部独立性假设，试题符合双参 Logistic 模型，试题参数分布合理，能够满足 CAT 的施测需求。另外，CAT 系统利用最初 5 道试题的应答结果作为初始能力值，通过 MFI 法进行选题，通过 MLE 法对考生能力参数进行估计，将测验长度达到 75 道试题作为测验终止条件，试题类型、题型顺序均与 CLT 相同。

（四）测验焦虑量表

本章研究的测验焦虑量表简表是根据 Spielberger 等编制的 TAI 完整版简化而成的，包含忧虑性和担忧性两个维度，经过长期实践应用，TAI 简表的信效度已得到了充分验证。考虑到本次实验的具体情况，本章研究对 TAI 简表进行了修改，主要用于测量考生在考试过程中的状态焦虑，最终的测验焦虑量表包含 5 个问题（表 5-1），每个问题按李克特四点量表计分，得分越高表示考生的测验焦虑水平越高。本章研究中，该量表的内部一致性信度系数是 0.892。

表 5-1 测验焦虑量表

测验焦虑指标	不符合	不太符合	比较符合	符合
1. 测验中，我感到非常紧张				
2. 测验中，我总想到测验分数，妨碍了我的作答				
3. 测验中，怕考得不好，使我不能把注意力集中于测验				
4. 测验中，我很紧张，甚至把知道的内容也忘了				
5. 提交试卷前，我感到极为不安				

第三节 CLT 与 CAT 等效性研究的实验结果

一、测验效率的比较

本章研究中有 217 名考生参加 CLT（包括有即时反馈 CLT 和无即时反馈 CLT），其余 252 名考生参加 CAT（包括有即时反馈 CAT 和无即时反馈 CAT）。IRT 以测量的标准误表示测量精确度，考生标准误的大小取决于测验信息函数，即 $SE(\theta)=\dfrac{1}{\sqrt{\sum I_i(\theta)}}$。在 CLT 中，尽管测验试题数量与内容相同，但对于不同能力的考生而言，试题所提供的信息量不同，考生的标准误也各不相同。如前所述，CAT 的标准误取决于其终止规则，本章研究中的 CAT 以固定长度法作为测验终止条件，因此不同能力水平考生的测量精确度亦不相同，若要比较 CLT、CAT 测验效率，应考虑二者标准误的范围。

经过计算，CLT 中，考生标准误的最大值为 0.628，最小值为 0.363，平均值为 0.439；CAT 中，考生标准误的最大值为 0.468，最小值为 0.257，平均值为 0.281。可以看出，在测验长度相同的情况下，CAT 以 MFI 法进行选题，考生能力水平的标准误的平均值明显低于 CLT，即 CAT 的测验效率高于 CLT。

二、考生分数的比较

本章研究中，CLT 与 CAT 的试题均来自相同的题库，试题参数早已标注，因而不再对试题参数进行比较。考生的能力值均依据 IRT 计算，其范围控制在 −4—4。虽然测验方式不同，但 CLT 与 CAT 的测量目标与测量内容相同，因此，本章研究依然将考生分数的比较作为两种测验形式是否等效的关注点之一。由于参加 CLT 与 CAT 的考生不同，本章研究无法对考生分数排列顺序的一致性进行比较，但因实验的分组方式是随机分配的，故可以比较两组考生分数的部分统计学特征是否相似，由此判断两种测验形式下考生的分数是否具有可比性。

图 5-1 为 CLT 与 CAT 考试分数直方图，从中可以直观看出，CLT 与 CAT

中考试成绩曲线均呈一定程度的负偏态分布,但偏斜程度较小,近乎趋于正态分布,大多数考生的能力值分布在 0—1。由于本次测验属于标准参照测验,其主要功能在于考查考生对基础知识及基本技能的掌握情况,并非选拔性的常模参照测验,就测验功能性质而言,考试分数呈现出稍许负偏态具有其合理性。CLT 与 CAT 考试分数的描述性统计如表 5-2 所示,结合描述性统计结果来看,两种测验形式中,考生考试分数的平均值、最大值、最小值确有可比性。

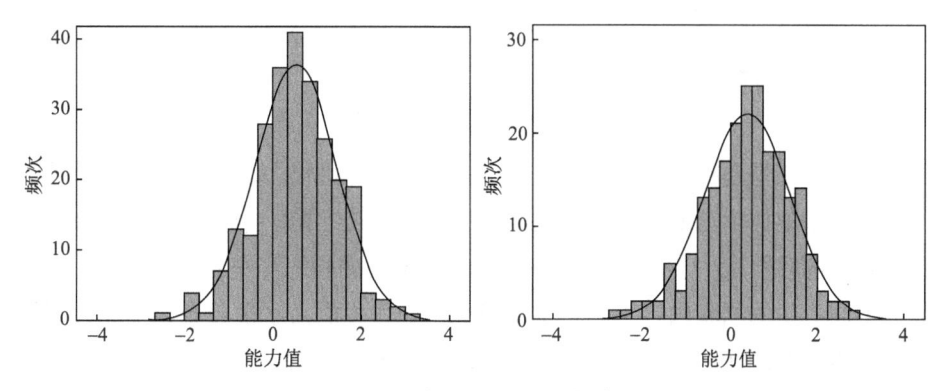

图 5-1　CLT 与 CAT 考试分数直方图

注:左图为 CLT 结果,右图为 CAT 结果

表 5-2　CLT 与 CAT 考试分数的描述性统计

测验类型	M	最大值	最小值
CLT	0.797	2.922	−2.510
CAT	0.824	3.020	−2.573

三、测验信度的比较

前文已获取了本章研究中 CLT 与 CAT 的标准误范围,在此基础上,二者的信度范围即可通过公式 $SE=\sqrt{1-r_{xx}}$ 进行求解(r_{xx} 为测验的信度系数),计算结果详见表 5-3。一般就能力与学业成就测验来说,信度系数小于 0.70 时,测验分数不可用于对个体做出评价,也不可用于进行组别间比较;当信度系数大于等于 0.70 时,测验分数可用于进行组别间比较;当信度系数大于 0.85 时,测验分数才可用于对个体做出评价,即可用于鉴别个体。由表 5-3 中的数据可知,

CAT 信度系数的平均值近乎 0.90，具有良好的可靠性；而 CLT 的信度系数偏低，测验结果的稳定性、一致性尚值得商榷。

表 5-3　CLT 与 CAT 的信度系数

测验类型	最大值 $r_{xx(max)}$	最小值 $r_{xx(min)}$	平均值 $\bar{r}_{xx}$
CLT	0.845	0.535	0.769
CAT	0.923	0.742	0.894

四、测验效度的比较

本章研究主要对 CLT 与 CAT 的内容效度进行比较。CLT 由任课教师及学科专家基于他们丰富的教学及命题经验，一起完成组卷，由此可以判断 CLT 具有较好的内容效度。CAT 按照 MFI 法选题，未对测验内容平衡加以控制，从而导致不同考生的测验内容不同。本章研究按照考生能力水平分布，将能力值平均划分为三个区间，分别选取每个区间的中间值作为高、中、低能力水平的代表，并对其测验内容进行分析。表 5-4 显示了 CLT 和 CAT 中各部分知识点的试题数量与所占比例，由此可以看出，不仅 CLT 和 CAT 之间的测验内容存在较大差异，CAT 的高、中、低能力水平之间的测验内容也存在明显不同，因此，CLT 的内容效度明显优于 CAT。

表 5-4　CLT 和 CAT 中各部分知识点的试题数量与所占比例

知识点	CLT	CAT 高能力值	CAT 中能力值	CAT 低能力值
历史法	8（10.67%）	4（5.33%）	9（12.00%）	9（12.00%）
理论研究	12（16.00%）	15（20.00%）	17（22.67%）	16（21.33%）
问卷法	25（33.33%）	25（33.33%）	19（25.33%）	24（32.00%）
访谈法	7（9.33%）	5（6.67%）	6（8.00%）	5（6.67%）
观察记录法	5（6.67%）	10（13.33%）	9（12.00%）	10（13.33%）
实验法	8（10.67%）	7（9.33%）	6（8.00%）	5（6.67%）
行动研究	6（8.00%）	5（6.67%）	4（5.33%）	1（1.33%）
教育叙事研究	4（5.33%）	4（5.33%）	5（6.67%）	5（6.67%）
合计	75（100%）	75（100%）	75（100%）	75（100%）

五、个体心理特质的比较

为了更全面地探求 CLT 与 CAT 的等效性，我们在设计实验时，考虑了测验类型、测验有无即时反馈对考生测验焦虑的影响，并对实验数据进行了双因素方差分析（表 5-5）。结果表明，测验类型的主效应不显著，但测验有无即时反馈的主效应显著，测验类型与测验有无即时反馈的交互效应显著，交互效应的结果如图 5-2 所示。由图 5-2 可知，考生在有即时反馈的测验中的测验焦虑水平明显高于无即时反馈的测验中的测验焦虑水平，另外，当无即时反馈时，CLT 中的测验焦虑水平略高于 CAT（这与部分研究者的结果相一致）；当有即时反馈时，CLT 中的测验焦虑水平明显低于 CAT 中的测验焦虑水平。出现这种结果的原因可能是 CAT 中的试题难度与考生能力水平相匹配，从而导致有无即时反馈对考生测验焦虑水平的影响会更大一些。

表 5-5 测验类型、测验有无即时反馈对测验焦虑影响的双因素方差分析

变异来源	Ⅲ型平方和	df	MS	F	p
测验类型	5.331	1	5.331	0.421	0.517
测验有无即时反馈	467.504	1	467.504	36.925	0.000
测验类型 × 测验有无即时反馈	50.213	1	50.213	3.966	0.047

注：因变量为测验焦虑

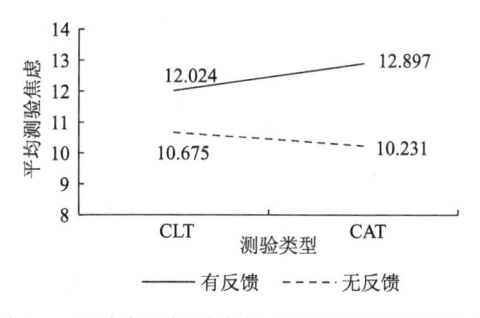

图 5-2 测验类型与测验有无即时反馈的交互效应

本章研究基于高校师范生课程"教育科学研究方法"的评价内容，从测验效率、考生分数、测验信度、测验效度及个体心理特质五个方面对 CLT 与 CAT 的等效性进行了探讨。由实验结果可知，两者的考生分数具有可比性，两种测

验形式互有优劣，具体而言，CAT 比 CLT 有更高的测验效率和测验信度，而 CLT 表现出比 CAT 具有更合理的内容效度。另外，双因素方差分析结果显示，CAT 中有无即时反馈对考生测验焦虑的影响比 CLT 更大。

导致 CAT 出现以上不足的原因主要在于：其一，本章研究中的 CAT 依据 MFI 法进行选题，使得选题过程过于依赖试题的统计学特征，导致试题内容的不平衡性；其二，本章研究中 CAT 的正答概率设定为 0.5，对于考生而言，这是一个颇具挑战性的测验环境。为解决这些问题，在未来的研究中，可通过修改 CAT 的选题策略，增加控制试题内容平衡的算法，以改善 CAT 的内容效度。另外，还可将 CAT 的正答概率设置为 0.7，从而降低测验环境对考生测验焦虑的影响。

参 考 文 献

邓远平，戴海琦，罗照盛. 2014. 计算机自适应测验在特质焦虑量表中的运用. 心理学探新，34（3）：272-275，283.

高旭亮，涂冬波，王芳，等. 2016. 可修改答案的计算机化自适应测验的方法. 心理科学进展，24（4）：654-664.

关丹丹. 2011. 纸笔考试与计算机自适应考试的等效研究探讨. 中国考试，（10）：13-16.

刘香东. 2016. 美国中小学计算机考试与纸笔考试的可比性研究：现状与展望. 中国考试，（11）：23-27，50.

徐鹏，刘艳华，王以宁. 2016. 准备未来学习，重塑技术角色——《2016 美国国家教育技术计划》解读及启示. 电化教育研究，37（8）：120-128.

American Educational Research Association, American Psychological Association, National Council on Measurement in Education. 2014. Standards for Educational and Psychological Testing. Washington D C: American Educational Research Association.

Beckmann J F, Beckmann N. 2005. Effects of feedback on performance and response latencies in untimed reasoning tests. Psychology Science, 47(2): 262-278.

Ling G, Attali Y, Finn B, et al. 2017. Is a computerized adaptive test more motivating than a fixed-item test. Applied Psychological Measurement, 41(7): 495-511.

Ortner T M, Caspers J. 2011. Consequences of test anxiety on adaptive versus fixed item testing. European Journal of Psychological Assessment, 27(3): 157-163.

第六章

CAT 中个体心理特质对作答态度及成绩的影响

　　关于个体心理特质与 CAT 的关系，已有研究得出了前后矛盾的结果，这使得研究者开始思考 CAT 究竟是不是一种公平的测验方式。特别是有研究者提出，与固定序列测验相比，CAT 的工作原理使得能力水平高的考生的正确作答概率受到影响。

　　本章希望通过探讨个体心理特质对 CAT 的影响，以验证其测验结果的公平性。

CAT是未来测验形式的一种创新性变革，因此很多研究者致力于CAT研究，其中大多数研究关注的是CAT的技术特性，如题库的建设、能力估计的方法、选题策略的比较、测验终止的规则等，却较少有研究关注个体心理特质与CAT的关系。在早期的个别研究中，研究者关注的是CAT能否提高考生的兴趣和动机。例如，Weiss和Betz（1973）指出，CAT既能使能力水平较高的考生不至于过于无聊，又能避免能力水平较低的考生过于焦虑。Johnson和Mihal（1973）的研究结果表明，黑人在CAT中表现得更好。Weiss（1976）也发现，CAT会对考生产生正向的激励效果。这些结论似乎表明，CAT比固定序列的传统测验更能激发考生的测验动机，同时也减少了测验焦虑的产生。但是，近年来，研究者发现，CAT也会对个体心理特质产生一些不利影响。例如，Tonidandel和Quinones（2000）通过实证研究探讨了CAT的部分特征如何影响考生的个体心理特质，结果表明，CAT中不能随意跳跃试题、无法回顾并修改已做过的试题答案等特征会对考生的个体心理特质产生显著的不利影响。Ortner和Caspers（2011）对比了CAT与固定序列测验中测验焦虑对测验成绩的影响，结果显示，在CAT中，高焦虑考生的测验成绩低于低焦虑考生，即对于高焦虑考生而言，采用CAT可能导致测验结果的不公平。在Ortner的另外一项实证研究中，Ortner等（2014）探讨了CAT和固定序列测验对考生动机的影响（测验主要考查学生的推理能力），结果显示，固定序列测验比CAT更能激发考生的测验动机。

关于个体心理特质与CAT关系的研究得出了前后矛盾的结果，这使得研究者开始思考CAT究竟是不是一种公平的测验方式。一般认为，无论考生的能力水平如何，考生都能答对约50%的试题，这体现了CAT具有较好的公平性。但是，有研究者提出，与固定序列测验相比，CAT的工作原理使得能力水平高的考生的正确作答概率受到影响，因此对于能力水平高的考生而言，采用CAT方式是不公平的，最终这种被考生感知到的不公平性会影响其在测验中的表现。这些令人疑惑的结论使研究者就CAT是否具有公平性展开了探讨（Fritts, Marszalek, 2010; Ortner, Caspers, 2011; Ortner et al., 2014; Tonidandel, Quinones, 2000）。因此，本章研究的目的正是通过探讨个体心理特质对CAT的影响，以验证其测验结果的公平性。

第一节 个体心理特质对作答态度及成绩影响的假设与模型

一、研究假设

本章研究选取了三个可能与 CAT 态度和 CAT 成绩相关的个体心理特质变量，分别是计算机自我效能感（computer self-efficacy, CSE）、培训满意度（training satisfaction, TS）、测验焦虑（test anxiety, TA）。首先，在 CAT 的实施中，计算机是一个必不可少的工具，因此，计算机自我效能感应当会对 CAT 的施测有显著影响；其次，CAT 和固定序列测验存在本质差别，在考生参与 CAT 之前对其进行适当培训是有必要的，因此本章研究选择培训满意度作为研究变量之一；最后，无论采用何种测验形式，测验焦虑都是教育测量与评价领域中备受关注同时也是至关重要的变量（Chapell et al., 2005; Farooqi et al., 2012）。基于上述三点，本章研究选择计算机自我效能感、培训满意度、测验焦虑、CAT 态度（computerized adaptive test-attitude, CAT-A）、CAT 成绩（computerized adaptive test-performance, CAT-P）这五个变量建立结构方程模型，这五个变量的具体关系如下所述。

（一）CAT-A 和 CAT-P

态度是指对物、人、地方、事件或观点喜爱/讨厌或赞同/反对的一种反应（Papanastasiou, Zembylas, 2002）。McGuire（1985）指出，态度一般由三大要素组成：认知（了解某一对象）、情感（对某一对象的感觉）、行为（倾向使用某一对象或对其做出回应）。由于这三大要素是相互独立的，本章研究仅选取态度的认知、情感两个要素作为评价态度的依据。相应地，CAT-A 被定义为考生对 CAT 的感知，这取决于考生对 CAT 的信念。有研究表明，积极的态度会对任务的完成产生积极影响（Shen et al., 2014）。据此，本书建立如下研究假设。

H1：CAT-A 对 CAT-P 有显著正向影响。

（二）计算机自我效能感和 CAT-A

Bandura 于 1993 年提出了自我效能感的概念，它是指"人们对自身能否利用所拥有的技能去完成某项工作行为的自信程度，是学生个体心理特质的重要组成部分"（Bandura，1993）。基于此，Compeau 和 Higgins（1995）将计算机自我效能感定义为"一个人对于自己使用计算机完成某一任务的能力的自我判断"，它能有效预测计算机态度和信念（Celik，Yesilyurt，2013；Pellas，2014）。据此，本书建立如下研究假设。

H2：计算机自我效能感对 CAT-A 有显著正向影响。

（三）培训满意度和 CAT-P

一般而言，在固定序列测验中，所有考生作答相同试题。CAT 则通过选题策略动态地为考生提供与其能力水平相匹配的试题，施测过程中呈现给每一位考生的试题序列一般是不同的。因此，告知考生 CAT 的基本工作原理会减少无关因素对考生注意力所产生的消极影响，使考生将更多的注意力放在测验本身（Ortner，Caspers，2011）。据此，本书建立如下研究假设。

H3：培训满意度对 CAT-P 有显著正向影响。

（四）测验焦虑和 CAT-P

测验焦虑是"伴随着对测验可能失败或成绩不理想的担忧，而出现的一系列具有特定表现的生理和行为上的反应"（Zeidner，1998）。Spielberger 和 Vagg（1995）曾指出，测验焦虑者在评价情境中（如测验）做出应答反应时更易感受到过多的焦虑（如担忧、情绪唤醒、生理唤醒等）。大量研究证明，测验焦虑与测验成绩之间呈负相关（Chapell et al.，2005；Iroegbu，2013；Rezazadeh，Tavakoli，2009；Trifoni，Shahini，2011）。据此，本书建立如下研究假设。

H4：测验焦虑对 CAT-P 有显著负向影响。

（五）计算机自我效能感、培训满意度及测验焦虑

大部分探讨自我效能感和焦虑关系的研究得出了一致的结论，即二者呈负相关（Paul et al.，2007；Singh et al.，2013；Yukselturk，Bulut，2007）。另外，

高自我效能感的个体更易于产生满意感（Johnson et al., 2009; Jung, 2014），相反，高焦虑的个体难以产生满意感（Bolliger, Halupa, 2012; Kim et al., 2013）。据此，本书建立如下三个研究假设。

H5：计算机自我效能感与测验焦虑呈显著负相关。

H6：计算机自我效能感与培训满意度呈显著正相关。

H7：测验焦虑与培训满意度呈显著负相关。

二、研究模型

基于上述 H1—H7 的研究假设，本书建立了如图 6-1 所示的初始模型 M1。

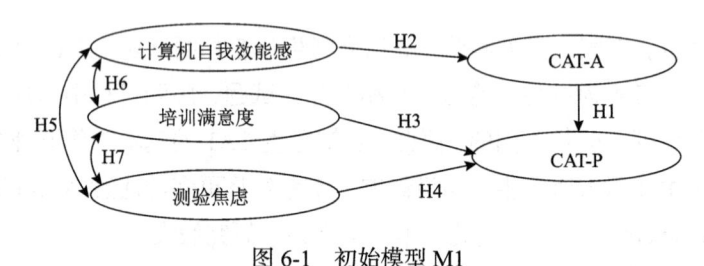

图 6-1 初始模型 M1

第二节　个体心理特质对作答态度及成绩影响的实验设计

一、施测对象与过程

本章研究的过程分为三个阶段。

第一个阶段是高中英语 CAT 系统的开发，其中，题库构建是关键环节，来自不同高中的 8 名英语教师从英语听力、语法、词汇三个知识维度编制了 500 道单选题。为了获得有效的试题参数，经过学科教师的初步筛选后，我们选取了其中的 420 道试题组成了 5 套平行试卷，每套试卷中均包含 20 道锚题和 80 道独立试题。之后进行试测，5 所高中共计 5672 名高二年级的考生参加了此次试测，在每所参与试测的学校中，考生被随机分为五组，每组随机发放一套试卷。收集考生的实际作答数据后，将作答矩阵（5672×420）导入基于 IRT 的试题参数估计软件 BILOGMG 3.0 中，采用贝叶斯期望后验估计的方法，设定 EM 循环次数为 20，通过模型与数据的拟合检验，发现此次试测中的试题符合双参 Logistic 模型，再经过软件分析就可以得到每道试题的参数。根据模型与数据拟合检验的结果，剔除 32 道不符合双参 Logistic 模型的试题，再利用平均数和标准差的等值方法将剩余 388 道试题的参数转化在同一量表之上，从而构成了最终的高中英语 CAT 的题库。另外，对题库中的试题进行单维模型的验证性因子分析，结果表明，该题库符合 IRT 的单维性与局部独立性假设。

第二个阶段是 CAT 培训的实施，由于 CAT 在国内的普及程度有限，有必要在真正施测前对考生进行相关培训。来自某高中的 282 名参与过试测的高二考生接受了此次培训。为了达到理想的培训效果，282 名考生被分成六组参加培训。培训共分成两个步骤，每个步骤历时 90 分钟。步骤一的培训主要涉及 CAT 基本原理的介绍，培训者为考生播放一段持续 20 分钟的有关 CAT 基本知识介绍的视频，观看完视频后，培训者再针对视频中的关键问题进行细致的讲解，例如，CAT 通常是从一道中等难度的试题开始的，之后通过动态选题策略为每一名考生提供与其能力相匹配的试题。由于是针对 CAT 简介的培训，培训者会尽量规避其中涉及的复杂数学运算。两天后，进入步骤二的培训，培训者会为考生讲解在实际进行 CAT 时应该注意的问题，如不能随意越过某道试题、必须在做完当前试题后才能跳转至下一道试题、不能回顾并修改已做过的试题等。30 分钟后，考生可使用培训者提供的 CAT 系统进行实际操作，其间可向培训者咨询任何问题。培训结束后，282 名考生填写了测验焦虑、计算机自我效能感、培训满意度、CAT-A 的调查量表。

第三个阶段是 CAT 的施测，由于不同的原因，接受 CAT 培训的 282 名考生中，有 14 名考生未能参加最后一个阶段的施测，最终只有 268 名考生参加了最终的 CAT。施测的地点位于考生所在高中的计算机实验室，15—20 名考生为一组，各组同时进行测验。这是一个试题数量固定且有时间限制的测验，试题数量是 36 道，涉及英语听力、语法、词汇 3 个维度，每个维度中均包含 12 道试题，考生必须在 45 分钟内完成测验，否则测验将自动终止。在测验开始前，上述测验基本信息会在计算机屏幕上呈现给考生。CAT 结束后，每位考生都会得到自己最终能力水平的精确估计值。

二、实验变量的获取

(一)计算机自我效能感

Compeau 和 Higgins(1995)编制了计算机自我效能感量表,该量表主要关注的是用户借助计算机软件完成任务的潜在能力,但并不局限于某一特定的计算机软件。然而,随着信息技术的发展,原始量表中的某些问题已不符合时代潮流,需要对其进行适当修改,例如,原始量表中"如果可以查阅软件说明书或咨询周围的人,那么我就可以利用软件包完成特定任务"可修改为"如果能借助互联网的帮助,我就可以利用软件包完成特定任务"。本章研究中,来自计算机、教育心理学、教育技术学领域的 5 名专家从量表中题目的内容、信效度等方面综合分析了原始量表,最终将量表缩减为 3 道题目(表6-1)。每一道题目都以"我就可以利用软件包完成特定任务"作为结束语,并采用李克特五点量表形式,从"完全不符合"到"完全符合"用 1—5 计分,每道题目均是正向表述,得分越高表明考生使用计算机软件完成任务的自我效能感越高。

表 6-1　测量量表的结构与指标

量表结构		指标
计算机自我效能感	CSE1	如果之前使用过类似的软件包,我就可以利用软件包完成特定任务
	CSE2	如果有足够的时间,我就可以利用软件包完成特定任务
	CSE3	如果能借助互联网的帮助,我就可以利用软件包完成特定任务
培训满意度	TS1	我认为此次培训实现了预期的目标
	TS2	我认为此次培训很注重实际
	TS3	我认为此次培训有助于完成具体的任务
测验焦虑	TA1	在测验过程中,我感到非常紧张
	TA2	在测验过程中,我紧张到忘记所学知识点
	TA3	在参加重要测验时,我感觉很恐慌
	TA4	在参加重要测验时,我想着失败的结果
	TA5	即使为测验做好了准备,我仍然感到很担心

续表

量表结构		指标
CAT-A	CAT-A1	我认为自适应测验能精确估计考生能力
	CAT-A2	我认为自适应测验对考生是公平的
	CAT-A3	我喜欢这种测验方式

（二）培训满意度

本章研究中的培训满意度量表是以 Tello 等（2006）开发的培训满意度评价量表为基础编制而成的，该量表共包含 12 道题目，可划分为 3 个维度，即目标和内容、方法和培训环境、有用性和整体评定。来自大学和培训机构的 6 名专家从题目代表性、实用性方面评估每道试题。依据内容效度的评估结果，最终从原始量表的各个维度中提取出具有代表性和实用性的 3 道题目（表 6-1），每一道题目都采用李克特五点量表形式，从"完全不符合"到"完全符合"用 1—5 计分，每道题目均是正向表述，得分越高表明考生的培训满意度越高。

（三）测验焦虑

本章研究中使用的测验焦虑量表（表 6-1）是 Taylor 和 Deane（2002）在完整版 TAI 的基础上抽取的 TAI 简表，它包含的 5 道题目覆盖完整版 TAI 中划分的担忧性和情绪性两个维度，每一道题目均采用李克特四点量表形式，1="几乎没有"，2="有时"，3="经常"，4="几乎总是"。研究者在真实和模拟的测验环境中对量表的内部一致性信度、结构效度进行了评估，结果表明，TAI 简表具有良好的信度和效度。

（四）CAT-A

12 名教育技术学专业的研究生从认知和情感两方面对 CAT 进行了陈述，形成了包含 6 道题目的 CAT-A 量表的雏形。然后，正在修习"教育科学研究方法"课程的 48 名研究生采用李克特五点量表形式来评判他们对这 6 道题目持赞成或反对态度的程度。研究者遵循以下两点对初始量表进行了筛选：①抽取能够区分总分在前 25%和后 25%的考生的题目；②抽取与量表总分呈高度相关的题目。本章研究使用的最终版 CAT-A 量表（表 6-1）包含 3 道题目，每一道题目都采用李克特五点量表形式，从"完全不符合"到"完全符合"用 1—5 计分，每道题目均是正向表述，得分越高表明考生使用 CAT-A 越积极。

（五）CAT-P

依据 IRT，考生 CAT-P 的高低不是根据其答对了多少题目来定的，而是取决于其答对了哪些题目。也就是说，相比于那些答对简单题目的考生，答对较难题目的考生的测验成绩会更高。本章研究中最终呈现给每位考生的 CAT-P 是以百分制为基础的。

三、数据分析的方法

本章研究运用结构方程模型对本章第一节中图 6-1 所示的初始模型进行了分析，使用的软件是 LISREL 8.70。数据分析过程分为两个步骤：步骤一是测量模型，即检验量表的信度和结构效度；步骤二是结构方程模型，即利用结构方程模型修正潜变量之间的路径关系。

第三节　个体心理特质对作答态度及成绩影响的实验结果

一、数据统计与分析

（一）测量模型的检验

本章研究采用克龙巴赫 α 系数检验 5 个测量量表的内部一致性信度，数据分析的结果如表 6-2 所示，所有信度系数都超过阈值 0.7（Nunnally, 1978）。

表 6-2 测量量表的描述性统计与内部一致性信度

量表结构和题目		M	SD	题目-总体相关性	α 系数
计算机自我效能感	CSE1	3.63	0.741	0.809	
	CSE2	3.72	0.723	0.790	0.714
	CSE3	3.66	0.764	0.795	
培训满意度	TS1	4.24	0.888	0.897	
	TS2	4.24	0.858	0.944	0.910
	TS3	4.16	0.944	0.923	
测验焦虑	TA1	2.28	0.665	0.689	
	TA2	2.32	0.577	0.665	
	TA3	2.28	0.624	0.772	0.789
	TA4	2.37	0.589	0.774	
	TA5	2.35	0.564	0.792	
CAT-A	CAT-A1	4.03	0.856	0.867	
	CAT-A2	4.00	0.837	0.860	0.806
	CAT-A3	3.50	0.662	0.831	
CAT-P	CAT-P1（听力）	70.25	9.976	0.800	
	CAT-P2（语法）	73.01	10.770	0.813	0.707
	CAT-P3（词汇）	77.13	9.256	0.771	

因子载荷、组合信度（composite reliability，CR）和平均方差提取值（average variance extracted，AVE）用来评估本章研究中测量量表的收敛效度（Fornell，Larcker，1981），其计算结果见表 6-3。由表 6-3 可知，各因子载荷值的范围为 0.539—0.953，均超出了 Hair 等（1998）等提出的最低可接受数值，由此可判定测量量表具有良好的结构。本书根据 Fornell 和 Larcker（1981）提出的方法计算 CR 值，其数值范围为 0.705—0.914，均超出临界值 0.7（Nunnally，1978），表明 CR 值恰当。AVE 指的是潜变量所解释的变异量与测量误差造成的变异量的比值，当 AVE 值大于 0.4 时（Thompson，2004），潜变量解释的变异量超过测量误差造成的变异量。结果表明，AVE 取值范围为 0.446—0.779，均超过 0.4，因此，测量量表具有良好的收敛效度。

表 6-3　测量量表的收敛效度

潜变量	指标	因子载荷	CR	AVE
计算机自我效能感	CSE1	0.718	0.715	0.456
	CSE2	0.671		
	CSE3	0.634		
培训满意度	TS1	0.814	0.914	0.779
	TS2	0.953		
	TS3	0.876		
测验焦虑	TA1	0.539	0.797	0.450
	TA2	0.540		
	TA3	0.719		
	TA4	0.736		
	TA5	0.767		
CAT-A	CAT-A1	0.780	0.814	0.593
	CAT-A2	0.743		
	CAT-A3	0.787		
CAT-P	CAT-P1	0.747	0.705	0.446
	CAT-P2	0.617		
	CAT-P3	0.631		

如表 6-4 所示，测量量表中任意一个潜变量与其指标间 AVE 的平方根大于该潜变量同模型中其他潜变量的相关系数，这符合 Fornell 和 Larcker（1981）提出的区分效度的标准。Gefen 等（2000）曾指出，在讨论区分效度时，更为严谨的方法是使用 AVE 本身而不是其平方根，但实际上使用两者得出的结论是相同的。上述分析表明，本章研究中使用的测量量表具有良好的结构效度。

表 6-4　测量量表的区分效度

潜变量	计算机自我效能感	培训满意度	测验焦虑	CAT-A	CAT-P
计算机自我效能感	**0.675**				
培训满意度	0.162	**0.883**			
测验焦虑	−0.207	−0.273	**0.671**		
CAT-A	0.181	0.290	−0.165	**0.770**	
CAT-P	0.030	0.070	−0.250	0.185	**0.668**

注：表中加粗的对角线数据为测量量表中任意一个潜变量与其指标间 AVE 的平方根

（二）结构方程模型检验

借助初始模型 M1 中的研究假设和路径关系，图 6-2 展示了利用 LISREL 软件分析出的完全标准化路径系数。初始模型 M1 与测量数据之间呈现出较好的拟合度，其中 $\chi^2/df=1.601$（$\chi^2=177.684$，$df=111$），NNFI=0.962，CFI=0.969，RMSEA=0.0449，拟合指数均在可接受的范围内。

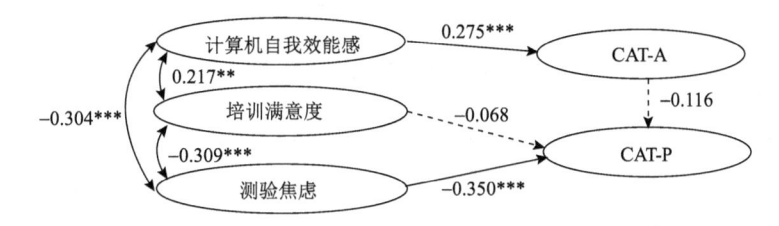

图 6-2 初始模型 M1 的分析结果

注：*$p<0.05$，**$p<0.01$，***$p<0.001$，虚线表示不显著，下同

然而，M1 的修正指数表明初始模型存在路径缺失，需要增加一条由培训满意度指向 CAT-A 的路径来探索前者是否会对后者产生直接影响。图 6-3 展示了对初始模型 M1 进行第一次修正后所得的模型 M2 及其完全标准化路径系数，与 M1 相比，M2 的整体拟合指数显著改善，$\chi^2/df=1.455$（$\chi^2=160.062$，$df=110$），NNFI=0.971，CFI=0.977，RMSEA=0.0391。

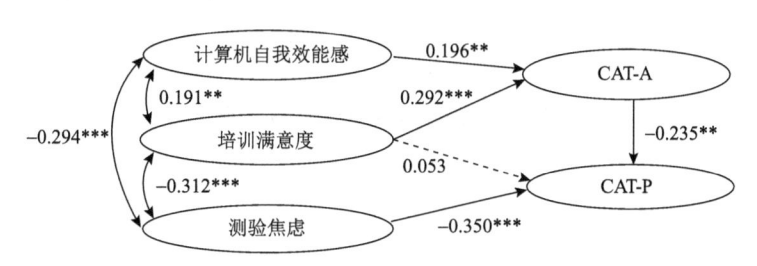

图 6-3 模型 M2 的分析结果

对 M2 进行分析可知，由培训满意度指向 CAT-P 的路径系数没有达到 0.05 的显著性水平，这一结果表明，培训满意度对 CAT-P 的直接影响没有达到统计学意义上的显著性水平，因此，仍需对 M2 进行修正，即将这条没有达到显著性水平的路径删除，获得新的模型 M3。与 M2 相比，经过修正后的 M3 的拟合指数更加优化，$\chi^2/df=1.443$（$\chi^2=160.162$，$df=111$），NNFI=0.972，CFI=0.977，

RMSEA=0.0385，其路径图及完全标准化路径系数见图 6-4。

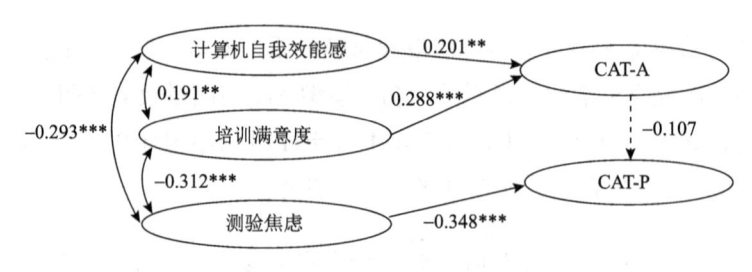

图 6-4　模型 M3 的分析结果

继续对 M3 进行分析后发现，由 CAT-A 指向 CAT-P 的路径不显著，因此应删除这条路径，并建立 CAT-A 残差与 CAT-P 残差之间的相关。除此之外，结构方程模型的分析结果没有提供其他的修正信息，从而获得最终模型 M4。与之前的模型相比，M4 不仅具有最佳拟合指数，χ^2/df=1.432（χ^2=160.398, df=112），NNFI=0.973，CFI=0.977，RMSEA=0.038，而且是最简约的模型。图 6-5 展示了最终 M4 的路径图及其完全标准化路径系数。

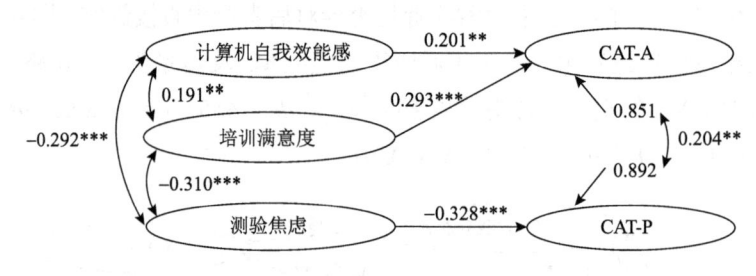

图 6-5　最终模型 M4 的分析结果

二、讨论与启示

（一）实验结果的讨论

在最终模型 M4 中，计算机自我效能感、培训满意度对 CAT-A 的正向影响分别达到了 0.01 和 0.001 的显著性水平，测验焦虑对 CAT-P 的负向影响达到了 0.001 的显著性水平。此外，结构方程模型的分析结果表明，CAT-A 与 CAT-P 的残差之间存在显著相关关系。为了更加深入地理解二者残差间的相关性，今后研究者仍需进行更深入的实验以探究 CAT-A 和 CAT-P 之间的同质性。

研究结果表明，第一个研究假设并不成立，究其原因，本章研究中 CAT-P 的高低主要取决于考生的英语能力水平，而 CAT-A 的测量值高仅表明考生倾向采用 CAT 这种测验模式，与考生的英语能力水平高低无关。因此，不论是在 CAT 模式下还是在固定序列测验模式下，将考生对某种测验模式的态度与其测验成绩联系在一起是不恰当的。

正如我们所预期的那样，研究结果为第二个研究假设提供了有力的证据。这也与过去部分研究的结论相一致，即计算机自我效能感高的个体更倾向使用计算机辅助教育（Celik, Yesilyurt, 2013; Pellas, 2014）。事实上，近年来，随着计算机和互联网越来越普遍、便捷，熟悉基本的计算机软件包操作已成为社会对学生提出的基本要求。这种发展趋势不仅会提高考生的计算机自我效能感，也有助于改善考生的 CAT-A。

第三个研究假设探究的是培训满意度与 CAT-P 之间的关系，本章研究中并未发现培训满意度会对 CAT-P 产生显著影响。这一研究结果似乎与 Ortner 和 Caspers（2011）得到的结果并不一致，他们发现，告知考生自适应测验的基本工作原理会提高考生的测验成绩。笔者认为，造成研究结果存在差异的原因可能是两个研究中采用的实验程序不同，在 Ortner 和 Caspers（2011）的研究中，样本被随机地分成两组，虽然两组考生均在 CAT 模式下作答，但其中一组考生会被告知自适应测验的基本原理，而另一组考生仅被告知测验的基本注意事项，并不知晓自适应测验的基本原理，实验结果表明，两组考生的测验成绩存在显著差异。然而，在本章研究中，所有考生都参加了 CAT 培训，最终模型 M4 的分析结果表明，考生对 CAT 基本工作原理的培训是否满意将会影响 CAT-A 而非 CAT-P。

第四个研究假设关注的是测验焦虑对 CAT-P 的负向影响，本章研究结果表明这种负向影响是显著的。这一结果不仅与先前 CAT 的相关研究结果相契合（Kim, McLean, 1994; Ortner, Caspers, 2011），也与固定序列测验的相关研究结果相一致（Chapell et al., 2005; Iroegbu, 2013; Rezazadeh, Tavakoli, 2009; Trifoni, Shahini, 2011），也就是说，不论在哪种测验模式下，考生越焦虑，在测验中的表现就会越差。此外，Ortner 和 Caspers（2011）也指出，相对于固定序列测验，CAT 中试题难度提升更快，正确作答的可能性也随之迅速降低，由此引发考生的状态焦虑水平提高，对于那些特质焦虑水平高的考生，这种影响尤其明显，据此，有研究者认为，测验焦虑可能会对 CAT-A 产生负向影响。然而，本章研究中最终模型 M4 的分析结果表明，二者之间并不存在显著因果关系，而两项研究在实验过程中的一个明显差别就是有无 CAT 培训，究竟是不是有无 CAT 培训导致不同的研究结果还不清楚，研究者尚需对测验焦虑、CAT 培训和 CAT-A 之间的关系做进一步的探究。

研究假设五、六、七假定，计算机自我效能、培训满意度与测验焦虑是相互关联的，这些假设都在本章研究中得到了验证。本章研究结果表明，计算机自我效能感与培训满意度之间呈显著正相关，计算机自我效能感与测验焦虑之间呈显著负相关，培训满意度与测验焦虑之间呈显著负相关，由此可知，计算机自我效能感、测验焦虑对培训满意度具有显著预测作用。个体的计算机自我效能感越高、测验焦虑越低，则越容易产生更高的培训满意度。

（二）实验结果的启示

本章研究构建了一个 CAT 模型，并探讨了一系列个体心理特质之间的因果关系，该模型与实验数据之间呈现良好的拟合优度，最重要的创新之处在于笔者在国内外研究中首次探讨了计算机自我效能感在 CAT 中的作用。

本章研究的主要目的是通过探讨不同个体心理特质对 CAT-P 的影响，以评估 CAT 的公平性（测验公平性是指尽可能地将那些与测验无关的个体变量所引起的变化从测验成绩中剔除）。本章研究中涉及的个体心理特质，除测验焦虑对 CAT-P 有显著负向影响外，CAT-A、计算机自我效能感和培训满意度均对 CAT-P 无显著影响。由此可以推断，对于测验焦虑高的考生而言，采用 CAT 模式施测可能存在不公平性。

此外，由于 CAT 和固定序列测验之间存在明显差异，两者各有优缺点，部分教育领域的工作者仍然对 CAT 的普及推广持怀疑态度，在教育测量与评价领域，CAT 并非测验模式的首选。本章研究指出，提升考生的计算机自我效能感和培训满意度能明显改善考生的 CAT-A，尤其是培训满意度可以在较短时间内达到这种效果。因此，如何通过设计 CAT 的培训内容和培训方法来提高考生的培训满意度，未来将成为 CAT 研究者关注的焦点。

尤为重要的是，在不同地区（如农村和城市）之间，信息技术设施的普及性往往存在显著差异,这就使得人们往往担心不同地区的考生会在计算机自我效能感、培训满意度和 CAT-A 等方面存在显著差异(Saleem et al., 2011; Scott, Walczak, 2009),进而影响 CAT-P,这样,对于那些信息技术设施配备较差地区的考生而言,CAT 似乎是不公平的。但是,本章研究中得到的最终模型 M4 指出这样一种担忧并不存在。

三、不足与展望

本章研究的第一个不足在于考生均是第一次接触 CAT,因此他们对 CAT 并不熟悉。Kravitz 等(1996)曾经研究过被试在面对各种不同的选择或晋升流程(如面试、药物实验等)时的情绪反应,结果表明,被试对某一流程了解得越多、越熟悉,其对该流程的评价就越积极。因此,如果考生有更多的机会了解、使用 CAT,那么其 CAT-A 将得到明显改善,在未来的研究中,借助纵向实验设计,模型中 CAT-A 的中介作用就可以得到更加充分的展示。

本章研究的第二个不足在于样本选择的偏差,本章研究中的学生均来自中国城市地区的高中,与来自农村地区高中的学生相比,他们更加熟悉信息技术的操作与应用,也更容易接受新生事物。因此,为了使类似研究的结论更具说服力,未来研究中应考虑选取部分来自农村地区的样本。

本章研究的第三个不足在于研究中建立的因果模型只选取了三种个体心理特质作为外源潜变量,事实上,其他的个体心理特质,如考生的认知风格(cognitive style)等也可能与 CAT-A 或 CAT-P 存在因果关系。因此,在未来的研究中,可以考虑纳入更多的潜变量以构建更为复杂的因果模型,通过对复杂模型的分析,可以提出更多有意义的建议,以便为 CAT 的实施提供依据。

参 考 文 献

Bandura A. 1993. Perceived self-efficacy in cognitive development and functioning. Educational Psychologist, 28(2): 117-148.

Bolliger D U, Halupa C. 2012. Student perceptions of satisfaction and anxiety in an online doctoral program. Distance Education, 33(1): 81-98.

Celik V, Yesilyurt E. 2013. Attitudes to technology, perceived computer self-efficacy and computer anxiety as predictors of computer supported education. Computers & Education, 60(1):

148-158.

Chapell M S, Blanding Z B, Silverstein M E, et al. 2005. Test anxiety and academic performance in undergraduate and graduate students. Journal of Educational Psychology, 97(2): 268-274.

Compeau D, Higgins C. 1995. Computer self-efficacy: Development of a measure and initial test. MIS Quarterly, 19(2): 189-211.

Farooqi Y N, Ghani R, Spielberger C D. 2012. Gender differences in test anxiety and academic achievement of medical students. International Journal of Psychology and Behavioral Sciences, 2(2): 38-43.

Fornell C, Larcker D F. 1981. Evaluating structural equation models with unobservable variables and measurement error. Journal of Marketing Research, 18(1): 39-50.

Fritts B E, Marszalek J M. 2010. Computerized adaptive testing, anxiety levels, and gender differences. Social Psychology of Education, 13(3): 441-458.

Gefen D, Straub D W, Boudreau M C. 2000. Structural equation modeling and regression: Guidelines for research practice. Communications of the AIS, 4(7): 2-77.

Hair J F, Anderson R E, Tatham R L, et al. 1998. Multivariate Data Analysis with Readings. Upper Saddle River: Prentice-Hall.

Iroegbu M N. 2013. Effect of test anxiety, gender and perceived self-concept on academic performance of Nigerian students. International Journal of Psychology and Counselling, 5(7): 143-146.

Johnson D F, Mihal W L. 1973. Performance of blacks and whites in computerized versus manual testing environments. American Psychologist, 28(8): 694-699.

Johnson R D, Gueutal H, Falbe C M. 2009. Technology, trainees, metacognitive activity and e-learning effectiveness. Journal of Managerial Psychology, 24(6): 545-566.

Jung H. 2014. Ubiquitous learning: Determinants impacting learners' satisfaction and performance with smartphones. Language Learning and Technology, 18(3): 97-119.

Kim J G, McLean J E. 1994. The relationships between individual difference variables and test performance in computerized adaptive testing. Paper Presented at the Annual Meeting of the Mid-South Educational Research Association, Nashville.

Kim J W, Han D H, Lee Y S, et al. 2013. The effect of depression, anxiety, self-esteem, temperament, and character on life satisfaction in college students. Journal of Korean Neuropsychiatric Association, 52(3): 150-156.

Kravitz D A, Stinson V, Chavez T L. 1996. Evaluations of tests used for making selection and promotion decisions. International Journal of Selection and Assessment, 4(1): 24-34.

McGuire W J. 1985. Attitudes and attitude change//Lindzey G, & Aronson E (Eds.). Handbook of Social Psychology (Vol.2, pp.233-346). New York: Random House.

Nunnally J C. 1978. Psychometric Theory (2nd Ed.). New York: McGraw-Hill.

Ortner M T, Caspers J. 2011. Consequences of test anxiety on adaptive versus fixed item testing. European Journal of Psychological Assessment, 27(3): 157-163.

Ortner M T, Weißkopf E, Koch T. 2014. I will probably fail: Higher ability students' motivational experiences during adaptive achievement testing. European Journal of Psychological Assessment, 30(1): 48-56.

Papanastasiou E, Zembylas M. 2002. The effect of attitudes on science achievement: A study conducted among high school pupils in Cyprus. International Review of Education, 48(6): 469-484.

Paul R, Hauser R D, Bradley J H. 2007. The relationship between individual differences, culture, anxiety, computer self-efficacy and user performance. International Journal of Information Systems and Change Management, 2(2): 125-138.

Pellas N. 2014. The influence of computer self-efficacy, metacognitive self-regulation and self-esteem on student engagement in online learning programs: Evidence from the virtual world of second life. Computers in Human Behavior, 35: 157-170.

Rezazadeh M, Tavakoli M. 2009. Investigating the relationship among test anxiety, gender, academic achievement and years of study: A case of Iranian EFL university students. English Language Teaching, 2(4): 68-74.

Saleem H, Beaudry A, Croteau A M. 2011. Antecedents of computer self-efficacy: A study of the role of personality traits and gender. Computers in Human Behavior, 27: 1922-1936.

Scott E J, Walczak S. 2009. Cognitive engagement with a multimedia erp training tool: Assessing computer self-efficacy and technology acceptance. Information & Management, 46: 221-232.

Shen C W, Wu Y C, Lee T C. 2014. Developing a NFC-equipped smart classroom: Effects on attitudes toward computer science. Computers in Human Behavior, 30: 731-738.

Singh A, Bhadauria V, Jain A, et al. 2013. Role of gender, self-efficacy, anxiety and testing formats in learning spreadsheets. Computers in Human Behavior, 29(3): 739-746.

Spielberger C D, Vagg P R. 1995. Test Anxiety, A Transactional Process Model. Washington D C: Taylor and Francis.

Spielberger C D, Gonzalez H P, Taylor C J, et al. 1980. Manual for the Test Anxiety Inventory ('Test Attitude Inventory'). Redwood City: Consulting Psychologists Press.

Taylor J, Deane F P. 2002. Development of a short form of the test anxiety inventory (TAI). The Journal of General Psychology, 129(2): 127-136.

Tello F, Moscoso C S, Garcia B I, et al. 2006. Training satisfaction rating scale. European Journal of Psychological Assessment, 22(4): 268-279.

Thompson B. 2004. Exploratory and Confirmatory Factor Analysis: Understanding Concepts and Applications. Washington D C: American Psychological Association.

Tonidandel S, Quinones M A. 2000. Psychological reactions to adaptive testing. International Journal of Selection and Assessment, 8(1): 7-15.

Trifoni A, Shahini M. 2011. How does exam anxiety affect the performance of university students? Mediterranean Journal of Social Science, 2(2): 93-100.

Weiss D J. 1976. Adaptive testing research at Minnesota: Overview, recent results, and future directions. Proceedings of the First Conference on Computerized Adaptive Testing (pp.24-35). Washington D C: United States Civil Service Commission.

Weiss D J, Betz N E. 1973. Ability measurement: conventional or adaptive? (Research Report 73-1). Minneapolis: University of Minnesota.

Yukselturk E, Bulut S. 2007. Predictors for student success in an online course. Educational Technology & Society, 10 (2): 71-83.

Zeidner M. 1998. Test Anxiety: The State of the Art. New York: Plenum Press.

第七章

CAT 中认知风格对试题作答时间的影响

不同学生在学习水平和个性特征等认知风格方面存在客观差异。尊重个体的认知风格的差异,特别是在测验中降低其对测验效果的影响,以体现出个体真实的能力水平,这一诉求依托教育公平,受到人们的重视。

本章从个体差异的认知风格角度出发,探究 CAT 中不同认知风格对试题作答时间的影响,以期为完善测验公平性提供一定的实践依据。

随着教育改革的不断深入，学生的主体性地位也越发突出。《国家中长期教育改革和发展规划纲要（2010—2020年）》提出："尊重教育规律和学生身心发展规律，为每个学生提供适合的教育。"学生间的发展是不平衡的，不同学生在学习水平和个性特征等认知风格方面都存在客观差异。尊重个体差异，特别是在测验中降低其对测验效果的影响，以体现出个体真实的能力水平，这一诉求依托教育公平，受到人们的重视。

认知风格的研究始于20世纪40年代，盛行于60年代，至70年代初期达到顶峰，之后便逐渐走向衰落。导致衰落的原因并不是认知风格领域的研究不重要，而是在有了大量的研究之后，人们开拓了更多的心理学研究领域。但在20世纪90年代之后，认知风格的研究又重新引起了人们的关注，并且在教育领域的应用中显得越来越重要。我国对认知风格的研究始于20世纪70年代，北京师范大学的一批心理学者对其进行了系列理论和实证研究，大批教育研究者积极参与其中，梳理出认知风格的研究进展及其在教育领域的实践应用，并将许多研究成果收录成册。

本章从个体差异的认知风格角度出发，探究CAT中不同认知风格对试题作答时间的影响，以期为完善测验公平性提供一定的实践依据。

第一节　认知风格对试题作答时间影响的研究

一、研究基础

（一）CAT中试题作答时间的研究

在认知心理学领域，作答时间是研究心理加工过程的重要测量尺度。通常情况下，生物学、社会学、发展心理学和临床心理学等领域的实验研究都会收集考生的作答时间，并利用数据分析程序对其进行加工处理，以期从中获取潜在信息。

早在20世纪末，研究者就发现CAT中个体间的作答时间存在明显差异，他们尝试使用不同因素进行解释，最先想到的是个体的年龄、性别、种族、受教育程度等人口统计学变量对作答时间的影响，但是研究结果证明，这些变量不能对考生的作答时间做出有效解释。另外，有研究者从试题特征角度解释CAT中考生作答时间的差异，比如，Bergstrom等（1992）在CAT支持下的资格认证测验中选取204名考生，使用多层线性模型进行分析，结果发现，考生的作答时间随着测验试题的题干文本长度和难度的增大而增加，测验试题中是否有图片、正确答案所在选项的位置等都会影响考生的作答时间。此外，考生在测验开始时的作答速度要慢于测验将要结束时的作答速度，考生能力水平的高低能够显著地影响其作答时间的长短。

（二）CAT中控制试题正答概率的研究

CAT的研究者总是强调该测验形式所选取的每一道施测试题都使信息量取得最大值，因此与传统的线性测验相比，CAT能够较快地达到预先设定的测验终止条件，提高测验效率与合理性，实现高水平的测验经济性。此外，有些研究者假定这种MFI选题策略能够为考生营造一个具有适当挑战性的、测验动机最佳的测验环境，在这种测验环境中，考生不需要作答那些对他们来说太难或者太易的试题。但是，成就动机领域的研究者对上述设想提出了质疑。Koestner和McClelland（1990）假定学生更喜欢那些只要付出足够多的努力就能取得成功的学习任务，而考生在正答概率为0.5的试题上即便付出了足够多的努力，依旧有50%的错答概率，这不利于激发考生的测验动机。同样，Andrich（1995）的研究结果表明，在CAT中0.5的正答概率对于激发考生的测验动机来说太低，而且会使考生感到挑战度过高、疲惫甚至过度消极。Heckhausen（1989）也认为，在CAT中，并不是每名考生都适合正答概率为0.5的试题。

二、研究模型

作为一种基于计算机的测验，CAT不仅可以记录试题作答结果和作答时间，还可以改变考生的正答概率。因此，与CAT中试题作答时间相关的因素以及这些因素间的关系是否随正答概率的变化而变化，引起了研究者的关注（van der Linden，2009；Wang et al.，2013；Choe et al.，2017）。

首先，根据以往研究，试题作答时间与考生的能力水平和试题难度有关（Carroll，2000；Dodonova，Dodonov，2013；Goldhammer et al.，2014）。其次，

Eysenck 和 Keane（2013）认为，试题作答时间是认知心理学领域中最常使用的探究心理假设过程的测量指标，即不同考生间试题作答时间的差异可以通过认知风格来解释。Lu 等（2018）也指出，CAT 可以为不同考生提供相同的正答概率，因此考生心理特征（如认知风格）对试题作答时间的影响可以在 CAT 中得以充分体现出来。最后，CAT 一般采用 MFI 选题策略，在单参或双参模型条件下，考生正答概率为 0.5。Häusler 和 Sommer（2008）发现，如果在 CAT 中施测较容易的试题（如正答概率为 0.7 的试题），就可以保证在不损失测验信度和效度的前提下提高考生的作答动机水平。综上所述，笔者将探讨在 CAT 中不同正答概率条件下，认知风格、能力水平和试题难度对 CAT 试题作答时间的影响。

（一）模型构建的依据

1. 认知风格对能力水平和试题作答时间的影响

认知风格是指："个体在认知过程中所经常采用的、习惯化的方式，具体表现在个体对外界信息刺激的感知、注意、思维、记忆，以及解决问题过程中所偏爱的、习惯化的态度和方式。"（Kozhevnikov，2007）认知风格的分类方式有许多种，其中最常见的分类之一是沉思-冲动型（reflective-impulsive，RI）认知风格。Kagan 等（1964）将沉思-冲动型认知风格定义为个体在不确定条件下做出决定时呈现出的速度上的差异。冲动型个体倾向快速地给出第一个可能的答案，而沉思型个体遇到问题时倾向认真思考，用充足的时间审视、考虑问题，分析问题的各种可能的解决方法，然后从中选择一个最佳方案。在对个体认知过程的研究中，冲动型个体倾向从全局和整体的角度看待问题，而沉思型个体倾向使用分析处理模式解决问题。Pandey 和 Mishra（2014）发现，在学习和记忆的所有指标上，冲动型个体明显低于沉思型个体。此外，沉思-冲动型认知风格会影响考生在多项选择题中的作答表现，沉思型考生的测验成绩明显高于冲动型考生（Taghipour，Larsari，2013）。

2. 能力水平对试题作答时间的影响

在实证研究中，考生能力水平与作答时间的关系并不一致。早期研究中，能力水平与作答时间之间的相关被认为是很小的或接近于 0（Carroll，2000；

Jensen，1982，1998；Neubauer，1990）。后来，Sheppard 和 Vernon（2008）梳理了 1955—2005 年的 172 项研究结果，发现由于作答时间的测量方法发生了改变，能力水平与作答时间的相关趋于中等水平。但是，实证研究的结果显示出两种截然相反的观点，部分研究者认为二者呈正相关（Ackerman et al.，2002；Mount et al.，2008），例如，Chang 等（2005）的研究结果表明，在固定长度的 CAT 中，高能力考生所花时间比低能力考生多。另外一些研究者则认为二者呈负相关（Goldhammer，Entink，2011；Shaw et al.，2014）。在近期研究中，研究者发现，考生能力水平和作答时间的关系与测验任务的难易程度有关，在较易的任务（如阅读或语言任务）中，能力水平与作答时间呈负相关（Dodonova，Dodonov，2013；Goldhammer et al.，2014）；而在复杂推理和问题解决任务中，二者呈正相关（Goldhammer，Entink，2011；Entink et al.，2009；Naumann，Goldhammer，2017）。

3. 试题难度对试题作答时间的影响

在以往的大多数研究中，试题难度与试题作答时间的关系是一致的。例如，Halkitis 和 Jones（1996）指出，在计算机化测验中，试题作答时间受试题长度、难度和区分度的影响，当试题长度、难度和区分度增加时，作答时间也随之增加。Smith（2000）使用研究生入学测验数据，考察了作答时间与试题类型、长度、难度、区分度、是否包含图片之间的关系，研究结果表明，在不同的认知领域（阅读理解、批判性推理、句子纠正、数据推理和问题解决等），试题难度与试题作答时间均呈正相关。Yang 等（2002）发现，在感知能力测验中，试题作答时间和试题难度之间也呈正相关。还有研究者探讨了在 CAT 环境下，试题难度、试题类型、认知领域和抽象程度对作答时间的影响，亦得到了类似结果（Bridgeman，Cline，2000）。

（二）研究假设与模型

本章研究的主要目标是分析在 CAT 环境下，认知风格、能力水平、试题难度对试题作答时间的影响，以及在正答概率为 0.5 和 0.7 的条件下，它们之间因果关系的变化。为了实现该目标，本书根据认知风格、能力水平、试题难度和试题作答时间之间关系的综述，建立了以下假设。

H1：CAT 中，无论正答概率是 0.5 还是 0.7，沉思-冲动型认知风格对考生能力水平都有显著影响。

H2：CAT 中，无论正答概率是 0.5 还是 0.7，沉思-冲动型认知风格对试题作答时间都有显著影响。

H3：CAT 中，无论正答概率是 0.5 还是 0.7，考生能力水平对试题作答时间都有显著影响。

H4：CAT 中，无论正答概率是 0.5 还是 0.7，试题难度对试题作答时间都有显著影响。

基于以上假设，本章研究建立了如图 7-1 所示的研究模型。

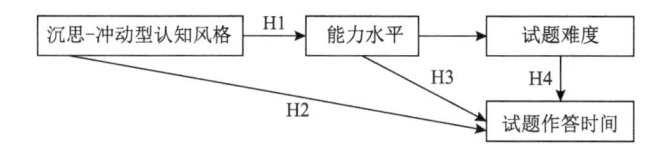

图 7-1　沉思-冲动型认知风格、能力水平、试题难度与试题作答时间的关系模型

第二节　认知风格对试题作答时间影响的实验设计

一、施测对象与过程

首先，本章选择国内某师范大学刚完成"教育科学研究方法"公共课的 308 名本科生作为实验对象，参加认知风格测验。他们的作答结果显示，沉思型考生有 122 名，冲动型考生有 114 名，快速准确型考生有 34 名，缓慢非准确型考生有 38 名。研究人员选择了其中的 236 名沉思型和冲动型考生参加接下来的实验。

其次，因为不了解 CAT 的操作原理与流程，这 236 名考生被分成两组，分别接受了 1.5 小时的培训。培训内容包括 CAT 的基本理论和作答方法，但并不涉及 CAT 中复杂的数学原理。考生被告知在 CAT 中不允许返回查看和修改答案，并且在作答前一道试题之前无法作答下一道试题。

最后，共 232 名考生（75 名男生，157 名女生）被分成两组参加了 CAT（有 4 名考生因各种不同原因没有参加 CAT）。第一组中有 60 名沉思型考生和 57 名冲动型考生，他们将接受正答概率为 0.5 的 CAT；第二组中有 60 名沉思型考生和 55 名冲动型考生，他们将接受正答概率为 0.7 的 CAT。测验在一个小型计算机实验室中进行，有两名实验室助理负责监督测验过程，为了减少考生间的相互干扰，每次只有 4 名考生进入实验室，测验结束后，这 4 名考生离开，另外 4 名考生再进入实验室。测验开始时，实验室助理告知考生需要在 75 分钟内完成测验，虽然时间限制是 75 分钟，但大部分考生在 20—35 分钟就完成了测验，其中，最快的考生用了 11 分钟，最慢的考生用了 45 分钟。由于测验时间非常充裕，考生不会因为担心无法在规定时间内完成测验而猜测试题的答案。考生作答完毕后，CAT 系统会计算出考生的能力值，记录考生的平均试题作答时间和平均试题难度，当然，这些信息只有研究人员才能看到。

二、施测工具

（一）认知风格的测量

Kagan 等（1964）通过匹配相似图形测验（matching familiar figures test，MFFT）来测量个体的概念速度。MFFT 被认为是比较有效和可靠的测量工具，该量表的每道试题中均包含 1 张标准图片和几张相似图片，要求考生在几张相似图片中选出与标准图片完全相同的图片。测验中需要记录考生的两个变量：延迟时间（即第一次做出反应的时间）和整个测验的总错误量。延迟时间代表考生解决问题的速度，总错误量代表考生解决问题的正确程度。根据这两个变量，研究人员就可以判断考生为沉思型认知风格（延迟时间长且总错误量少）还是冲动型认知风格（延迟时间短且总错误量多）。

MFFT 属于早期版本，其可靠性和有效性受到很多学者的质疑。Cairns 和 Cammock（1978）在原有版本的基础上开发出 MFFT-20 版本，此版本适合 7—21 岁的人群使用，被证明具有较高的可靠性，且更适合测量青少年的沉思-冲动型认知风格。本章研究使用共有 20 道试题的计算机版 MFFT-20，每道试题有 1 张标准图片和 8 张选项图片，考生要在 8 张相似的选项图片中选择一张与标准图片完全一致的图片。如果考生选择错误，测验界面的边界就会闪烁 3 次，并弹出提示框显示选择错误，要求考生继续进行选择，直至考生选择正确，系统才会跳转到下一道试题。

（二）CAT 系统

本章研究开发的"教育科学研究方法"公共课 CAT 系统使用的题库包括 211 道试题。该题库使用的是单参 Logistic 模型，试题难度参数范围为-2.89—2.65，均值为 0.017，标准差为 1.001。在 CAT 的试题选择过程中需要使用试题的难度值，当正答概率为 0.5 时，难度参数与考生当前能力估计值最接近的试题被系统选为下一道试题；当正答概率为 0.7 时，难度参数与考生当前能力估计值减去 $\ln\frac{7}{3}$ 最接近的试题被系统选为下一道试题（Eggen, Verschoor, 2006）。为了使两组中的考生能提供近似的信息量，正答概率为 0.5 的测验中包含 30 道试题，正答概率为 0.7 的测验中包含 35 道试题。

为了确保正答概率为 0.5 和 0.7 的测验具有可比性，所有试题都采用文本形式，试题中不包含图像和表格。正答概率为 0.5 的测验中试题平均字符数为 90.11，正答概率为 0.7 的测验中试题平均字符数为 92.20。在正答概率为 0.5 的测验中，施测于沉思型和冲动型考生的试题平均字符数分别为 89.39 和 90.87；在正答概率为 0.7 的测验中，施测于沉思型和冲动型考生的试题平均字符数分别为 92.13 和 92.28。因此，在本章研究中，试题长度对考生的影响可以忽略。

三、实验变量的获取

（一）作答时间

CAT 系统自动记录每位考生对每道试题的作答时间。测验结束时，系统计算每位考生的平均试题作答时间。结果表明，试题的平均作答时间呈正偏态分布。因此，本章研究需要对试题平均作答时间的原始值进行对数变换，以使其近似呈正态分布（Roskam, 1997）。

（二）试题难度

每位考生作答的试题难度值都被记录在 CAT 系统中，测验结束时，系统会自动计算出每位考生所做试题的平均难度值。

（三）能力水平

CAT 系统记录了每名考生对每道试题的作答结果。本章研究中采用贝叶斯期望后验估计来计算考生的能力值，测验结束后，最终的能力估计值被认为是考生的能力水平。

四、数据分析的方法

本章研究采用结构方程模型中的多组路径分析，原因在于：首先，多组路径分析可以同时分析不同组间的路径系数（Winer et al., 1991）；其次，通过施加不同的约束条件，多组路径分析可以进行组间比较（Bollen，1989）。

本章研究采用 AMOS 24.0，分两个阶段进行模型分析。阶段一，使用单组路径分析建立基线模型，分别使用总样本、正答概率为 0.5 和 0.7 的测验数据，获得本章第一节中图 7-1 所示模型的路径系数。模型的拟合优度由 χ^2、df、RMSEA、Tucker-Lewis 系数（Tucker-Lewis index，TLI）和 CFI 进行评估。χ^2/df 为 0—5，RMSEA 低于 0.08，TLI 和 CFI 值大于 0.90，就认为模型与数据是拟合的（Byrne，1998）。阶段二，进行多组路径分析，比较两组在相同约束条件下的基线模型，不变性检验是通过比较基线模型和约束模型之间差异的 χ^2 值来进行的，如果 χ^2 差异显著，表明两组是不同的（Raju et al., 2002）。

第三节 认知风格对试题作答时间影响的实验结果

本章研究使用 SPSS 24.0 进行初步统计分析，在正答概率为 0.5 的 CAT 中，能力水平的平均值是 0.60，标准差是 0.45，能力水平标准误的范围是 0.37—0.41（平均值为 0.38，标准差为 0.01）；在正答概率为 0.7 的 CAT 中，能力水平的平均值是 0.55，标准差是 0.40，能力水平标准误的范围是 0.34—0.48（平均值为 0.37，标准差为 0.03）。由此可以看出，两组的能力估计值和测量精确度基本相似，说明正答概率为 0.7 的 CAT 也能准确测量出考生能力值，其测量结果是有效的。

一、数据统计与分析

（一）描述性统计分析

表 7-1 列出了当正答概率为 0.5 和 0.7 时，变量的平均值、标准差和变量之间的相关系数。结果显示，无论正答概率是 0.5 还是 0.7，沉思-冲动型认知风格、能力水平、平均试题难度、平均作答时间的对数转换值之间均存在显著的正相关，这说明研究者可以进行下一步的模型分析。

表 7-1　描述性统计分析的结果（n_1=117，n_2=115）

正答概率	研究变量	平均值	标准差	认知风格	能力水平	平均试题难度	log（平均作答时间）
0.5	认知风格	0.51	0.50	—			
	能力水平	0.60	0.45	0.36***	—		
	平均试题难度	0.77	0.36	0.34***	0.72***	—	
	log（平均作答时间）	3.70	0.43	0.44***	0.61***	0.54***	—
0.7	认知风格	0.52	0.50	—			
	能力水平	0.55	0.40	0.30**	—		
	平均试题难度	0.45	0.18	0.26**	0.56***	—	
	log（平均作答时间）	3.71	0.40	0.40***	0.28**	0.20*	—

注：n_1 是正答概率为 0.5 的 CAT 中考生的数量；n_2 是正答概率为 0.7 的 CAT 中考生的数量；沉思-冲动型认知风格是虚拟变量，沉思型=1，冲动型=0，沉思-冲动型认知风格的平均值是沉思型考生所占比例；作答时间的单位是秒

（二）单组分析模型

研究者将全体考生正答概率为 0.5 和 0.7 的作答数据分别与图 7-1 中的假设模型进行拟合，结果如表 7-2 所示，$\chi^2/df<2$，CFI>0.90，TLI>0.90，RMSEA<0.08，说明所有数据与模型拟合良好。图 7-2 是全体样本与模型拟合的标准化路径系数，可以看出与研究假设基本一致，大部分参数估计值具有统计学意义。结果表明，沉思-冲动型认知风格对能力水平和试题作答时间有显著影响，即沉思型考生比冲动型考生需要更多的时间完成测验，能力水平也更高；能力水平对试

题作答时间也有显著影响,即高能力水平考生比低能力水平考生需要更多的时间完成测验。但是,如图 7-2 所示,试题难度对试题作答时间的影响并不显著。研究者将这个模型用于后续的多组分析。

表 7-2　单组分析模型的拟合指数

模型	χ^2	df	χ^2/df	RMSEA	TLI	CFI
M0	1.340	1	1.340	0.038	0.990	0.998
M1	1.712	1	1.712	0.078	0.974	0.996
M2	1.552	1	1.552	0.070	0.955	0.993

注:M0 的样本是全体考生(N=232),M1 的样本是正答概率为 0.5 的 CAT 中的考生(n=117),M2 的样本是正答概率为 0.7 的 CAT 中的考生(n=115)。

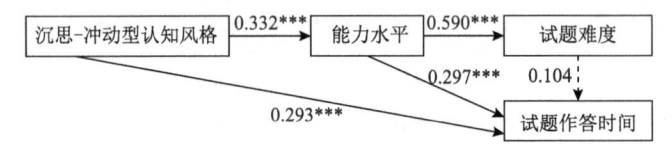

图 7-2　基于全体样本单组分析沉思-冲动型认知风格、能力水平、试题难度和试题作答时间之间的路径系数

(三)多组分析模型

1. 跨组不变性检验

得到基线模型后,通过设置约束条件检验正答概率为 0.5 和 0.7 的测验结果之间是否存在不变性。无约束模型和形态等同模型的拟合指数如表 7-3 所示,可以看出,无约束模型和形态等同模型之间差异显著[$\Delta\chi^2(5)$=30.684,p<0.001,RMSEA>0.10,TLI 和 CFI 均小于 0.90],说明形态等同模型与数据拟合不好,即正答概率不同的 CAT 中认知风格、能力水平、试题难度和试题作答时间之间的关系无法用相同结构来建模。

表 7-3　组间不变性的拟合指数(N=232,n_1=117,n_2=115)

模型	χ^2	df	p	TLI	CFI	RMSEA
无约束模型	3.264	2	0.196	0.968	0.995	0.052
形态等同模型	33.948	7	0.000***	0.805	0.886	0.129

注:N 是总样本;n_1 是正答概率为 0.5 的 CAT 中考生的数量,n_2 是正答概率为 0.7 的 CAT 中考生的数量

2. 多组模型中的直接和间接影响

无约束模型的标准化路径系数如图 7-3 和图 7-4 所示，可以看出，两组模型的路径系数存在部分统计学意义上（如显著性水平）相等的效应，例如，两组中，沉思-冲动型认知风格与能力水平、试题作答时间之间的路径系数都是显著的，也就是说，无论是在正答概率为 0.5 的 CAT 中还是在正答概率为 0.7 的 CAT 中，沉思型考生的平均试题作答时间均长于冲动型考生，沉思型考生的能力水平高于冲动型考生；两组中，能力水平与试题难度的路径系数都在 0.001 水平上显著，这一结果符合 CAT 的基本原理，即考生所做试题的难易程度是由其作答表现决定的。此外，两组中，试题难度与试题作答时间的路径系数均不显著，即 CAT 中试题难度对试题作答时间的影响可以忽略不计。但是，能力水平与试题作答时间的路径只在正答概率为 0.5 的 CAT 中达到显著性水平，即能力水平对试题作答时间的影响在两组间是不同的。

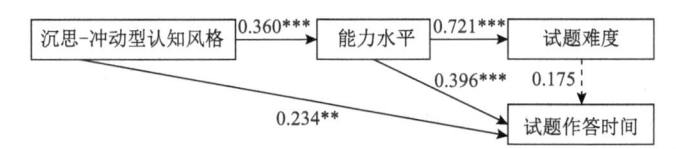

图 7-3 正答概率为 0.5 时，沉思-冲动型认知风格、能力水平、试题难度和试题作答时间之间关系的路径系数

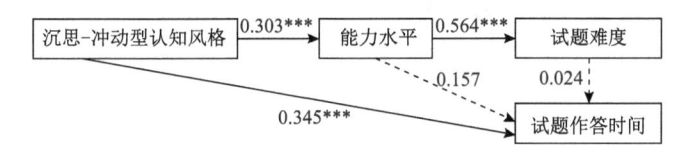

图 7-4 正答概率为 0.7 时，沉思-冲动型认知风格、能力水平、试题难度和试题作答时间之间关系的路径系数

表 7-4 是两种正答概率下的间接效应和总效应，在正答概率为 0.5 的 CAT 中，沉思-冲动型认知风格通过能力水平和试题难度对试题作答时间的间接效应不显著（$\beta=0.046$，$p>0.05$），通过能力水平对试题作答时间的间接效应显著（$\beta=0.143$，$p<0.01$），总的间接效应显著。能力水平通过试题难度对试题作答时间的间接路径显著。由此可见，在正答概率为 0.5 的 CAT 中，能力水平是认知风格与试题作答时间之间的中介变量，试题难度是能力水平与试题作答时间之

间的中介变量。

表 7-4 两种正答概率下间接效应与总效应的汇总

路径	P=0.5 间接效应	总效应	P=0.7 间接效应	总效应
沉思-冲动认知风格→能力水平		0.360		0.303
沉思-冲动认知风格→试题难度	0.260***	0.260	0.171**	0.171
沉思-冲动认知风格→试题作答时间	0.046+0.143**=0.189***	0.423	0.004+0.048=0.052	0.397
能力水平→试题难度		0.721		0.564
试题难度→试题作答时间		0.175		0.024
能力水平→试题作答时间	0.126*	0.522	0.014	0.170

在正答概率为 0.7 的 CAT 中，沉思-冲动型认知风格通过能力水平和试题难度对试题作答时间的间接效应不显著（β=0.004，p>0.05），通过能力水平对试题作答时间的间接效应也不显著（β=0.048，p>0.05），总的间接效应不显著。能力水平通过试题难度对试题作答时间的间接路径不显著。由此可见，在正答概率为 0.7 的 CAT 中，能力水平和试题难度不是沉思-冲动型认知风格与试题作答时间之间的中介变量，试题难度不是能力水平与试题作答时间之间的中介变量。

二、讨论与启示

（一）实验结果的讨论

针对本章研究提出的四个假设，研究者采用多组分析模型，得出如下结论。

首先，在 CAT 中，无论正答概率是 0.5 还是 0.7，沉思-冲动型认知风格对考生的能力水平均有显著影响，这可以通过沉思-冲动型认知风格的概念和理论来解释。

其次，在 CAT 中，无论正答概率是 0.5 还是 0.7，沉思-冲动型认知风格对考生的试题作答时间都有显著的直接影响；当正答概率是 0.5 时，沉思-冲动型认知风格对试题作答时间有显著的间接效应，当正答概率是 0.7 时，沉思-冲动型认知风格对试题作答时间无显著的间接效应；正答概率是 0.5 时，沉思-冲动型认知风格对试题作答时间的总效应值大于正答概率是 0.7 时的总效应值，这与沉思-冲动型认知风格理论是一致的，即当需要解决的问题难度降低时，沉思型和冲动型认知风格之间的差异会逐渐减小。

再次，在 CAT 中，当正答概率是 0.5 时，考生能力水平对试题作答时间有显著的直接和间接影响，这与前期的研究结论一致，即在复杂的问题解决任务中，高能力考生要比低能力考生花费更多的作答时间；当正答概率是 0.7 时，考生能力水平对试题作答时间没有显著的直接和间接影响，可能的解释是，因为简单试题考查的是基础知识，高能力考生回答这些问题不需要进行深入思考，作答时间会缩短；而低能力考生遇到简单试题时会减少猜测行为，从而投入更多的作答时间去解决问题。

最后，在 CAT 中，无论正答概率是 0.5 还是 0.7，试题难度对试题作答时间的影响都不显著，这与以往的研究结论并不一致，可能的解释有两点：第一，以往的研究是通过计算相关系数来分析试题难度与试题作答时间关系的，但本章研究采用多组分析模型，同时分析了沉思-冲动型认知风格、能力水平、试题难度、试题作答时间之间的关系，消除了误差干扰，得到了更具信服力的结论；第二，与固定序列测验不同，CAT 提供了适合考生能力的试题，这在一定程度上减少了试题难度对试题作答时间的影响。

（二）实验结果的启示

在教育测量与评价领域，越来越多的研究表明，考生的测验结果与试题作答时间相关，即试题作答时间应该被纳入能力值估计模型中。从本章研究中可以看出，当测验环境由难（$P=0.5$）变易（$P=0.7$）时，个体差异与试题特征对试题作答时间的总效应值显著减小，从而有利于提高测验结果的精确性，进而改善测验的公平性。

以往探讨沉思-冲动型认知风格的个体间差异时，研究者往往采用固定序列的线性测验，导致考生面临的是同样的问题任务，而本章研究利用 CAT，为考生提供了与其能力水平相匹配的问题任务，无疑会使研究结果更具科学性和说服力，得到的研究结论可以在一定程度上丰富、完善沉思-冲动型认知风格理论。

部分研究者提出，可以根据试题作答时间将考生的作答行为分为"快速猜测行为"和"解题行为"，而本章研究揭示出无论测验难易，沉思-冲动型认知风格对试题作答时间都有显著影响，因此，在未来的研究中，将沉思-冲动型认知风格和试题作答时间同时纳入作答行为的判别标准中，将会使判别结果更加精确、有效。

除考生能力外，测量与评价领域的专家一直希望能够从测验结果中了解考生的其他信息，特别是考生的心理特质。根据本章研究结果，未来研究可以进一步探索利用试题作答时间和能力值来判别考生认知风格的可能性。

此外，相关人员可以考虑开发一种交互式、界面友好的 CAT，即在 CAT 的施测过程中，提醒沉思型考生注意作答时间以免无法完成测验，提醒冲动型考生在深思熟虑后再做出选择。这既可以帮助沉思型考生减少整体作答时间，又可以帮助冲动型考生克服处理整体信息的局限性，从而提升测验效率。

三、不足与展望

无论正答概率是 0.5 还是 0.7，本章研究均采用固定长度法作为测验终止的规则。当正答概率为 0.7 时，能力估计值的有效性是通过比较正答概率为 0.5 和 0.7 的能力估计值的标准误得出的。为了保证能力估计值的有效性和精确性，CAT 的终止规则应当修改为能力估计值的标准误小于一定的数值。

由于考生数量的限制，本章研究中的题库使用的是单参 Logistic 模型进行拟合。但是，单参 Logistic 模型通常不能很好地拟合高能力和低能力考生的作答数据。因此，未来研究中应该适当增加考生数量，然后选择双参或三参 Logistic 模型拟合考生的作答数据。

本章研究通过实证分析获得了当正答概率为 0.5 和 0.7 时，沉思-冲动型认知风格、能力水平、试题难度和试题作答时间之间的关系。然而，本章研究的测验任务源自"教育科学研究方法"的测验，类似于问题解决的任务，以后还应该进一步探讨在较易的任务（如阅读或语言任务）中各变量之间的关系是否会发生变化。

本章研究的对象是认知风格相对稳定的大学本科生，因此，本章研究的结论相对于大学本科生而言是可靠的，但研究结论是否适用于处于认知风格发展阶段的中小学生还有待进一步验证。

参 考 文 献

Ackerman P L, Beier M E, Boyle M O. 2002. Individual differences in working memory within a nomological network of cognitive and perceptual speed abilities. Journal of Experimental Psychology General, 131(4): 567-589.

Andrich D. 1995. Computerized adaptive testing: A primer book review. Psychometrika, 60(4): 615-620.

Bergstrom B A, Lunz M E, Gershon R C. 1992. Altering the level of difficulty in computer adaptive testing. Applied Measurement in Education, 5(2): 137-149.

Bollen K. 1989. Structural Equations with Latent Variables. New York: John Wiley & Sons.

Bridgeman B, Cline F. 2000. Variations in mean response times for questions on the computer-adaptive GRE general test: Implications for fair assessment (ETS RR-00-7). Available online at: https://www.ets.org/research/policy_research_reports/publications/report /2000/hsdr.

Byrne B M. 1998. Structural Equation Modeling with LISREL, PRELIS, and SIMPLIS: Basic Concepts, Applications, and Programming. Mahwah: Lawrence Erlbaum Associates Publishers.

Cairns E, Cammock T. 1978. Development of a more reliable version of the matching familiar figures test. Developmental Psychology, 14(5): 555-560.

Carroll D W. 2000. Psychology of Language. Beijing: The Foreign Language Teaching and Research Press.

Chang S R, Plake B S, Ferdous A A. 2005. Response times for correct and incorrect item responses on computerized adaptive tests. Paper Presented at the Annual Meeting of the American Educational Research Association (AERA), Montréal.

Choe E M, Zhang J, Chang H H. 2017. Sequential detection of compromised items using response times in computerized adaptive testing. Psychometrika, 83(3): 650-673.

Dodonova Y A, Dodonov Y S. 2013. Faster on easy items, more accurate on difficult ones: Cognitive ability and performance on a task of varying difficulty. Intelligence, 41(1): 1-10.

Eggen T J, Verschoor A J. 2006. Optimal testing with easy and difficult items in computerized adaptive testing. Applied Psychological Measurement, 30: 379-393.

Eysenck M W, Keane M T. 2013. Cognitive Psychology: A Student's Handbook. Hove: Psychology Press.

Goldhammer F, Entink R H K. 2011. Speed of reasoning and its relation to reasoning ability. Intelligence, 39(2-3): 108-119.

Goldhammer F, Naumann J, Stelter A, et al. 2014. The time on task effect in reading and problem solving is moderated by task difficulty and skill: Insights from a computer-based large-scale assessment. Journal of Educational Psychology, 106(3): 608-626.

Halkitis P N, Jones J P. 1996. Estimating testing time: The effects of item characteristics on response latency. Paper Presented at the Annual Meeting of the American Educational Research Association, New York.

Häusler J, Sommer M. 2008. The effect of success probability on test economy and self-confidence in computerized adaptive tests. Psychology Science, 50(1): 75-87.

Heckhausen H. 1989. Motivation and Action (2nd ed.). Berlin: Springer-Verlag.

Jensen A R. 1982. Reaction time and psychometric g//Eysenck J (Ed.). A Model For Intelligence (pp.93-132). New York: Springer.

Jensen A R. 1998. The g Factor: The Science of Mental Ability. New York: Praeger.

Jensen J B. 1993. Human Cognitive Abilities: A Survey of Factor-Analytic Studies. Cambridge: Cambridge University Press.

Kagan J, Rosman B L, Day D, et al. 1964. Information processing in the child: Significance of analytic and reflective attitudes. Psychological Monographs: General and Applied, 78(1): 1-37.

Klein Entink R H, Fox J P, Linden W J V. 2009. A multivariate multilevel approach to the modeling of accuracy and speed of test takers. Psychometrika, 74(1): 21-48.

Koestner R, McClelland D C. 1990. Perspectives on competence motivation//Pervin L A (Ed.), Handbook of Personality: Theory And Research (pp.527-548). New York: Guilford Press.

Kozhevnikov M. 2007. Cognitive styles in the context of modern psychology: Toward an integrated framework of cognitive style. Psychological Bulletin, 133(3): 464-481.

Lu H, Tian Y, Wang C. 2018. The influence of ability level and big five personality traits on examinees' test-taking behaviour in computerised adaptive testing. International Journal of Social Media and Interactive Learning Environments, 6(1): 70-84.

Mount M K, Oh I S, Burns M. 2008. Incremental validity of perceptual speed and accuracy over general mental ability. Personnel Psychology, 61(1): 113-139.

Naumann J, Goldhammer F. 2017. Time-on-task effects in digital reading are non-linear and moderated by persons' skills and tasks' demands. Learning & Individual Differences, 53: 1-16.

Neubauer A C. 1990. Speed of information processing in the hick paradigm and response latencies in a psychometric intelligence test. Personality and Individual Differences, 11(2): 147-152.

Pandey N, Mishra R C. 2014. Perceptual learning and memory of reflective and impulsive children. Social Science International, 30(1): 31.

Raju N S, Lafitte L J, Byrne B M. 2002. Measurement equivalance: A comparison of methods based on confirmatory factor analysis and item response theory. Journal of Applied Psychology, 87: 517-529.

Roskam E E. 1997. Models for speed and time-limit tests//van der Linden W J, Hambleton R (Eds.). Handbook of Modern Item Response Theory (pp.187-208). New York: Springer.

Shaw A, Oswald F L, Elizondo F, et al. 2014. Exploratory response time analyses in computerized item-timed tests Presented at the 29th Annual Conference of the Society for Industrial and Organizational Psychology, Honolulu.

Sheppard L D, Vernon P A. 2008. Intelligence and speed of information-processing: A review of 50 years of research. Personality & Individual Differences, 44(3): 535-551.

Smith R W. 2000. An exploratory analysis of item parameters and characteristics that influence item response time. Paper Presented at the Annual Meeting of the National Council on Measurement in Education, New Orleans.

Taghipour D, Larsari V N. 2013. Impulsivity-reflectivity, gender and performance on multiple choice items. Language Learning, 4: 194-208.

van der Linden W J. 2009. Predictive control of speededness in adaptive testing. Applied Psychological Measurement, 33(1): 25-41.

Wang C, Fan Z, Chang H H, et al. 2013. A semiparametric model for jointly analyzing response times and accuracy in computerized testing. Journal of Educational and Behavioral Statistics, 38(4): 381-417.

Winer B J, Brown D R, Michels K M. 1991. Statistical Principles In Experimental Design(3rd ed.). Boston: McGraw-Hill.

Yang C L, O'Neill T R, Kramer G A. 2002. Examining item difficulty and response time on perceptual ability test items. Journal of Applied Measurement, 3(3): 282-299.

第八章

CAT 中能力水平和大五人格对试题作答行为的影响

在现实中，考生的测验态度、测验技巧等作答行为的差异可能会影响测验结果，使获得的测验成绩难以客观反映考生的所知所能，存在一定偏差。

考生的作答行为差异，除了与考生的能力水平有关外，还与考生的人格差异有关，如出现测验焦虑、学习倦怠、低自我效能感、习得性无助等心理问题，这些与人格差异有关的心理问题会使其在测验中产生不同的测验行为和作答表现。

为了获得公平而真实有效的测验成绩,测验组织者往往要求考生认真作答、尽力而为,以展现考生的真实能力和最高水平。在现实中,尤其是在低风险测验中,总有一些考生不以为然。他们并不全身心地投入测验,而是随性发挥、敷衍应付,不假思索地直接猜试题答案,以做完所有试题为目的,而不是尽可能答对所有试题;或者使用一些所谓的"测验技巧"来提高测验成绩,掩盖自己真实的能力水平;或者由于外界环境的影响而心理状态不佳,造成"发挥失常";等等。由此获得的测验成绩自然不能客观反映考生的所知所能,往往存在偏差,影响对考生能力水平的判定。

对于可能会出现考生猜答而导致能力估计存在偏差,以及测验作弊导致测验不公平的问题,人们希望能够识别测验过程中影响考生作答行为的各种因素,如测验环境等外部因素或考生自身的内部因素,找出这些因素的影响机制,以便对症下药,提出有效的应对措施和解决方案。

考生的作答行为差异,除了与考生的能力水平有关外,还与考生的个体差异有关。朱智贤(1989)提到,个体差异指的是个人在认知、情感、意志等心理活动过程中表现出来的相对稳定而又不同于他人的心理和生理特点。例如,大量研究表明,测验焦虑的存在,严重影响了考生对试题的作答行为。测验焦虑跟考生个体差异有关,具体来说,跟考生的人格特质有关。

人格特质是人类共有的,但每一种特质在量上是因人而异的,这就造成了个体与个体之间在人格上的差别。由于每个考生遗传素质和生活环境不同,考生个体之间在自身素质、认知水平和学习能力方面存在差异。不同人格特质的考生对待学习压力的态度也不同,有的考生更容易表现出学习倦怠、低自我效能感、习得性无助等心理问题,而这些心理问题会使其在测验中产生不同的测验行为和作答表现。

第一节 试题作答行为及其影响因素的相关研究

一、试题作答行为的研究

一般的测验通常包含多种题型,如选择题、填空题、是非题(判断题)、简答题、论述题等。其中,选择题是各类测验最常采用的题型,以其评分的客观性、表述的多样性、测验内容的广泛性、测验目的的多重性以及电子阅卷的便捷性和准确性等优点，在常模参照测验和标准参照测验中得到了广泛应用。但这种题型常常伴随着一些问题，最为人们关注的是测验猜答行为，即在测验过程当中，考生仅凭随机猜测来选择正确答案。猜答行为是一种非正常却又不可避免的试题作答行为，很多学者对此进行了研究。Thorndike（1971）将猜答行为定义为："猜答是一个松散、通用的术语，指考生在回答一个他不知道答案的选择题时所发生的一系列行为。"对猜答行为应持何种态度，是一个有争议的问题。反对猜答行为的观点认为，从教育的角度看，不应鼓励考生猜答；赞成猜答行为的观点认为，只有少数考生是完全利用随机方法进行猜答的，而更多的考生是利用部分知识、试题或选项来"推理"，从而进行合理猜测的，这也是其能力的一种反映，应该值得鼓励。陈晓扣（1999）从试题的难度入手，研究产生猜答行为的原因，并提出衡量猜答行为的方法。他通过对猜测与难度、猜测与答题时间的关系进行分析，发现题目越难，考生越容易进行猜测；答题时间越长，考生越有可能进行猜测。

李金柱和龙文祥（2000）对大规模测验中的客观题的猜答行为进行了研究，并提出了"作答时间比率"的概念：作答时间比率＝实际作答时间/测验时长×100%。作答时间比率越高，说明考生的作答态度可能越认真；反之，说明考生的作答态度可能越不认真。这种方法先要设定一个评价标准，该方法的基本逻辑是，若考生作答时间比率低于评价标准，则作答数据的有效性值得怀疑。要么他聪明绝顶或存在作弊行为（在很短时间内获得特别高的分数），要么他胡乱作答，甚至连题目都没看就随机选择答案或系统选择答案，即作答选项呈随机分布或者系统选择某一个选项。

谭艳姬和曹亦薇（2012）认为，测验中的猜答行为是一种常见的行为。例如，当题目过难而考生又不想放弃答题机会时，其便会猜测答案；有时题量过大，来不及答完所有试题，考生也会选择用猜测的方法来完成后面的试题；另外，若测验结果与考生没有利害关系，则考生参与测验的动机就会较低，不愿付出努力便随机猜测答案（这种测验称为低风险测验）。谭艳姬和曹亦薇（2012）同时指出，考生的猜测行为主要是 IRT 临界猜测（IRT threshold guessing，IRT-TG）类猜答行为，即猜答的考生根据其能力回答测验前面部分的试题，当做到某个试题后便开始猜答。该结果可能与试题难度排序有关。总体上，绝大部分考生还是乐于完成测验的，IRT-TG 模型检测出的猜答考生只占 3.5%。该结论与熊广星（1998）的观点一致，认为只要测验题目数量足够多、备选答案数量也较多，测验猜答行为对测验结果的影响并不显著。

Braun 等（2011）研究了在低风险测验中长期存在的一个问题，即考生的测验参与程度对其作答表现的影响，指出考生在所测认知水平上的差异可能混淆了其在测验参与度上的差异。从测量的观点看，低参与度的作答将导致在 IRT 检验和评分中模型不拟合以及参数估计出现偏差的问题。为了改进评估模型中参数估计的效果，一个有效的途径就是将表现出低参与度的考生的作答甄别出来，并在分析时将这些作答数据排除。评估考生参与度的一种常用方法是自陈报告法（测后调查），但自陈报告法存在缺点，比如，很难确保考生在多大程度上会实事求是地回答问题。另外，也可以通过对考生施以奖励（如适当金钱、礼物等）来激发考生如实回答问题的动机，但这种方式只适合小范围、小规模的实施，在大范围和大规模的测试中则不具有普及性和可行性。

猜答行为的存在会严重影响考生能力值以及项目难度与区分度估计的精确性，所以，有效地识别、检测考生的猜答行为，不仅有助于改进试题质量，提高测验效度，还有助于准确评价考生的能力水平。另外，将猜答行为纳入数据分析，还可以进一步分析考生猜答行为的特点，为提高他们的参与动机做好事前准备。考生在测验过程中存在猜答行为，这种现象跟哪些因素有关，是一个值得探讨的问题。

二、试题作答行为影响因素的研究

考生的作答行为可能受多种因素的影响，如能力水平、动机强度、试题难度、答题策略、心理状态、测验环境等。Bachman（1990）认为，考生的（语言）能力、个人特质、测验方法以及其他因素均会对考生的作答行为产生影响。胡颖慧（2008）考察了影响考生测验行为的三个方面：测验方法特征、考生个人特征以及二者之间的交互作用。高燕（2007）根据他人关于"行为表现"的不同理论阐述，总结出影响考生口语真实成绩的三大要素：待测的语言能力与知识、测量这些能力与知识的方式方法、语言能力之外的个体特征。Wise 和 Smith（2011）的测验动机模型假定，考生是否对某一特定试题做出努力受三种因素的影响：考生特征、试题特征以及实施测验的环境。综合上述研究发现，如果将测验方式方法归为外部环境，那么影响考生试题作答行为的因素主要包括三个方面：考生特征、试题特征以及实施测验的外部环境。

1. 考生特征

影响考生作答行为的特征因素包括考生的人格倾向和行为表现。陈小普（2012）认为，人格倾向在一定程度上决定着考生对测验的认知评价与期望、态度、应激反应类型、心理防御机制等。这说明人格倾向不仅与考生的作答行为有关，而且是其重要的影响因素。因此，有必要对测验过程中考生的人格倾向和行为表现做进一步探讨。

Bachman（1990）认为，考生个人特征包括其文化背景、背景知识、认知能力、性别和年龄等。胡颖慧（2008）认为，考生的心理因素（如焦虑、态度和动机）和策略使用因素等均有可能会影响考生的试题作答行为，并在听力理解测验中，通过实证研究初步论证了除考生能力外，考生个人特征因素（测验态度、测验动机、测验焦虑和测验策略）也会对试题作答行为产生影响。其中，测验焦虑是测验过程中经常伴随考生的一种特殊心理反应，是一种不良情绪，也是影响试题作答行为的重要心理因素。

陈文成（2011）认为，考生的测验情绪不良不仅包括情绪层面，也包括行为层面，因而研究了涵盖测前情绪焦虑和测时行为障碍的综合困扰，即测验行为困扰。测验行为困扰是考生常见的一种以担心、紧张或忧虑为特点的复杂而延续的情绪和行为的综合状态，包括两方面：测验前困扰和测验时困扰。考生的测验前困扰主要表现为意识到测验对自己具有潜在威胁，内心产生焦虑的心理体验，并伴有不合理的认知和生理现象；考生的测验时困扰主要表现在测验时有莫名的紧张感和混沌感，并伴有测验答题失误行为。该研究得出，容易诱发考生测验行为困扰的因素包括成就动机太强、师长的期待效应、心理素质差、失败带来的连锁效应和自信心不足，以及测验类型差异和测验策略失误。

李钦云等（2009）研究了考生的测验焦虑与应付方式、人格特质的关系，结果显示，有三成考生存在测验焦虑；消极的应付方式容易导致焦虑，而积极的应付方式则会缓解焦虑；具有聪慧性、敏感性、怀疑性、忧虑性和紧张性人格特质的考生有较高水平的焦虑，而具有稳定性、敢为性人格特质的考生有较低水平的焦虑。研究指出，个体与个体之间不同人格特质的差异，是造成个体之间产生测验焦虑程度差异的内部原因。尽管考生的成熟水平、健康状况、知识经验与应试技能不同，可能会对测验焦虑产生影响，但人格特质的差异则是导致考生处于同一应试情景下产生测验焦虑的根本原因。这进一步说明人格特质对测验焦虑的内部影响。有关测验焦虑的研究得出的基本一致的结论是，测验焦虑是影响学业表现或测验成绩的主要因素，二者关系为负相关，即焦虑程度越高，学业表现或测验成绩越差。

除了测验焦虑外，可能还有其他人格特质与学业成就、测验行为或作答表现相关。王超（2018）探讨了自适应测验中冲动-沉思型认知风格对作答时间的影响机制，并探讨了能力水平在影响机制中的中介效应。吴琼（2017）的研究表明，无聊倾向的内部刺激和外部刺激均在大五人格和学业倦怠之间存在中介作用。王露（2018）研究了不同教学情境下人格特质对学习效果的影响，认为不同的教学情境和人格特质都对学习效果有影响。因此，有必要对考生更广泛的人格特质做进一步探讨，以便进一步了解影响考生测验行为的个体特征因素。

2. 试题特征

除了考生特征因素外，试题本身也是影响考生作答行为的一个因素。就单个试题而言，试题特征包括试题难度、试题长度、选项数目、附属图表、试题位置、试题功能差异等。就整个测验而言，试题特征包括题型、题量、试题排序方式，以及测验对考生的利害关系和程度等。

高燕（2007）探讨了口语任务类型对考生表现的影响，总结出任务的难易程度、受欢迎程度和熟悉程度是影响测验结果的主要因素。Wise等（2009）的研究发现，试题的内容越多，或者试题的位置在试题序列上越靠后，考生猜测答案的可能性就越会增加，而如果试题包含图表，则这种可能性反而减少。其原因在于，试题内容多意味着考生要花更多时间去阅读和思考题目，这需要考生集中注意力并具备充分的耐心，否则容易引起急躁心理而做出猜答行为；而试题位置越靠后越会增加考生猜测答案的可能性可能跟考生疲倦有关，当出现疲倦状态时，考生往往容易根据试题的表面特征"望文生义"而快速作答。图表的出现可能会给考生提供新的信息，促使考生认真审题，希望自己能读懂图表，以获取有用的答题信息，从而不易出现猜答行为。研究进一步指出，当试题同时包含图表且位置靠后时，两者会存在交互作用，随着测验的进行，是否有图表对试题应答行为的影响会降低。试题答案选项越多，考生的猜答行为越明显，答案选项多可能会增加考生选择的负担，从而使其倾向选择靠近中间位置的选项。另外，题量也是一个重要的特征，Wise 等（2009）的研究还发现，考生在对第 40 道以后试题的作答中（共 60 道试题），猜答行为明显增多，这可能是因为题量超出了考生的限度。因此，测验组织者应该对这种限度加以掌握和控制，不宜实施过长的测验，这有利于提高测验分数的有效性。

3. 实施测验的外部环境

测验环境也是一个不可忽视的影响考生作答行为的因素。目前，除了纸笔测验以外，还存在基于计算机环境的测验，具体可分为两类：一类是基于计算机的测验（computer-based test，CBT）；另一类是 CAT。以前的研究更多关注纸笔测验或 CBT 环境下试题特征对作答行为的影响。李雪梅等（2018）研究了"半开卷"测验（纸笔测验）模式下考生有限理性行为与测验成绩的关系，并将有限理性选择的本质归为时间成本、对优异成绩的渴望、自我价值实现和难易程度四种因素。Wise（2006）在 CBT 环境下探查了所有考生在某一道试题上表现出猜答行为比例的潜在相关性，发现猜答行为跟试题阅读量和位置有关。Wise 和 Kingsbury（2016）还在 CAT 环境下建立了考生测验动机模型。

三、研究问题的提出

通过对研究背景的分析和相关文献的梳理，本章研究认为探究考生的试题作答行为是很有必要的，因为试题作答行为是否出于考生的真实表现，直接关系到测验结果的有效性。如果测验结果失去了有效性，那么测验也就失去了价值。但影响考生试题作答行为的因素有哪些，这是一个复杂的问题。纵观国内外相关研究，至少有三方面因素会对试题作答行为产生影响，即考生特征、试题特征和测验环境，本章研究将重点探讨在某种测验环境下考生特征对试题作答行为的影响。

就测验环境而言，以前的研究者大都是在传统纸笔测验或者 CBT 形式下对考生的猜答行为进行研究，然而，CAT 在测验过程中能够为考生提供与其能力相匹配的试题，这将更容易得出人格特质对试题作答行为有影响的结论。就考生特征而言，除了能力因素外，很多研究者主要考察了焦虑、态度、动机等人格特质对测验行为的影响，但影响测验行为的人格特质远不止这些。因此，本章研究将以考生的能力水平和大五人格特质为影响因素，探查它们在 CAT 环境下对考生猜答行为的影响，并通过构建数学模型，确定它们的函数关系。

之所以选择能力水平和大五人格，首先，能力水平对试题作答行为的影响显而易见，基于此，需要将能力水平放入将要构建的数学模型中，以增加自变量对因变量的解释程度，使模型更加合理；其次，研究考生的人格特质对试题作答行为的影响很重要，尽管有研究者探讨过考生个体的某种人格特质对试题作答行为的影响，但是尚未有研究者考察大五人格对试题作答行为的影响。

第二节　大五人格理论

一、人格特质理论的起源与发展

朱智贤（1989）指出，人格指的是"个体在遗传因素基础上，通过个体与后天环境相互作用而形成的相对稳定的一种心理行为模式，并包含这些模式下那些能够或不能够被觉察的心理活动机制"。特质论范式强调个体的人格是由特质组成的，特质决定个体的行为，通过对特质的调查，可以预测个体的行为。人格特质是人类共有的，但每一种特质在量上是因人而异的，这就造成了人与人之间在人格上的差异性。特质论范式由美国和英国的学者开创并推广，代表人物是美国的 Allport、Cattell 和英国的 Eysenck。

王登峰等（1995）对西方词汇研究的思路与发展进行了梳理，Allport 用词汇分类方法从《韦氏新国际词典》(*Webster's New International Dictionary*，1934年版) 中挑选了 55 万条用于描述人的特点的词汇，通过简化压缩到 1.8 万条，其中有 1/4（约 4500 条）是描述人格的。Allport 对这些词汇进行了分类，建立了人格词表，对人格维度的研究做了开创性工作。Cattell 继承了 Allport 的词汇分类研究，并通过有效地运用因素分析法找到了基本的人格特质结构，制成了人格量表，将特质研究向前推进了一步。他通过聚类分析，把1万多个形容人格特质的词语归类为171个，再用统计方法归并为35个表面特质，运用因素分析技术做了进一步研究，最终确定了16种根源特质，并以此设计了16项人格因素问卷。

Eysenck 和 Cattell 一样，继承了 Allport 的词汇分类研究，并有效地引进了因素分析的统计方法，提出了"三因素模型"，即内倾性-外倾性、神经质和精神质3个基本维度。

二、大五人格理论的产生

人格研究都追求一个共同目标——确定普遍的人格结构。Allport 提出了初步的理论构想，Cattell 提出了16种根源特质，Eysenck 提出了"三因素模型"，尽管各有千秋，但它们并不是令人非常满意的结构模型，这导致大五人格结构的出现。

（一）大五人格理论的研究取向

大五人格理论有两个研究取向：词汇学取向和理论取向。在词汇学取向工作中，Allport、Cattell、Goldberg 等做出了很大贡献。在理论取向（问卷研究）工作中，Costa 和 McCrae 做了全面而深入的诠释，并编制了"NEO 人格问卷"。

词汇学假设重要的人格特质一定会在母语词汇中体现出来，越重要的特征，就越有可能被浓缩成一个词来表示。继 Cattell 之后，Tupes 和 Christal 对他的特质变量进行了重新分析，发现在自然语言中确实存在比较一致的五个描述人格的基本维度，Goldberg 将之命名为"大五人格"。这五个人格维度分别是开放性（openness）、尽责性（conscientiousness）、外倾性（extraversion）、宜人性（agreeableness）和神经质（neuroticism）。

相比于词汇学取向是一种自下而上的归纳探索，理论取向则是一种自上而下的演绎研究。Costa 和 McCrae 主要依据已有心理学理论和问卷中对重要概念的概括和分析，即 Cattell 的因素分析和自己的理论构想编制了人格问卷，由最初的 NEO，即神经质（neuroticism，N）、外倾性（extraversion，E）、开放性（openness，O）体系发展为完整的"五因素模型"（five-factor model），即外倾性、宜人性、尽责性、神经质和开放性，实现了理论取向与词汇学取向的统一。

（二）大五人格理论的内容与结构

目前学者普遍认同的"五因素模型"是一种阐述人格特质结构关系的理论，包含五个维度：①神经质是个体体验消极情绪的倾向和情绪不稳定性，高分个体倾向有心理压力，表现出诸如愤怒、焦虑、抑郁、脆弱、冲动、敏感等状态和情绪特点；②外倾性是个体的人际卷入水平和活力水平，高分个体表现出积极乐观、热情洋溢、自信活力、爱冒险、喜社交等特点；③开放性是个体对经验的开放性和创造性，高分个体表现出爱幻想、感受丰富、好奇、尝鲜、挑战权威等特点；④宜人性是个体对他人所持的态度，以及对人际和谐的看重程度，高分个体表现出信任他人、有同理心、真诚坦率、慷慨大方、谦逊温和等特点；⑤尽责性是个体审慎程度、自我约束能力和取得成就的动机和责任感，高分个体表现出责任感强、成就导向、坚持不懈、考虑周到、审慎条理等特点。其具体内容如表 8-1 所示。

表 8-1 大五人格的维度及特质解释

人格维度		特质解释
N：神经质	N1：焦虑（anxiety）	面对难以把握的、令人害怕的情况时的状态
	N2：愤怒和敌意（angry hostility）	人们准备去体验愤怒情绪的状态
	N3：抑郁（depression）	正常人倾向体验抑郁情感的个体差异
	N4：自我意识（self-consciousness）	人们体验羞耻和面临困境时的情绪状态
	N5：冲动性（impulsiveness）	个体控制自己的冲动和欲望的能力
	N6：脆弱性（vulnerability）	个体面对应激时的状态
E：外倾性	E1：热情性（warmth）	个体对待别人和人际关系的态度
	E2：乐群性（gregariousness）	指人们是否愿意成为其他人的伙伴
	E3：独断性（assertiveness）	个体支配别人和社会的欲望
	E4：活跃性（activity）	个体从事各类活动的动力和能量的强弱

续表

人格维度		特质解释
E：外倾性	E5：寻求刺激（excitement-seeking）	人们渴望兴奋的刺激的倾向性
	E6：积极情绪（positive emotions）	人们倾向体验到积极情绪的程度
O：开放性	O1：幻想（fantasy）	个体富于幻想和想象的水平
	O2：审美（aesthetics）	个体对于艺术和美的敏感和热爱程度
	O3：情感（feeling）	人们对于自己的感觉和情绪的接受程度
	O4：尝鲜（action）	人们是否愿意尝试各种不同活动的倾向性
	O5：观念（ideas）	人们对新观念、怪异想法的好奇程度
	O6：价值（values）	人们对现存价值观念的态度和接受程度
A：宜人性	A1：信任（trust）	个体对其他人的信任程度
	A2：坦诚（straightforwardness）	个体对别人表达自己真实情感的倾向性
	A3：利他性（altruism）	个体对别人的兴趣和需要的关注程度
	A4：顺从性（compliance）	个体与别人发生冲突时的倾向性特征
	A5：谦虚（modesty）	个体对待别人的行为表现
	A6：同理心（tender-mindedness）	个体给予别人赞同和关心的程度
C：尽责性	C1：胜任感（competence）	个体对自己的竞争状态的认识和感觉
	C2：条理性（order）	个体处理事务和工作的秩序和条理
	C3：责任感（dutifulness）	个体对待事务和他人的认真和承诺态度
	C4：事业心（achievement striving）	个体的奋斗目标和实现目标的进取精神
	C5：自律性（self-discipline）	个体约束自己的能力并自始至终的倾向性
	C6：审慎性（deliberation）	个体在采取具体行动前的情绪状态

资料来源：罗杰，戴晓阳. 2015. 中文形容词大五人格量表的初步编制Ⅰ：理论框架与测验信度. 中国临床心理学杂志, 23（3）：381-385

跨语言-跨文化的普适性验证是大五人格理论研究的重点。在西语系（包括英语、德语、荷兰语等）的研究中，研究者验证了"五因素模型"的存在。Costa 和 McCrae 的量表经翻译传入非西方、非西语系国家（如中国、韩国、日本等），并在这些国家进行了测量，Costa 和 McCrae 将测量结果与美国的资料进行对比后发现，五因素的一致性系数为 0.94—0.96（杨波，1998）。这说明，"五因素模型"具有跨语言普遍性和相通性。跨语言研究获得验证后，跨文化研究也表明,尽管人格结构在不同文化背景下存在一定程度的差异,但在很多文化背景下用不同方法也能得到很好的验证。

三、大五人格的应用研究

惠秋平等(2017)基于人类发展的生态学理论、媒体的使用及满足理论,探讨了手机成瘾倾向在大五人格特质与心理健康之间的中介作用,以及手机使用动机的调节作用,研究结果揭示了大五人格特质"如何"以及"何时"影响中学生的心理健康,有助于学校、家庭、社会对中学生的手机成瘾倾向和心理健康问题加以预防和干预。

Shi 等(2015)研究了自尊在医学院学生的大五人格和抑郁症之间的中介作用,结果显示,宜人性和开放性与抑郁症呈负相关,神经质与抑郁症呈正相关,自尊在宜人性/开放性/神经质与抑郁症之间起中介作用。因此,研究建议识别高危学生,关注他们的人格特质和自尊,并采取适当的干预策略,以有效地预防和减少医学院学生抑郁症的发生。

李洪玉和王蕊(2009)研究了情绪智力在大五人格与学业满意度之间的中介效应,探讨了两种情绪智力模型(能力模型和混合模型)之间的区别,结果表明,大五人格因素中只有开放性维度对学业满意度有显著影响,能力型情绪智力在开放性与学业满意度之间的关系中起完全中介作用,而混合型情绪智力则没有在上述两者之间起中介作用。

de Feyter 等(2012)研究了大五人格特质对学业成绩的影响,以及自我效能感和学业动机的调节效应和中介效应,结果显示,在高自我效能感水平上,神经质对学业成绩有积极的间接影响,而在低自我效能感水平上,神经质对学业成绩有积极的直接影响。尽责性则间接通过学业动机对学业成绩产生积极影响。

Sorić 等(2017)探讨了成就目标导向是否在大五人格特质和学业成就之间起中介作用。结果显示,学习方法、目标趋向和工作规避目标导向在学生尽责性和学业成就之间起完全中介作用。

Kokkinos 等(2015)以希腊 521 名师生为样本,研究了大五人格特质与习得和学习策略之间的联系,回归分析显示,高外倾性和低神经质得分能够预测参与者对习得和学习策略的运用,而尽责性、开放性和宜人性则表现出混合的结果。

第三节 CAT 中试题作答行为的判别

如何划分试题作答行为，以及如何判别不同的试题作答行为，需要依照某种划分依据及判别方法。本节将首先探讨试题作答行为的判别依据，然后介绍几种试题作答行为的判别方法。

一、试题作答行为的判别依据

一般情况下，一个测验包含一系列试题，试题作答行为刻画了考生个体在整个测验过程中对所有试题的整体作答表现。考生在测验作答过程中，由于各种因素的影响，可能会表现出不同的作答行为。除了正常的认真思考解答行为以外，还存在对测验结果有消极和负面影响的其他行为，如猜答行为和作弊行为。很多研究者分析和讨论了作弊行为，包括作弊行为的成因、影响及法律责任等。本章研究无意讨论作弊行为，而只关心猜答行为对测验结果的影响。

本章研究的试题作答行为分为两类，即思考解答行为（solution behavior）和快速猜答行为（rapid-guessing behavior），分别简称为解答行为和猜答行为。本章研究的试题作答行为强调考生在单个试题层面上的作答表现，以考察单个试题层面上考生的作答信息。具体而言，解答行为是指考生对试题做出认真思考并努力寻求正确答案的作答行为；猜答行为是指考生不浏览试题，或部分浏览试题，或完整浏览试题但未经思考过程而直接猜测试题答案的作答行为。

猜答行为可能和多种因素有关，如缺乏时间、动机等。例如，在高风险测验中，在测验结束时间临近的时候，考生可能会对未作答试题进行猜答处理，希望通过幸运的猜答得到一些分值。在这种情况下，猜答行为与能力水平无关，而是时间缺乏情况下的一种答题策略选择，以期获得更好的成绩。再如，在低风险测验中，考生并不获得学分，认真作答并不给自己带来其他好处，答错也不会受到任何惩罚，因此考生的作答动机较弱，容易表现出猜答行为，这种情况下明显的表现就是，考生在非常短的时间内提交试题答案。所谓非常短的时间是指就某一道试题而言,考生所使用的时间可能不足以浏览完试题,或者能够浏览完试题但不足以思考解答试题。这就涉及一道试题的作答时间下限(即时间阈值)问题。当考生的作答时间低于对某道试题进行浏览并作答所需的时间下限时,研究者就有理由认为该考生并未认真作答,而是选择了快速猜测试题答案,这种作答行为就属于猜答行为;相反,当作答时间足以解答试题时,考生对试题进行认真思考,那么这种作答行为就属于解答行为。

利用作答时间来探究考生的作答行为由来已久,作答时间在心理学中的应用始于认知和测量心理学。在认知心理学领域,作答时间是研究心理加工过程的重要测量尺度。在很多心理学测验中,研究者通过作答时间来量化其所研究的心理过程。在心理与教育测量领域,作答时间还可以潜在地影响评估效率。但传统的纸笔测验很难有效记录作答时间这一重要信息,也常常被人们忽视。计算机技术在心理与教育测量领域的应用使作答时间的收集成为可能,也逐渐被人们关注和重视。作答时间与考生个体特征的关系也引起了研究者的兴趣。例如,van der Linden(2006)经过研究发现,作答时间与考生能力水平之间存在相关关系。Schnipke 和 Scrams(2002)在高风险速度测验背景下探究了作答行为和作答时间之间的关系,发现不同作答行为的作答时间之间存在显著差异。

本章研究的作答时间是指在测验实施过程中,个体完成每个任务或试题所花时间,图 8-1 展示了利用作答时间区分试题猜答行为和解答行为的一个示例。在该示例中,解答行为遵循正偏态分布(图中虚线所示),最短的作答时间从 5 秒左右开始。这表明认真思考解答的考生至少需要 5 秒钟来阅读、理解和回答问题。相反,猜答行为遵循另一种分布(图中实线所示),其中大多数作答发生在 5 秒内,也有少部分超过 5 秒(甚至 10 秒)。这种情况下,如果试题的作答时间分布图同时呈现考生的两种作答行为,那么作答时间分布图就会呈双峰分布形状,而双峰分布的交叉位置(图 8-1 中的 7 秒附近)提供了选择作答时间下限的参考。将某道试题的作答时间下限看作划分两种作答行为的界限(即时间阈值),这是很多研究者的共识。一些已有的研究表明,基于预定义的时间阈值过滤掉快速猜答数据后,测量结果的有效性会得到显著提高(Kong et al.,2007;Wise et al.,2009)。

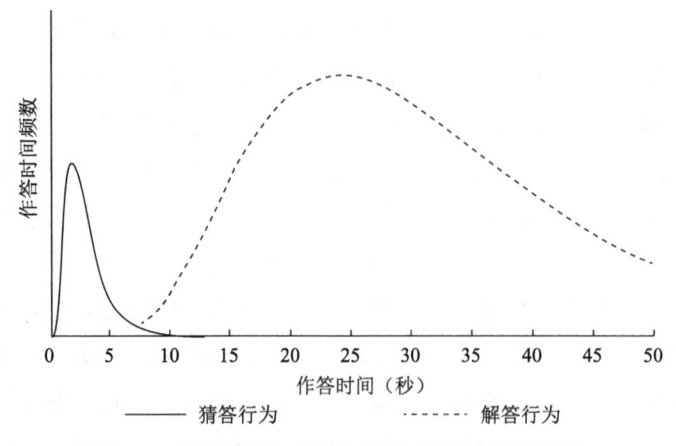

图 8-1 某道试题上两种作答行为的作答时间分布

二、试题作答行为的判别方法

考生不努力或缺乏动机的作答表现有损测量结果的有效性，会使研究者错误估计考生的知识和能力，因此，识别并剔除掉考生作答结果中的无效成分特别是快速猜答成分，有助于研究者对测量结果进行有效分析。所以，试题作答时间下限，即时间阈值的设定就显得很有必要。

时间阈值的设定需要考虑两个原则：第一个原则是要尽可能多地识别不努力的作答表现；第二个原则是要避免将努力的作答表现归类为不努力的作答表现。这两个原则之间存在矛盾关系，前者鼓励选择一个较长的阈值，而后者鼓励选择一个较短的阈值。如何平衡这两个原则，取决于数据分析的目标和要求。针对时间阈值的设定问题，研究者提出了多种方法，这些方法大体可分为两类：依据试题特征设定和依据试题作答时间分布设定。

（一）依据试题特征设定

依据试题特征设定的方法被称为"基于试题特征的阈值识别法"，该方法提出在计算机测验中用"努力作答时间"（response time effort，RTE）来测量考生的动机和努力程度。在测验中，研究者认为考生就其应知应会而展示其所知所能，并表现为最终的测验成绩。基于测验成绩对考生做出评价的有效性，取决于考生在测验中付出努力的程度。RTE 是指在特定考生的所有作答结果中表现为解答行为的试题所占比例。Wise 和 Kong（2005）对试题作答时间的分布进行了检查，发现分布形状基本类似，即大部分试题都表现为如图 8-1 所示的双峰分布，但猜答行为峰值所对应的时间在不同试题之间有很大差异，从几秒到 10 秒不等。经过对试题及其特征的检查表明，猜答行为峰值所对应的时间与每道试题所要求的阅读量密切相关。因此，他们测量了每道试题的题干和选项的总长度（量化为字符数），并根据以下规则建立了三个初始时间阈值：①如果试题长度小于 200 个字符，则使用 3 秒阈值；②如果试题长度超过 1000 个字符，或者试题首次提供某些特定的辅助阅读材料，则使用 10 秒阈值；③对于其他试题，则使用 5 秒阈值。这种方法相对简单，只根据试题长度和首次提供辅助材料来建立 3 个时间阈值，但是这种方法可能不适用于所有的试题。

（二）依据试题作答时间分布设定

依据试题作答时间分布设定的方法有多种，如共同 K（common K）秒阈值法、基于观测时间分布的阈值法、基于混合模型的阈值法、标准阈值（normative threshold，NT）法，以及基于作答时间分布和正确率的阈值法，本章研究将主要介绍前四种阈值识别法。

1. 共同 K 秒阈值法

一些研究者根据所测领域知识和试题的阅读量，为所有试题设定共同的时间阈值（K 秒），比如，为所有试题设定 3 秒阈值。这是最简单易行的阈值设定法，因为它不需要关于每道试题的表面特征或作答时间分布信息。然而，它的"一刀切"特点常常会在不同试题之间产生不同的分类错误。例如，对于非常简单的试题，考生可能会在不到 3 秒的时间内就做出了轻松的回答，而对于阅读量大的试题，考生可能会花多于 3 秒的时间。因此，这种方法被认为过于粗糙。

2. 基于观测时间分布的阈值法

一般情况下，各试题解答行为的作答时间分布大致呈单峰正偏态，但由于猜答行为的存在，在作答时间偏短的区间内往往出现一个小的频率峰值，从而形成两个大小不一的频率峰值，两个峰值之间会形成一个谷底，这个谷底为时间阈值的设定提供了参考。这个谷底出现在作答时间较短的区间内，时间阈值也就对应于谷底位置。在这种方法中，对于每道试题，由数名专家根据他们对谷底位置的观测来确定时间阈值，并以专家的平均阈值作为每道试题的最终阈值。这种方法的一个优点在于比较直观易行，然而，在实际应用中，这种方法有时会遇到问题，因为有时作答时间分布并不呈明显的双峰分布。

3. 基于混合模型的阈值法

该方法首先对每道试题进行评估，并假设试题的作答时间分布呈双峰形态；其次，生成作答时间的正态核密度图，并在观测作答时间分布图的基础上给出正态混合模型的初始值；最后，对于每道试题，利用作答时间分布拟合核平滑模型（kernel smoothing model）或有限混合模型（finite mixture model），根据得到的最优拟合模型参数生成最终的时间阈值。但是，该方法如同上一种方法一样，在双峰分布并不明显的情况下的有效性将显著降低。

4. 标准阈值法

识别快速猜答行为需要为每道试题指定一个时间阈值，对于包含成千上万道试题的题库来说，这一要求在实践中是具有挑战性的。Wise 和 Ma（2012）在其发表的论文"Setting response time thresholds for a CAT item pool: The normative threshold method"中探讨了一种应用于 CAT 题库的阈值识别法，即 NT 法。

在 NT 法中，试题的时间阈值的定义为该试题平均作答时间的一个百分比，并设定最大限定值。例如，如果考生平均需要 40 秒来回答一个问题，那么 10% 的阈值（NT10）就是 4 秒，15% 的阈值（NT15）就是 6 秒，20% 的阈值（NT20）就是 8 秒，最大限定值不超过 10 秒。Wise 和 Ma（2012）对这 3 种 NT 法（NT10、NT15、NT20）进行了比较，首先，以数学和阅读为测验内容，确定数学和阅读题库中试题的平均作答时间；其次，根据试题的平均作答时间，计算每道试题的 NT10、NT15、NT20 阈值；再次，依据阈值，将每位考生对每道试题的作答结果分为猜答行为和解答行为；最后，计算每种方法中所有猜答行为、解答行为的准确率，并进行比较。

3 种 NT 法的描述性统计如表 8-2 所示，可以看出，不同方法中猜答行为所占的比例有所不同。NT 越大，包含猜答行为的比例就越大，这符合阈值识别的第一个原则，即尽可能多地识别不努力的作答表现。然而，随着 NT 的增大，解答行为被错误地归类为猜答行为的风险也会增大,这违反了阈值识别的第二个原则,即避免将努力的作答表现归类为不努力的作答表现。

表 8-2　3 种 NT 法的描述性统计

学科	阈值法	阈值统计量 最小值	阈值统计量 最大值	阈值统计量 中值	阈值设为 10 秒的比例(%)	判别为猜答行为的比例(%)
数学	NT10	1.15	10.00	5.31	10	1.4
	NT15	1.73	10.00	7.96	32	2.3
	NT20	2.31	10.00	10.00	55	3.3
阅读	NT10	1.33	10.00	6.49	15	2.6
	NT15	2.00	10.00	9.74	49	3.4
	NT20	2.67	10.00	10.00	66	4.0

资料来源:Wise S L, Ma L. 2012. Setting response time thresholds for a CAT item pool: The normative threshold method. Annual Meeting of the National Council on Measurement in Education. Vancouver, Canada

表 8-3 显示了每种 NT 法的准确率。在数学测验(每道试题有 5 个选项)中,每一种方法的解答行为的准确率都接近 50%(符合 CAT 的期望值),猜答行为的准确率应该接近 20%,NT10 的准确率与此比较相符,NT15、NT20 的准确率都明显高于 20%,这表明 NT15 和 NT20 中的一些解答行为(正确率接近 50%)会被归类为猜答行为。在阅读测验(每道试题有 4 个选项)中也发现了同样的结果(表 8-3),3 种 NT 法的解答行为的准确率都接近 50% 的期望值,在猜答行为中,NT10 的准确率接近预期的 25%,NT15、NT20 的准确率偏高。

表 8-3　3 种 NT 法中解答行为和猜答行为的准确率

测验	阈值法	解答行为的准确率(%)	猜答行为的准确率(%)
数学(5 个选项)	NT10	50.5	20.9
	NT15	50.7	24.4
	NT20	50.7	31.0
阅读(4 个选项)	NT10	52.6	27.1
	NT15	52.7	29.1
	NT20	52.7	31.8

资料来源:Wise S L, Ma L. 2012. Setting response time thresholds for a CAT item pool: The normative threshold method. Annual Meeting of the National Council on Measurement in Education. Vancouver, Canada

由以上分析可以看出，NT10 法保证了时间阈值设定时两个原则之间的平衡，从而为猜答行为的识别提供了一种实用而有效的方法。因为 NT10 法只需要考生在每道试题上花费的平均作答时间信息，所以它可以很容易地被应用于包含成千上万道试题的 CAT 题库建设中。本章研究选择 NT10 作为区分解答行为和猜答行为的判别方法。

第四节　CAT 中能力水平和大五人格对试题作答行为影响的实验设计

一、大五人格测量量表的选择

在心理学中，对人格的测量主要有两种方法：问卷法和投射法。问卷法通常是用包含一系列问题的调查表，让受试者按照一定的要求选择符合其实际情况的选项，从而测量其人格特质的一种方法。投射法是利用一些模糊的无明确结构和固定意义的刺激，观察受试者对刺激的反应，从而推断其人格特质的一种方法。本章研究采用问卷法，使用的人格问卷是由王孟成等（2011）编制的《中国大五人格问卷简式版》。该问卷包含 40 个条目，分别测量考生大五人格的 5 个维度（每个维度包含 8 个条目）。每个条目采用李克特五点记分，从 1—5 分别表示条目所描述内容与考生实际情况的匹配程度逐渐增加，即 1 分表示"非常不符合"，2 分表示"不太符合"，3 分表示"不确定"，4 分表示"比较符合"，5 分表示"非常符合"。根据他们的研究，该问卷具有良好的信效度，各维度的内部一致性系数均在 0.75 以上，其中，最小值为 0.76（宜人性），最大值为 0.81（神经质），平均值为 0.79；间隔 10 周的重测系数为 0.67（宜人性）—0.81（开放性），平均值在 0.74 以上。

二、题库的构建

构建高质量的测验题库是 CAT 的基础，没有题库就无法实施自适应测验。因此，CAT 的第一步是题库的构建。题库试题数量越多且试题质量越好，自适应测验的效率与准确性也就越高；相反，题库试题数量越少或试题质量越差，纵使自适应程序再好，也无法很好地实现其应有的功能，达不到自适应测验的真正目的。但题库不是由试题简单堆集而成的"题堆""题集"，题库的构建是一项复杂的系统工程，是一个经过校准、分析、归类及评鉴后储存起来的测验试题的有机集合。构建题库，首先要制定目标和原则，然后在目标和原则的指导下选择试题内容和题型，最后开发试题并设置试题的计量学参数。

（一）题库建设目标和原则

随着人们对测验的关注，尤其是对测验规范性和公平性的关注，试题的质量便成为测验编制者首先要考虑的问题。无论什么类型的试题编制，尤其是大型题库的建设，都要明确题库建设的目标、遵循的原则，其目的是规范地指导试题的编制，提高测验质量。

1. 题库建设目标

教学的目的在于使学生掌握新知识，获得新技能，形成新的学习态度，从而使学生的智力得到开发，能力得到提高，最终实现发展学生素质和能力的总目标，而测验正是对这一目的的达成情况进行检测。本章研究中测验的目的是检测学生对知识的掌握程度和能力水平，因此，题库的建设以精确测量考生的能力水平为目标。

2. 题库建设原则

好的测验试题不仅能够很好地鉴别考生对知识和技能的掌握程度，还能够甄别考生对问题的解决能力和知识的迁移能力。所以，题库建设需要遵循一定的原则。本章研究主要遵循两个原则：试题难度适中原则和试题表征简约原则。

1）试题难度适中原则：题库中的试题覆盖域要足够宽（包括内容覆盖域和难度覆盖域），即题库应该包含各部分领域知识内容的试题和不同难度的试题。就整个题库而言，内容要广，覆盖域要宽（即内容平衡），但难度不宜太难或太易，即试题不能难到没有考生会做或易到所有考生不用思考就会做，这样的题没有多大意义，不利于对考生的能力水平进行有效鉴别。因此，本章研究遵循试题难度适中原则，既要覆盖域宽泛，又要避免太难和过易，即整个题库的难度分布应为"易—较易—中等—较难—难"，去掉两端的"过易"和"太难"。

2）试题表征简约原则：试题本身有多种属性，如内容属性、计量学属性以及表面特征等。表面特征包括字符数量（长短）、附带图表、附加材料、解释说明、生字生词、选项个数等。本章研究遵循试题表征简约原则，该原则指的是试题的表面特征要简约，既要保证题干意思表达完整，又要保证题面简明精练，避免使用复杂的句子结构和模棱两可的语言表述。

（二）试题内容和题型选择

根据题库建设目标和原则，还要确定通过什么方式来完成目标，也就是试题内容和题型选择。

1. 试题内容

概率论与数理统计是理工科专业的一门公共基础课，由概率论和数理统计两部分组成，是研究随机现象并找出其统计规律的一门学科。从学科性质来讲，它是一门基础性学科，为其他理工科专业提供方法论的指导。其课程目标是通过对该课程的学习，使学生掌握概率论与数理统计的基本概念，了解它的基本理论和方法，从而使学生初步掌握处理随机现象的基本思想和方法，培养学生运用数理统计方法分析和解决实际问题的能力。

根据课程目标和实际教学内容，本章研究只选择数理统计部分的知识作为测验内容，涉及的知识点包括统计学基础概念、统计图表、集中量数、差异量数、相关关系、抽样分布、假设检验和方差分析。

2. 题型选择

考虑到计算机测验不便于书写和演算，本章研究构建题库的试题类型都是选择题。选择题在客观测验中被认为是形式最基本、使用最广泛、影响最深远的一种试题类型，尤其配合计算机的使用，使阅卷、计分、试题和测验分析的过程都十分方便。不仅如此，选择题还有评分的客观性、表述的多样性、测验内容的广泛性、测验目的的多重性、测验过程的流畅性等多种优点，一般是由一个题干和若干备选选项组成的。题干既可以以直接提问的形式呈现，也可以以不完整的句子形式呈现。选项则提供可供选择的答案，包含一个或多个正确答案和若干具有干扰性的错误答案（分别对应单项选择题和多项选择题）。经过精心设计的题干和选项，可测查教学目标中认知水平的各种等级，如测查考生对问题的理解和辨别能力、测查考生的思维敏捷性以及准确的推断能力等。

（三）试题编制和参数估计

1. 试题编制

本章研究邀请执教"概率论与数理统计"课程的 5 位大学教师，根据目标要求、题型、知识点（共 140 个）等编制了 180 道单项选择题（0—1 计分）。每个知识点的分布情况如表 8-4 所示。

表 8-4 试题内容知识点分布

知识点	统计图表	集中量数	差异量数	相关关系	抽样分布	t检验	Z检验	χ^2检验	F检验	方差分析
试题数量（道）	9	9	10	19	21	18	13	10	10	21

2. 参数估计

本章研究将开发的 180 道试题分成 4 个测验，通过锚测验设计，对大二学生（都修过"概率论与数理统计"课程）实施前测，并采用贝叶斯期望后验估计和 BILOG 软件估计所有试题的参数。经过拟合检验，测验试题符合双参 Logistic 模型。依据前测中考生的作答结果对试题进行参数估计，并剔除 22 道不拟合双参 Logistic 模型的试题，得到剩余 158 道试题的难度和区分度参数。经过再次筛选，剔除太难和过易的 18 道题，最终保留 140 道题。

三、施测对象

本章研究采用整群抽样的方法，选取山东师范大学本科阶段的 142 名理科学生作为测验对象。本章研究用于测量考生能力水平的测验内容是有关数理统计的知识，所选取的这 142 名理科生都已经选修并通过了数理统计的相关课程。另外，他们都学完了大学计算机基础课程，具备比较熟练的计算机操作技能，测试前还会对他们进行 CAT 的操作指导和说明，因此研究可以忽略考生因对计算机操作不熟练而对测验结果造成影响的可能性。

四、施测过程

（一）考生大五人格的测量

选自王孟成等（2011）编制的《中国大五人格问卷简式版》，采取考生随机分组的原则，每组 4—6 人。每组考生入场后，由施测者简要说明问卷的设计目的、填写方法和注意事项等问卷指导语，要求考生如实填写，并写上姓名和学号，便于与能力测验进行匹配。每组考生填写完问卷后，当场回收，问卷回收率为 100%。

（二）考生能力水平和试题作答时间的测量

142 名考生分成两组参加了固定长度的 CAT，测验长度是 35 道试题，时间限制为 60 分钟，全部考生均在 50 分钟内完成了作答，CAT 系统记录了每位考生对每一道试题的作答情况（答对记为"1"，答错记为"0"），同时记录每位考生在每道试题上的作答时间。最后，根据考生的作答结果，系统计算并呈现考生的最终能力水平。另外，根据每一位考生对每一道试题的作答时间，计算出每道试题的平均作答时间，依据 NT10 法，取每道试题平均作答时间的 10% 作为判定考生试题作答行为的时间阈值。

（三）考生试题作答行为的判定

本章研究的试题作答行为分为两类：解答行为和猜答行为。划分这两种作答行为的依据是考生在某道试题上的作答时间与该试题的时间阈值的比较，少于时间阈值的作答行为被归类为猜答行为，反之则被归类为解答行为。

下面以题库中第 72 题为例，说明如何判别某考生在该试题上的作答行为。在前测中，第 72 题的平均作答时间为 55 秒，根据 NT10 法，时间阈值为 5.5 秒，如果某考生作答第 72 题的时间短于 5.5 秒，该作答行为将被判定为猜答行为，反之，该作答行为将被判定为解答行为。根据作答行为的判定结果，将考生分为两类：无猜答行为的考生（作答行为=1）和有猜答行为的考生（作答行为=0）。

五、数据分析的方法：二元 Logistic 回归模型

在多元线性回归中，要求因变量具有定距测量尺度，是连续变量，而非定性数据或分类数据。当因变量为定性数据或分类数据，而且只有两种状态时，多元线性回归模型不再适用。此时，采用二元 Logistic 回归模型能很好地解决这个问题。

二元 Logistic 回归模型是概率型非线性回归模型。与线性回归模型不同，它是研究二分类观察结果与某些影响因素之间关系的一种多变量分析方法。具体而言，Logistic 回归是以事件发生概率 P 为因变量，以可能影响事件发生的因素为自变量的一种回归分析方法。显然，作为概率值，必须满足 $0 \leq P \leq 1$。它的基本特点是因变量必须是二分类变量，而自变量既可以是分类变量，也可以是连续变量。在 Logistic 回归分析中，因变量常常是分类变量，在方程中，它们都以虚拟变量的形式出现。尽管二分类因变量的两个取值可以用任何数字编码，不过一般习惯用 0、1 编码。其好处在于，1 表示某事件发生，0 表示某事件不发生，1 所占的比例其实就是虚拟变量的均值。

因变量 P 可以表示成

$$P = \begin{cases} Y = 1, \text{某事件发生} \\ Y = 0, \text{某事件不发生} \end{cases} \quad \text{（公式 8-1）}$$

参照线性回归方程，可以建立如下形式的回归模型

$$P = \beta_0 + \beta_1 x_1 + \cdots + \beta_m x_m \quad \text{（公式 8-2）}$$

表面上，该模型能够描述当各个自变量变化时，因变量的发生概率会如何变化，可以满足分析要求。实际上，该模型有两个问题无法解决。一个问题是取值区间，上述模型右侧的取值范围是整个实数集，而模型左侧是概率值，取值范围是[0，1]，两侧并不相符。因此，模型本身不能保证在自变量的各种取值组合下，因变量的估计值仍能限定在[0，1]（即不产生"越界"问题）。另一个问题是曲线关联。因变量与自变量的关系通常不是直线关系，而是 S 形曲线关系，如图 8-2 所示。

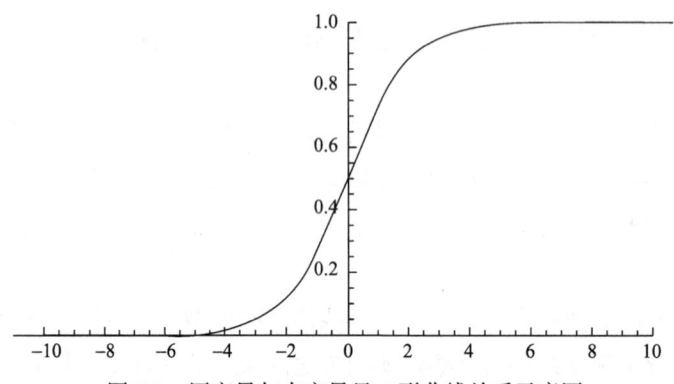

图 8-2　因变量与自变量呈 S 形曲线关系示意图

显然，上述模型无法满足线性关联的假设，而这恰恰是线性回归中至关重要的假设。为此，在构建因变量 P 与自变量的关系模型时，需要变换一下思路，不直接研究 P，而是研究 P 的一个严格单调函数，并要求该函数在 P 接近两端值时对其微小变化很敏感。于是 logit 变换就被提了出来，logit 是逻辑斯蒂概率单位的缩写，logit P 被称为"P 的逻辑斯蒂概率单位"，又被称为"逻辑斯蒂 P"。在此，先介绍几个基本概念。

发生比（odds ratio，OR），表示某事件发生的概率与不发生的概率之比。如公式 8-1 所示，某事件发生的概率为 P：$P = P(Y=1|x)$；不发生的概率为 $(1-P)$：$(1-P) = 1 - P(Y=1|x) = P(Y=0|x)$；则发生比记为 $OR = \dfrac{P}{1-P}$。

对数发生比（log OR），即发生比的自然对数，记为：$\log OR = \ln\dfrac{P}{1-P}$，这就是 logit 变换。

解决前述"越界"问题的办法是，将 $Y=1$ 的概率换成 $Y=1$ 的发生比。$Y=1$ 的发生比记为 $OR(Y=1)$，也就是 $Y=1$ 的概率与 $Y \neq 1$ 的概率之比，即 $OR(Y=1) = \dfrac{P(Y=1)}{1-P(Y=1)}$。该发生比没有固定的最大值，但有最小值（0）。显然，通过 logit 变换，发生比的自然对数 $\ln\dfrac{P}{1-P}$ 的取值范围就被扩展为以 0 为对称点的整个实数区间（负无穷到正无穷），这使得在任何自变量取值下，对 P 的预测均有实际意义。其次，大量实践证明，$\ln\dfrac{P}{1-P}$ 往往和自变量呈线性关系，换言之，概率和自变量之间的关系就可以通过 logit 变换将曲线关系直线化。因此，只需要以 $\ln\dfrac{P}{1-P}$ 为因变量，建立包含若干自变量的 Logistic 回归模型如下

$$\ln\dfrac{P}{1-P} = \beta_0 + \beta_1 x_1 + \cdots + \beta_m x_m \qquad （公式 8-3）$$

本章研究中，经转化后的试题作答行为是一个二分类变量，探究的是考生能力水平和大五人格（五个维度）对该变量的影响，符合二元 Logistic 回归模型。因此，本章研究将试题作答行为作为因变量，将能力水平和大五人格五个维度作为自变量，进行二元 Logistic 回归分析，并确定回归系数，建立回归模型。

第五节　CAT 中能力水平和大五人格对试题作答行为影响的实验结果

通过测验获得原始数据之后，需要对数据进行统计分析，以明确数据背后隐藏的关系模型。本节通过对测验数据的预处理和统计分析，建立了数学模型，并对分析结果进行了讨论。

一、多重共线性检验

本章研究中变量的均值、标准差、容差和相关性如表 8-5 所示。因为相关性的绝对值没有超过 0.7，容差也都大于 0.1，所以认为不存在多重共线性，可以进行下一步分析。

表 8-5　变量的均值、标准差、容差和相关性

变量	1	2	3	4	5	6	7
1. 作答行为	—						
2. 能力水平	0.205*	—					
3. 开放性	0.035	−0.002	—				
4. 尽责性	0.295*	0.260**	0.259**	—			

续表

变量	1	2	3	4	5	6	7
5. 外倾性	0.103	−0.001	0.348**	0.291**	—		
6. 宜人性	0.172*	−0.034	0.062	0.181*	0.182*	—	
7. 神经质	−0.255**	0.022	−0.097	−0.025	−0.084	0.000	—
容差	—	0.918	0.844	0.800	0.815	0.942	0.987
M	0.620	0.589	3.552	3.789	3.086	3.944	2.975
SD	0.487	0.457	0.502	0.598	0.765	0.430	0.690

二、测验数据分析

数据统计显示，有 97.55% 的试题作答行为属于解答行为。142 名考生中，88 名考生无猜答行为（作答行为=1），54 名考生表现出猜答行为（作答行为=0）。

将考生作答行为作为因变量，将能力值和大五人格作为自变量，进行二元 Logistic 回归分析。其中，步骤 0：没有任何自变量进入方程；步骤 1：能力值作为自变量进入方程；步骤 2：能力值和大五人格作为自变量进入方程；步骤 3：能力值、大五人格以及能力值与大五人格的交互效应作为自变量进入方程。

（一）步骤 0 的分析结果

步骤 0 输出的是回归模型中只设常数时的分析结果。表 8-6 描述的是没有任何自变量进入之前，预测所有考生的作答行为都是解答行为的准确率为 62.0%。

表 8-6　步骤 0 的识别情况 [a,b]

观测	行为类别	预测作答行为（人） 0	预测作答行为（人） 1	准确率（%）
作答行为	0	0	54	0
	1	0	88	100.0
总百分比（%）				62.0

注：a. 模型中包含常数；b. 切割值为 0.500

表 8-7 描述的是在没有任何变量进入之前常数项的预测情况，包括模型的参数估计、标准误、Wald 检验、p 值和 OR 值。结果显示，系数 B=0.488，标准误 SE=0.173，Wald=7.981，df=1，p=0.005，达到显著性水平，OR=Exp（B）=1.630。从概念意义上说，OR 是考生的解答行为概率与猜答行为概率的比值。由于 88 名考生全部表现为解答行为，54 名考生表现出猜答行为，即可观察的解答行为的预测发生比为：OR=Exp（B）=88/54=1.630。

表 8-7　步骤 0 方程的变量

变量	B	SE	Wald	df	p	Exp（B）
常数	0.488	0.173	7.981	1	0.005	1.630

（二）步骤 1 和步骤 2 的分析结果

首先，将考生能力水平作为自变量进入步骤 1，得到 df 为 1 的 χ^2 值为 6.146，p<0.05，达到显著性水平。然后，将大五人格特质各维度作为自变量进入步骤 2，得到 df 为 5 的 χ^2 值为 23.182，p<0.001，达到显著性水平。这些统计结果显示，考生能力水平和大五人格特质都对模型拟合有显著影响（表 8-8）。

表 8-8　步骤 1 和步骤 2 模型系数的综合检验

步骤	模块	χ^2	df	p
步骤 1	步骤	6.146	1	0.013
	块	6.146	1	0.013
	模型	6.146	1	0.013
步骤 2	步骤	23.182	5	0.000
	块	23.182	5	0.000
	模型	29.328	6	0.000

表 8-9 显示了模型和数据的拟合程度。其中，-2log likelihood 越小，意味着模型和数据拟合得越好。Cox & Snell R^2 和 Nagelkerke R^2 的估计值从不同角度解释了因变量能被所有自变量解释的百分比。在表 8-9 中，-2log likelihood

统计量从步骤 1 的 182.487 下降到步骤 2 的 159.306。同时，Cox & Snell R^2 统计量从步骤 1 的 0.042 上升到步骤 2 的 0.187，Nagelkerke R^2 统计量也从步骤 1 的 0.058 上升到步骤 2 的 0.254。

表 8-9 步骤 1 和步骤 2 模型汇总

步骤	−2log likelihood	Cox & Snell R^2	Nagelkerke R^2
步骤 1[a]	182.487	0.042	0.058
步骤 2[b]	159.306	0.187	0.254

注：a. 因为参数估计的变化小于 0.001，所以在第四步迭代停止；b. 因为参数估计的变化小于 0.001，所以在第五步迭代停止

表 8-10 比较了自变量的预测值。根据二元 Logistic 回归模型，计算一个特定事件发生的概率，并依据概率（切割值）将因变量分成两类：如果概率大于 0.5，将其归类为解答行为（作答行为=1）；如果发生概率小于 0.5，则将其归类为猜答行为（作答行为=0）。在这种情况下，总的预测情况是：步骤 1 准确预测 98 名考生，步骤 2 准确预测 100 名考生，总的预测准确率分别是 69.0%和 70.4%。相比较而言，表 8-6 中的模型在只包含常量的步骤 0 中，总的预测准确率只有 62.0%。

表 8-10 步骤 1 和步骤 2 的分类表[a]

步骤	观测	行为类别	预测作答行为（人） 0	预测作答行为（人） 1	准确率（%）
步骤 1	作答行为	0	10	44	18.5
		1	0	88	100
	总百分比（%）				69.0
步骤 2	作答行为	0	26	28	48.1
		1	14	74	84.1
	总百分比（%）				70.4

注：a. 切割值为 0.500

表 8-11 显示了二元 Logistic 回归模型中自变量对因变量影响的汇总。其中，步骤 1 表示只有能力水平进入时的模型，回归系数 B=0.982，标准误 SE=0.412，

Wald=5.694，OR=2.67，df=1，p<0.05，达到显著性水平。步骤 2 表示能力水平和大五人格各维度进入时的模型，各个变量的系数分别为 0.939（能力水平）、-0.302（开放性）、0.964（尽责性）、0.069（外倾性）、0.815（宜人性）、-0.891（神经质），其中能力水平、尽责性和神经质 3 个变量均达到显著性水平（ps<0.05），而开放性、外倾性和宜人性 3 个变量均未达到显著性水平（ps>0.05）。

表 8-11 步骤 1 和步骤 2 方程中的变量

步骤	变量	B	SE	Wald	df	p	Exp（B）
步骤 1[a]	能力水平	0.982	0.412	5.694	1	**0.017**	2.670
	常数	-0.066	0.284	0.054	1	0.816	0.936
步骤 2[b]	能力水平	0.939	0.474	3.931	1	**0.047**	2.557
	开放性	-0.302	0.422	0.511	1	0.475	0.740
	尽责性	0.964	0.374	6.636	1	**0.010**	2.621
	外倾性	0.069	0.285	0.059	1	0.809	1.072
	宜人性	0.815	0.489	2.778	1	0.096	2.259
	神经质	-0.891	0.293	9.221	1	**0.002**	0.410
	常数	-3.313	2.640	1.5751	1	0.209	0.036

注：粗体表示达到显著性水平，下同。a. 步骤 1 的输入变量：能力水平；b. 步骤 2 的输入变量：能力水平、开放性、尽责性、外倾性、宜人性、神经质

（三）步骤 3 的分析结果

考虑到自变量间可能存在交互影响，即能力水平和大五人格之间可能存在交互效应，因此将能力水平和大五人格各维度的交互效应作为自变量进入步骤 3。表 8-12 显示，加入交互效应后，得到 df 为 5 的 χ^2 值为 29.808，p<0.001，达到显著性水平，说明模型在整体上是有意义的。

表 8-12 步骤 3 模型系数的综合检验

模块	χ^2	df	p
步骤	29.808	5	0.000
块	29.808	5	0.000
模型	59.135	11	0.000

加入交互效应后模型和数据的拟合程度如表 8-13 所示。由表 8-13 可知，$-2\log$ likelihood 统计量下降到 129.498，Cox & Snell R^2 统计量上升到 0.341，Nagelkerke R^2 统计量上升到 0.463。整体拟合效果得到提升。

表 8-13　步骤 3 模型汇总 [a]

$-2\log$ likelihood	Cox & Snell R^2	Nagelkerke R^2
129.498	0.341	0.463

注：a. 因为参数估计的变化小于 0.001，所以在第六步迭代停止。

加入交互效应后自变量的预测值如表 8-14，结果表明，步骤 3 准确预测了 112 名考生，预测准确率是 78.9%。

表 8-14　步骤 3 的分类表 [a]

已观测	行为类别	预测作答行为（人） 0	预测作答行为（人） 1	准确率（%）
作答行为	0	34	20	63.0
	1	10	78	88.6
总百分比（%）				78.9

注：a. 切割值为 0.500。

最后，表 8-15 显示了回归模型中加入能力水平、大五人格各维度以及能力水平和大五人格各维度之间的交互效应后，自变量对因变量影响的总体情况。由此可知，加入交互效应后，能力水平的主效应不再显著（$p>0.05$），而尽责性（$p=0.002$）和神经质（$p=0.048$）的主效应依然显著。此外，能力水平与外倾性的交互效应显著（$p=0.049$），能力水平与神经质的交互效应显著（$p=0.002$）。

表 8-15　步骤 3 方程中的变量 [a]

变量	B	SE	Wald	df	p	Exp（B）
能力水平	0.913	0.469	3.793	1	0.512	2.492
外倾性	0.044	0.704	0.004	1	0.950	1.045
宜人性	1.569	0.836	3.520	1	0.061	4.803
尽责性	2.026	0.651	9.697	1	**0.002**	7.586

续表

变量	B	SE	Wald	df	p	Exp（B）
开放性	−0.777	0.813	0.912	1	0.340	0.460
神经质	−2.832	1.432	3.911	1	**0.048**	0.059
外倾性×能力水平	−0.916	0.543	2.842	1	**0.049**	0.400
宜人性×能力水平	0.782	0.587	1.772	1	0.183	2.186
尽责性×能力水平	−1.062	1.280	0.689	1	0.407	0.346
开放性×能力水平	1.159	1.315	0.777	1	0.378	3.187
神经质×能力水平	−4.904	1.581	9.619	1	**0.002**	0.007
常量	0.015	0.304	0.002	1	0.961	1.015

注：a. 步骤3的输入变量：外倾性×能力水平、宜人性×能力水平、尽责性×能力水平、开放性×能力水平、神经质×能力水平

三、结果讨论

本章研究试图通过对CAT中试题作答行为（猜答行为和解答行为）的判别，探究考生能力水平以及大五人格特质对作答行为的影响，通过对测验数据的处理和分析，结果如下。

（一）CAT能提供一种较理想的测验环境

之前的研究通常是在CBT环境下探测影响考生作答行为的因素，考生面对的是试题序列固定的线性测验，这使得考生不得不做一些太难或太易的试题，从而加大了试题特征对作答行为的影响。

与以往研究不同，本章研究为考生提供了自适应测验环境，试题是动态适应考生能力水平的。这种选题算法可以创建一个既具有挑战性又能激发测验动机的评估环境，减小试题特征对作答行为的影响，从而有效表现出考生大五人格对作答行为的影响，为研究过程提供可靠的测验数据。

（二）能力水平对作答行为的影响

测验结果显示，当考生的能力水平和大五人格特质各维度作为自变量加入

模型时,考生的能力水平对作答行为有显著的正向影响,即考生的能力水平越高,越容易表现出解答行为;考生能力水平越低,越容易表现出猜答行为。但是,当考生的能力水平和大五人格特质各维度的交互效应也作为自变量加入模型时,交互效应掩盖了能力水平的主效应,使得能力水平对作答行为的影响不再显著。

（三）大五人格对作答行为的影响

测验结果也显示,考生的大五人格（尽责性和神经质）对试题作答行为同样有显著影响。其中,尽责性对作答行为有正向影响,意味着尽责性得分越高,考生越有可能表现出解答行为;神经质对作答行为有反向影响,意味着神经质得分越高,考生越有可能表现出猜答行为。这可以由大五人格理论来解释,具有尽责性人格特质的考生善于制定清晰的学习目标、组织学习活动、管理时间并努力学习,因此,这个维度的人格特质可能促进考生解答行为的发生。具有神经质人格特质的考生易表现出高焦虑和低自信,这会阻碍考生尽心尽力参与学习过程,也会阻碍他们达成目标,从而导致猜答行为的增多。

（四）能力水平和大五人格的交互效应对试题作答行为的影响

由表8-15可知,外倾性对作答行为影响的主效应不显著,但是其与能力水平的交互效应对作答行为的影响显著（$p=0.049$）,说明外倾性的效应是存在的,只不过其效应依赖于能力的不同水平,即对于低能力水平的考生,外倾性强的考生的解答行为明显多于外倾性弱的考生;对于高能力水平的考生,外倾性强的考生的解答行为明显少于外倾性弱的考生（图8-3）。

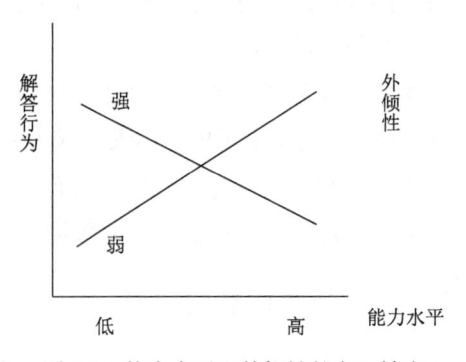

图8-3 能力水平和外倾性的交互效应

同样，加入交互效应后，能力水平与神经质的交互作用显著（$p=0.002$）。能力水平与神经质的交互效应主要表现在，对于低能力水平的考生，神经质强的考生的解答行为明显少于神经质弱的考生；对于高能力水平的考生，神经质强的考生的解答行为与神经质弱的考生差异不大（图8-4）。

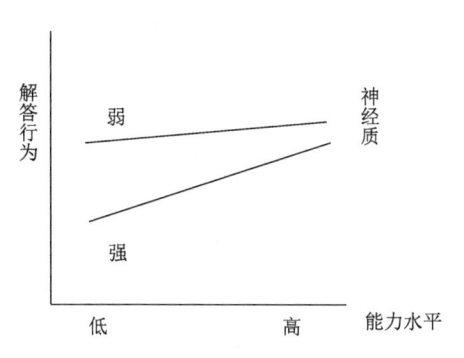

图 8-4　能力水平和神经质的交互效应

参 考 文 献

陈文成. 2011. 重点高中学生考试行为困扰的特点分析及干预的调查. 浙江教育科学，（2）：14-16.

陈晓扣. 1999. 论英语客观试题猜测的是与非及衡量方法. 解放军外国语学院学报，（1）：72-76.

陈小普. 2012. 从人格倾向分析及应对考试焦虑症. 现代企业教育，（24）：98-99.

高燕. 2007. 口语任务类型对考生表现的影响. 山西大学硕士学位论文.

胡颖慧. 2008. 英语听力测验中受试行为的制约因素研究：测试方法特征和中国英语学习者个人特征的相互作用. 上海交通大学硕士学位论文.

惠秋平，石伟，何安明. 2017. 中学生大五人格特质对心理健康的影响：手机成瘾倾向的中介作用和手机使用动机的调节作用. 教育研究与测验，（1）：92-96.

李洪玉，王蕊. 2009. 情绪智力在大五人格与学业满意度之间的中介效应. 心理与行为研究，7（3）：176-182.

李金柱，龙文祥. 2000. 论考试中的猜测问题. 安徽师范大学学报（人文社会科学版），28（2）：301-303.

李钦云，冯娅惠，卞清涛. 2009. 110名高三学生考试焦虑与应付方式及人格特征关系的研究. 中华行为医学与脑科学杂志，18（9）：851-852.

李雪梅，彭洁，王世通. 2018. "半开卷"考试模式下学生有限理性行为与考试成绩研究. 大学教育，（3）：160-163.

谭艳姬，曹亦薇. 2012. 词汇测验中猜测行为的探查——贝叶斯猜测系列模型的应用与思考. 考试研究. （5）：19-29.

王超. 2018. 自适应测验中认知风格对作答时间的影响机制. 山东师范大学硕士学位论文.
王登峰, 方林, 左衍涛. 1995. 中国人人格的词汇研究. 心理学报, （4）: 400-406.
王露. 2018. 不同教学情境下人格特质对学习效果的影响. 华中师范大学硕士学位论文.
王孟成, 戴晓阳, 姚树桥. 2011. 中国大五人格问卷的初步编制Ⅲ: 简式版的制定及信效度检验. 中国临床心理学杂志, 19（4）: 454-457.
吴琼. 2017. 大五人格与大学生学业倦怠的关系: 无聊倾向的中介作用. 鲁东大学硕士学位论文.
熊广星. 1998. 测验猜测行为的判断标准. 广西师范大学学报（哲学社会科学版）, 34（4）: 55-58.
杨波. 1998. 大五因素分类的研究现状. 南京师大学报（社会科学版）, （1）: 79-83.
朱智贤. 1989. 心理学大词典. 北京: 北京师范大学出版社.
Bachman L F. 1990. Fundamental Considerations in Language Testing. Oxford: Oxford University Press.
Braun H, Kirsch I, Yamamoto K. 2011. An experimental study of the effects of monetary incentives on performance on the 12th-grade NAEP reading assessment. Teachers College Record, 113(11): 2309-2344.
de Feyter T, Caers R, Vigna C, et al. 2012. Unraveling the impact of the big five personality traits on academic performance: The moderating and mediating effects of self-efficacy and academic motivation. Learning and individual Differences, 22(4): 439-448.
Kokkinos C M, Kargiotidis A, Markos A. 2015. The relationship between learning and study strategies and big five personality traits among junior university student teachers. Learning and Individual Differences, 43(7): 39-47.
Komarraju M, Karau S J, Schmeck R R. 2009. Role of the big five personality traits in predicting college students' academic motivation and achievement. Learning and individual differences, 19(1): 47-52.
Kong X J, Wise S L, Bhola D S. 2007. Setting the response time threshold parameter to differentiate solution behavior from rapid-guessing behavior. Educational & Psychological Measurement, 67(4): 606-619.
Schnipke D L, Scrams D J. 2002. Exploring issues of examinee behavior: Insights gained from response-time analyses//Mills C N, Potenza M T, Fremer J J, Ward W C (Eds.). Computer-Based Testing: Building The Foundation For Future Assessments (pp.237-266). Mahwah: Lawrence Erlbaum Associates.
Shi M, Liu L, Yang Y L, et al. 2015. The mediating role of self-esteem in the relationship between big five personality traits and depressive symptoms among Chinese undergraduate medical students. Personality and Individual Differences, 83: 55-59.
Sorić I, Penezić Z, Burić I. 2017. The big five personality traits, goal orientations, and academic achievement. Learning and Individual Differences, 54: 126-134.
Thorndike R L. 1971. Educational Measurement (2nd ed.). Washington D C: American Council on

Education.

van der Linden W J. 2006. A lognormal model for response times on test items. Journal of Educational and Behavioral Statistics, 31(2): 181-204.

Wise S L. 2006. An investigation of the differential effort received by items on a low-stakes computer-based test. Applied Measurement in Education, 19(2): 95-114.

Wise S L, Kingsbury G G. 2016. Modeling student test-taking motivation in the context of an adaptive achievement test. Journal of Educational Measurement, 53(1): 86-105.

Wise S L, Kong X J. 2005. Response time effort: A new measure of examinee motivation in computer-based tests. Applied Measurement in Education, 18(2): 163-183.

Wise S L, Ma L. 2012. Setting response time thresholds for a CAT item pool: The normative threshold method. Annual Meeting of the National Council on Measurement in Education. Vancouver, Canada.

Wise S L, Smith L F. 2011. A model of examinee test-taking effort//Bovaird J A, Geisinger K F, Buckendahl C W (Eds.). High-Stakes Testing In Education: Science And Practice in K-12 Settings (pp.139-153). Washington D C: American Psychological Association.

Wise S L, Pastor D A, Kong X J. 2009. Correlates of rapid-guessing behavior in low-stakes testing: Implications for test development and measurement practice. Applied Measurement in Education, 22(2): 185-205.